空间研究丛书 ｜ 段进主编

中国当代城市设计思想

URBAN DESIGN THOUGHT IN CONTEMPORARY CHINA

段进　刘晋华　著

东南大学出版社
SOUTHEAST UNIVERSITY PRESS
南京·2018

内容提要

城市设计是近百年来国际城市研究和实践领域内的重要课题，也是当前中国城市建设领域内的热点。作为首部系统介绍中国当代城市设计思想的书籍，本书立足国际背景，聚焦中国现实，从时间维度上客观展现了中国当代城市设计发展的宏观图景，梳理出七个历史阶段和三个争议，并提出和系统论述了四个思潮。全书以历史事件、档案文献和科研论文为依据，在梳理、归纳并客观论述的同时，又进行了批判思考。

本书可供城市建设管理人员和城乡规划学、建筑学及相关专业师生学习参考。

图书在版编目（CIP）数据

中国当代城市设计思想 / 段进，刘晋华著． —南京：东南大学出版社，2018.11

（空间研究丛书/段进主编）

ISBN 978 - 7 - 5641 - 7092 - 9

Ⅰ．①中…　Ⅱ．①段…　②刘…　Ⅲ．①城市规划-建筑设计-研究-中国　Ⅳ．①TU984.2

中国版本图书馆CIP数据核字（2017）第 051977 号

书　　　名：中国当代城市设计思想
著　　　者：段　进　刘晋华
责任编辑：孙惠玉　　　　　　邮箱：894456253@qq.com

出版发行：东南大学出版社　　社址：南京市四牌楼 2 号（210096）
网　　　址：http://www.seupress.com
出 版 人：江建中

印　　　刷：恒美印务（广州）有限公司
开　　　本：787mm×1092mm　1/16　　　印张：21.5　字数：440 千
版 印 次：2018年 11 月 第 1 版　　　2018年 11 月 第 1 次印刷
书　　　号：ISBN 978 - 7 - 5641 - 7092 - 9　　定价：218.00元

经　　　销：全国各地新华书店　　发行热线：025-83790519　　　　83791830

总序

空间研究的内容很广泛，其中人与其生存空间的问题是涉及城乡空间学科和研究的基本问题。在原始社会，这个问题比较简单，人类与其生存空间的主要关系仅发生在相对隔离的族群与自然环境之间，因此古代先民与生存空间的关系直接体现为聚落社会与具有"自然差异"的空间的相互关系，人类根据需求选择适合生存的自然空间。随着技术的进步和社会的发展，这种主要关系不断发生变化。技术的进步使改造自然成为可能，自然界的空间差异不再举足轻重；而劳动分工使社会群体内部以及社会群体之间的相互依存性和差异性得以强化。因此，人们普遍认为，现代人类生存空间最重要的是空间的"社会差异"，而不再是空间的"自然差异"；同时，现代人与生存空间的主要关系也不再是人与自然界的关系，而变成了人与人之间的关系。现代人的生活时时刻刻处于社会的空间之中，这种转变将自然的、历史的、文化的、政治的、经济的等各种力量交织在一起，人与生存空间的关系变得错综复杂。

现代人与生存空间的这种复杂关系，使我们很容易产生这样的判断，即空间本身不再重要，空间的形态与模式只是社会与经济的各种活动在地域上的投影。这个判断受到了普遍的认同，但却带来了不良的后果。在理论研究方面，空间的主体性被忽视，研究的方法是通过经济和社会活动过程的空间落实来解析空间的形式，空间的研究被经济的和社会的研究所取代，客观上阻碍了对空间自身发展规律的深入探讨。由此导致了一系列的假定：空间使用者是"理性的经济人"；空间的联系是经济费用的关系；经济是城市模型的基础；空间的结构与形态就是社会与经济发展的空间化；人类的行为是经济理性和单维的，而不是文化和环境的；物质空间形态，即我们所体验和使用的空间，本身并不重要等。不可避免，根据这样的假定所建立的空间是高度抽象的，忽视了空间的主体性，也与现实中物质空间的使用要求相去甚远，并且由于缺乏对空间发展自身规律的认识，以及对空间发展与经济建设、社会发展的关系研究等，城市规划学科的空间主体性与职业领域变得越来越模糊，越来越失去话语权。在城市建设实践中，空间规划的重要性不能受到应有的重视。理论上学术界的简单判断，为社会、经济规划先行的合理性提供了理论依据，导致了空间规划在社会发展、经济建设和空间布置三大规划之中的被动局面，空间规划只能于社会发展与经济建设规划后实施落实。最终，空间规划与设计不能发挥应有的作用，空间规律得不到应有的重视，在城乡建设实践中产生许多失误。

因此，人与其生存的空间究竟是什么关系，简单的社会与经济决定论不能令人满意，并有可能产生严重的后果。尽管在现代社会中，社会与经济的力量在塑造生存空间中起着重要作用，但我们决不能忽视空间本身主体性和规律性的作用。只有当我们"空间"地去思考社会发展和经济发展，达到社会、经济和空间三位一体、有机结合时，人类与其生存的空间才能和谐、良性地发展。这就需要我们进行空间研究，更好地了解空间，掌握规律。

需要进行研究的空间问题很多，在空间发展理论方面，诸如：什么是空间的科学发展观；空间与社会、经济的相互关系；空间发展的影响因素和作用方式；空间发展的基本规律；与之相对应的规划设计方法论等。在空间分析方面：空间的定义与内涵是什么；空间的构成要素是什么；空间的结构如何解析；人们如何通过空间进行联系；如何在空间中构筑社会；建成的物质空间隐含着什么规律；空间的意义、视觉和行为规范的作用；采取什么模型和方法进行空间分析等。在空间规划与设计方面：什么是正确的空间规划理念；空间的规律如何应用于规划设计；规划与设计如何更有效地促进城市发展和环境改善；规划与设计的方法与程序如何改进等。

这些问题的探讨与实践其实一直在进行。早在19世纪末20世纪初，乌托邦主义者和社会改革派为了实现他们所追求的社会理想，就提出通过改造原有的城市空间来达到改造社会的目的。霍华德的"田园城市"、柯布西耶的"光明城市"和赖特的"广亩城市"是这一时期富有社会改革精神的理论与实践的典型。二战后，由于建设的需要，物质空间规划盛行，城市规划的空间艺术性在这期间得到了充分的展现。同时，系统论、控制论和信息科学的兴起与发展为空间研究提供了新的分析方法，空间研究的数理系统分析与理性决策模型出现，并实际运用于控制和管理城市系统的动态变化。这期间，理性的方法使人们认为空间规律的价值中立。随后，1960年代国际政治环境动荡，民权运动高涨，多元化思潮蓬勃发展，出现了大量对物质空间决定论的批判。尤其是1970年代，新马克思主义学派等左派思潮盛行，它们对理想模式和理性空间模型进行了猛烈的抨击，认为在阶级社会中，空间的研究不可能保持价值中立，空间研究应该介入政治经济过程。空间规划实践则成为一种试图通过政策干预方式来改变现有社会结构的政治行动。这促使1970年代末空间规划理论与实践相脱离，一些理论家从空间的研究转向对政治经济和社会结构的研究。空间研究的领域也发生了很大的变化，它逐渐脱离了纯物质性领域，进入了社会经济和政治领域，并形成了很多分支与流派，如空间经济学、空间政治经济学、空间社会学、空间行为学、空间环境学等。进入1980年代，新自由主义兴起，政府调控能力削弱，市场力量的重新崛起，促使空间公众参与等自主意识受到重视。1990年代，全球化、空间管治、生态环境、可持续发展等理论思潮的涌现，使空间研究呈现出更加多元化蓬勃发展的局面。空间研究彻底从单纯物质环境、纯视觉美学、"理性的经济人"等的理想主义思潮里走出来。20世纪空间研究的全面发展确定了现代城市空间研究的内涵是在研究了社会需求、经济发展、文化传统、行为规律、视觉心理和政策法律之后的综合规律研究和规划设计应用。空间研究包含了形态维度、视觉维度、社会维度、功能维度、政策维度、经济维度等多向维度。空间的重要性也重新受到重视，尤其在20世纪末，全球社会与人文学界都不同程度地经历了引人注目的"空间转向"。学者们开始对人文生活中的"空间性"另眼相看，把以往投注于时间和历史、社会关系和社会经济的青睐，纷纷转移到空间上来。这一转向被认为是20世纪后半叶知识和政治发展的最重要事件之一。

　　尽管空间研究的浪潮此起彼伏，研究重点不断转换，但空间的问题一直是城市规划学科的核心问题。从标志着现代意义城市规划诞生的《明日的田园城市》开始，城市规划从物质空间设计走向社会问题研究。经过一百余年的发展，西方现代城市规划理论在宏观整体上发生过几次重大转折，与城市规划核心思想和理论基础的认识相对应的是从物质规划与设计发展为系统与理性过程再转入政治过程。经历了从艺术、科学到人文三个不同发展阶段和规范理论、理性模式、实效理论和交往理论的转变，城市规划师从技术专家转变为协调者，从技术活动转向带有价值观和评判的政治活动。但从开始到现在，从宏观到微观城市规划始终没有能够离开过空间问题。不管城市规划师的角色发生什么变化，设计者、管理者、参谋、决策精英还是协调者，城市规划师之所以能以职业身份担任这些角色并具有发言权，是因为规划师具有对空间发展规律、对规划技术方法、对空间美学原理的掌握。只有具有了空间规划方面的专门知识，才可以进行城市规划的社会、经济、环境效益的评估，才能够进行规划决策的风险分析和前瞻研究，才能够真正地或更好地发挥规划师的作用。现代城市规划的外延拓展本质上是为了更完整、更科学地掌握空间的本体和规律，通过经济规律、社会活动、法律法规、经营管理、政治权力、公共政策等各种途径，更有效、更公平、更合理地进行空间资源配置和利用，并规范空间行为。城市规划的本体仍是以空间规划为核心，未来城市规划学科的发展方向也应是以空间为核心的多学科建设；目前中国城市化快速发展阶段的实践需求更应如此。

在国内，空间研究一直在不同的学科与领域中进行，许多专家学者在不同的理论与实践中取得了重要成果。多年来，在东南大学从建筑研究所到城市规划设计研究院，我们这个小小的学术团队一直坚持在中国城市空间理论与城市规划设计领域开展研究工作。我们将发展理论与空间研究相结合，首先提出了在我国城乡建设中城市空间科学发展观的重要性和城市发展七个新观念（《城市发展研究》，1996-05）；提出了城市空间发展研究的框架和基本理论，试图以空间为主体建立多学科交叉整合的研究方法（《城市规划》，1994-03）；出版了《城市空间发展论》和《城镇空间解析》等专著。我们先后完成国家自然科学基金重点项目、国家自然科学青年基金、国家自然科学基金面上项目、回国人员基金以及部省级科研等十多项有关城市空间的科研课题，同时结合重要城市规划与设计任务进行实践探索。在这些研究、实践与探索过程中，我们取得过一些成绩，曾获得过国家教委科学技术进步一等奖、二等奖，国家级优秀规划设计银质奖，部省级优秀规划设计一等奖多项，在市场经济竞争环境中，在许多重要国际、国内规划与设计竞赛中获第一名。同样，我们也面对着很多研究的困惑与挫折，实践与研究的失败与教训。我们希望有一个交流平台，使我们的研究与探索引起更多人的关注，得到前辈、同行和关注者的认同、批评和帮助；我们也需要通过这个平台对以往的研究探索进行总结、回顾与反思；我们更希望通过它吸引更多的人加入空间研究这个领域。

2005年东南大学城市空间研究所的成立为该领域的研究和探索组成了一个新的团队，这个开放性的研究所将围绕空间这个主题形成跨学科的研究，不分年龄、不分资历、不分学派、不分国别，吸纳各种学术思想，活跃学术氛围，开拓学术领域，深化研究成果，共同分享空间研究探索的苦乐。这套丛书正是我们进行学术研究与探索的共享平台，也是我们进行交流、宣传、争鸣和学习的重要窗口。

段进

2006年5月

前言

1984年6月，中国建筑学会与城乡建设环境保护部城市规划局、设计局联合举办的"城市与建筑设计学术讲座"在北京举行，我有幸聆听了这一学术讲座。在这次会议上，日本学者长岛孝一介绍了日本对西方现代城市设计的创造性运用，并提出了对城市设计的一些见解，认为这个时代是"受经济成长和强者（专家）理论支配的大规模城市设计时代"[1]，这些都给我留下了深刻的印象。

长久以来，我一直专注于城市空间理论的研究与实践。在某种程度上，城市设计构成了城市空间理论的实践主体，也就成为我实践的重要组成部分。

改革开放的30多年，中国的城市设计从逐渐兴起到成为城市建设领域内的研究与实践热点，各种思想和观念百花齐放。当下中国城市设计已逐渐成熟，活跃在城市建设、城市管理领域，并成为城乡规划学、建筑学、风景园林学等各学科的重要知识领域和研究方向。我们这一代有幸见证了这一段波澜壮阔的历史。同时我们也不可否认，当下国内学者和管理者对许多城市设计理论和方法仍持有不同的理解，而这些理解影响了中国的城市建设。所以，系统回顾中国当代城市设计的发展历程，梳理其中各种思想流派，并对其进行解读和批判性思考就尤为必要。

2014年3月，我与我的博士研究生刘晋华开始着手这一工作。历时四年有余，该书终于面见读者。

本书主要回答三个问题：

第一，中国当代城市设计是如何被引介并发展起来的？

第二，中国当代城市设计状态如何？有哪些主要分歧和矛盾？

第三，中国当代城市设计思想演变过程中，形成了哪些重要的思潮？

为了回答这些问题，我们首先对中国城市设计相关的出版物数据库进行了全方位的统计和分析，并采用多种数据处理技术和数据可视化方法，以求对中国城市设计研究状况建立一个直观和客观的数据框架；其次，结合上述分析结果，我们广泛阅读了大量的城市设计文献，主要对中国知网1980年至2014年间以城市设计为主题的超过1.3万篇论文中引用排名前100的文章进行重点整理，从而建立了一个主流思想的基本数据库；最后，结合多年城市设计理论研究和实践经验，我们对以上两种分析结果进行归纳和整理，从而回答上面所述的三个问题。

在研究和行文过程中，本书力图坚持两个原则：第一，客观。本书力图形成一幅独特的城市设计思潮图卷，为使其经受住考验，客观原则是第一位的。第二，简洁。中国当代城市设计历时半个多世纪的思想演变，虽百花齐放，但未产生太多的思想潮流——因为相对漫长的历史和未来，这一段时间还是太短了。简洁的概括和行文，将有助于理解前辈们的贡献，也有助于后人理解我们这一代人的想法。

本书主体分为上下两篇。

上篇以纵向的描述为主，以七个历史阶段中的大事件为脉络，梳理了中国当代城市设计发展的宏观图景，并描述了中国当代城市设计发展中的三个争议——内涵之争、归属之争、法定化之争。

下篇以横向的观察为主，提出并系统论述了中国当代城市设计思想发展中形成的四个思潮——"形体的设计""设计的综合""设计的控制""政策的设计"，并分别对它们的发展背景、理论支撑、关键理念等进行了论述，最后进行了批判性思考。

笔者之所以能一以贯之地保持多年思考，得益于国家自然科学基金长久以来给予的支持，其中包括国家自然科学基金青年科学基金项目"国际发展理论与我国发达地区城镇空间发展规律研究"（项目编号：59308074）、国家自然科学基金重点项目"发达地区城镇化进程中建筑环境的保护与发展研究"（项目编号：59238151）、国家自然科学基金面上项目"中国申报世界文化遗产的村镇空间生长模型研究"（项目编号：50378013）等。在此同时，中央政府对城市设计的重视给我们提供了良好的研究背景，"城市设计管理办法"研究课题（朱子瑜团队、段进团队）和"城市设计技术导则"研究课题（段进团队、朱子瑜团队）等住房和城乡建设部研究课题（建规城函〔2015〕42号）又给我们提供了部分资料，支撑了本书的写作。

在研究过程中，本书幸得许多学者及朋友的支持与帮助，包括新加坡国立大学设计与环境学院（SDE）前院长王才强（Heng Chye Kiang）教授，东南大学建筑学院李百浩教授、阳建强教授、吴晓教授以及周文竹、徐春宁、马晓甦、殷铭等老师，东南大学城市规划设计研究院邵润青、刘红杰、薛松、季松、张麒等所长，南京林业大学李志明老师，常州工学院建筑系副教授夏正伟老师，东南大学建筑学院博士生陈阳、陈月、陈宏胜、李京津、宋亚程、王林星、陆涵、阮皇灵（越南）、吴国栋、许皓，哈尔滨工业大学博士生崔鹏，天津大学博士生张文。数据挖掘与可视化工作由陈济林协助完成，他对数据本质的理解及其强悍的技术能力让我们由衷赞叹，在此提出特别感谢。

由于城市设计的内容多维，数据庞大，思想多元，国内的相关文献良莠不齐，加之我们水平有限，本书的一些论断可能存在争议。争议是一件好事——如果本书能引起一些争议，那就可在此基础上往前走一步，所以真诚地欢迎大家提出宝贵的意见和建议。作为第一部对中国当代城市设计理论和思想进行阶段式总结的书籍，我们承受了很大的压力，但相信这一努力必将给读者带来收获。

段进

2018 年 9 月

前言文献

[1] 长岛孝一，阮志大. 城市设计[J]. 建筑学报，1984（10）:63-68.

目录

下篇　共识与争鸣：四个思潮

精华与传承：中国传统城市设计思想

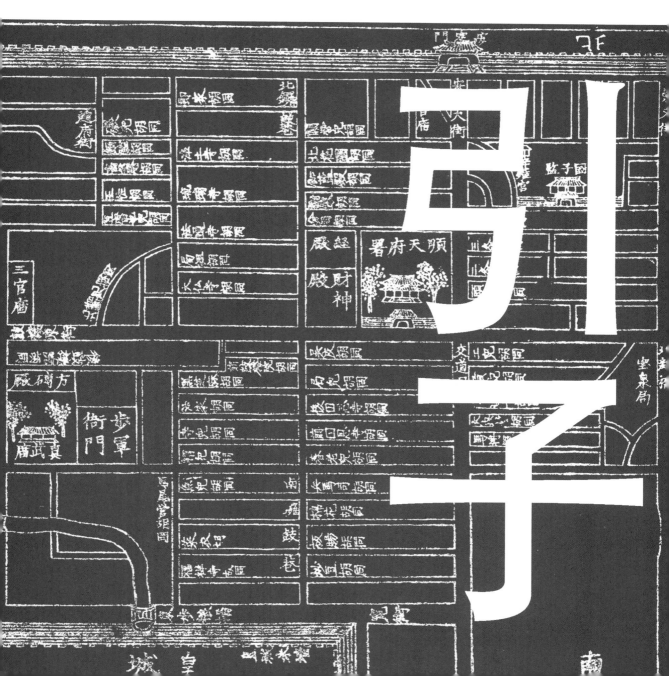

在现代城市设计概念和思想诞生之前，城市设计就已存在于人类聚落的建设计划之中——建设者们一直在不自觉地进行着城市设计实践。这一现象在中国古代城市中体现得尤为明显，其城市设计与城市规划相融合，统一于城镇营建的整体过程。为了区别现代城市设计和中国古代既有的城市设计现象，本书将中国古代的城市设计称为中国传统城市设计。

虽然中国传统城市设计自近代以来受到了巨大冲击，但其基本思想的影响贯穿了中国当代城市设计的发展。我们认为，中国传统城市设计的精华主要体现在大格局融合思想、全方位营城理念和因地制宜实施三个方面。

0.1　大格局融合思想

中华文明完整、持久而独立。从其整体发展来看，中国古人在漫长的历史中形成了以"易"为内核的哲学思想，在人与自然的关系、社会的关系等诸多维度上，主张和追求以天人合一、阴阳调和为代表的整体性、平衡观和秩序观，并以此为基础，在语言、道德、艺术等多个方面达到很高的水平。

在中国传统人居环境的思想中，我们能看到这种整体性、平衡观和秩序观的具体反映：空间维度上，中国古人认为人居环境是一个与天、地、人及万物合而为一的、整体而综合的系统；时间维度上，中国古人一直认为计划、设计与施工是一个整体的过程，它们必须被统一在某一秩序之中，而非被专业化的知识所分裂。因此，中国传统的城市设计和城市营建规制也秉持了这一基本原则，相应采取了整体融合的、一体化的做法，即中国传统的城市设计与城市建设计划、具体的建设施工等的边界是含糊的，内容是融合的。

0.2　全方位营城理念

在大格局融合思想的影响下，中国传统城市设计建立了全方位的营城理念。

为维护理想的社会秩序和伦理道德以及巩固皇权，统治者首先制定了大量典章制度，要求按照不同人在社会政治生活中的地位来建立其所在的城市和建筑等级，从而确定人们可以使用的建筑形式、规模和色彩等。因此，中国传统城市在进行选址布局的同时，也对城市空间的体系、形制和建筑的营建方式、样式、色彩等进行了统一控制。

例如，最早有中国传统城市设计思想记载《周礼·冬官考工记》[①]中的描述。在城市选址制度上，它提出象天法地、平地测景的方法。"匠人建国，水地以县。置槷以县，视以景。为规识日出之景与日入之景，昼参诸日中之景。夜考之极星，以正朝夕。"其大意是在地面立一柱，柱上悬八条绳，若绳全都贴附柱身，就表明"柱正"，即柱与地面垂直，用来观测日影和极星，通过它得知太阳运行轨迹、日出日落时间以及北极星的位置，从而确定都城建在什么方位。然后，根据"礼"法，对城市元素的数量、高度、宽度进行等级设定。"匠人营国，方九里，旁三门。国中九经九纬，经涂九轨。左祖右社，前朝后市，市朝一夫"；"经涂九轨，环涂七轨，野涂五轨。门阿之制，以为都城之制；宫隅之制，以为诸侯之城制。环涂以为诸侯经涂，野涂以为都经涂"[②]（图0-1）。

这种依据社会政治地位建立城市空间秩序的思想被继承下来，并在北宋时期发展到高峰。李诚所著的《营造法式》

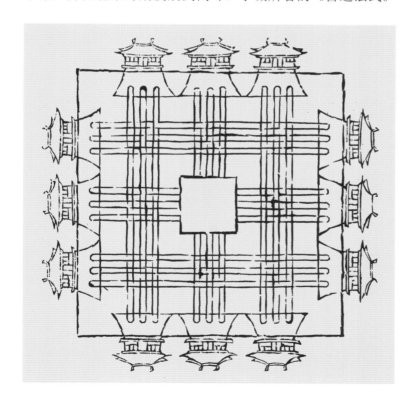

图 0-1 周王城图 （来源：笔者根据相关资料整理）

一书从建筑的布局方位、规模、开间、结构构件到装饰设计，处处都依据等级对设计运作、建筑施工等进行控制，以至于可以视其为工业化装配建筑的最早探索。

直至20世纪初中华帝国王朝覆灭，这种城市空间秩序观和全方位的营建规制共延续了两千多年。

0.3　因地制宜实施

严格的等级制度思想并未给中国传统城市设计的具体实践带来桎梏，相反，大部分城市建设在诸如城市选址、辨方正位、确定轴线、拟定路网、公共建筑定点等方面，都能因地制宜、参差变化。

中国古代地理概念并未对区域中的四方、边界和中央进行具体和准确的界定，而是以天地为参照系，建立了每个城市的方位系统，使它们在整体上得以遵循自然原则建造（象天法地）；在具体的建筑营造中，则常以风水理论为基本依据，把气候、地形、水文、交通等诸多条件纳入人居环境，在细节上遵循"当时""当地"的观念，确立了人们自己的生存空间和生活规律。例如以方格形为基础的街道网体系，以里坊、合院为基础的建筑群体系等[1]在不同的环境下均得到了因地制宜的处理。

从宏观视角来看，这与中国文化特点有关。中国文化中有一个明显的操作倾向，即对自然进行抽象、符号化后，再返回到对它的设计中去（图0-2）。这种倾向在文字、绘画等诸多领域表现得淋漓尽致，也影响了城市设计中的象天法地等基本原则的产生。

从具体视角来看，这与最早的全面记载城市建设思想的文献——《管子·立政篇》相关。与《周礼·冬官考工记·匠人》的思想明显不同，《管子》主张从实际出发，不重形式，不拘一格，要"因天才，就地利"，不为宗法与礼制制度所约束。所以，"城郭不必中规矩，道路不必中准绳"。在城市与自然环境因素的关系上，《管子》也提出"凡立国都，非于大山之下，必于广川之上。高毋近旱，而水用足。下毋近水，而沟防省"。

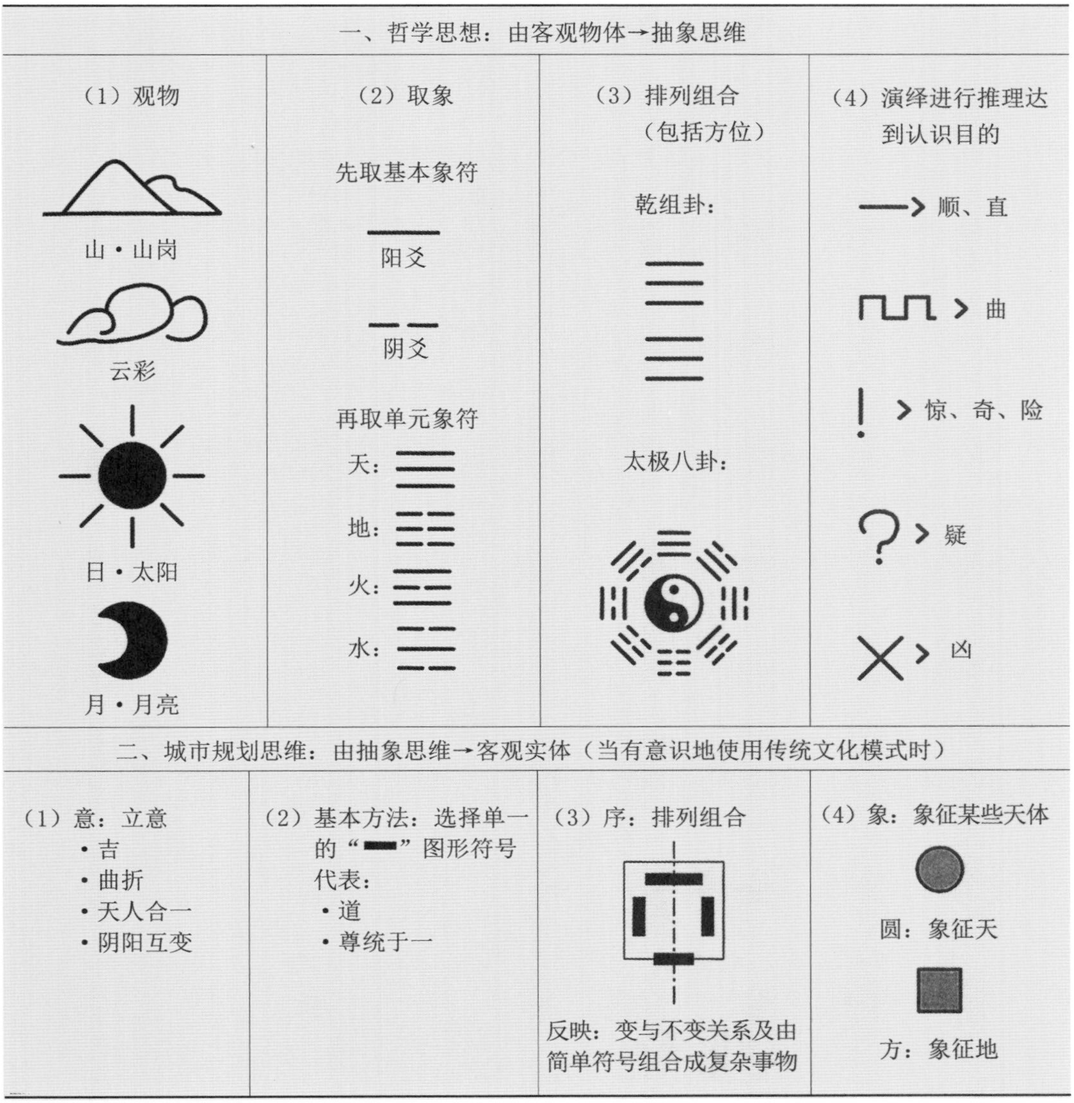

一、哲学思想：由客观物体→抽象思维

（1）观物	（2）取象	（3）排列组合（包括方位）	（4）演绎进行推理达到认识目的

（1）观物

山·山岗

云彩

日·太阳

月·月亮

（2）取象

先取基本象符

阳爻

阴爻

再取单元象符

天：

地：

火：

水：

（3）排列组合（包括方位）

乾组卦：

太极八卦：

（4）演绎进行推理达到认识目的

→ 顺、直

⊐⊏ ＞ 曲

❘ ＞ 惊、奇、险

？ ＞ 疑

✕ ＞ 凶

二、城市规划思维：由抽象思维→客观实体（当有意识地使用传统文化模式时）

（1）意：立意	（2）基本方法：选择单一的"▬"图形符号代表：	（3）序：排列组合	（4）象：象征某些天体

（1）意：立意
- 吉
- 曲折
- 天人合一
- 阴阳互变

（2）基本方法：选择单一的"▬"图形符号代表：
- 道
- 尊统于一

（3）序：排列组合

反映：变与不变关系及由简单符号组合成复杂事物

（4）象：象征某些天体

圆：象征天

方：象征地

以上的思想和建设主张对中国古代的城市建设影响深远。一方面，中国传统城市无不成为政治、军事、建筑、文化、自然等多个维度上的高度综合，做到了计划行为与建筑行为的统一、功能与艺术的统一、人工建筑与自然环境的统一，以及建筑、雕刻、绘画、园林的结合等。另一方面，严格的等级制度、空间秩序与因地制宜的具体建设相并存的现象造就了中国传统城市独特而长久的魅力。在漫长的历史长河中，中国诞生了大量优秀的城市设计作品。

图 0-2 中国古代城市营建的思想 （来源：汪德华. 中国城市规划史[M]. 南京：东南大学出版社，2014：137）

0.4　经典范例

历朝历代的经典案例不胜枚举，都城如唐长安（图0-3）和明清的北京城，普通城市如南宋的平江府（图0-4），小城镇如宁波（图0-5），旅游休闲区如承德避暑山庄等，都是中国古代城市设计的典型。这些古代作品不仅影响了东亚城市建设（例如，唐长安城影响了日本京都和奈良的城市规划[2]），而且得到了国际城市设计学者的高度赞赏[3]。

元明清时期的北京城就是经典中的经典，本书就此范例做一简述。

图0-3　1080年的长安局部　（来源：施坚雅（G.William Skinner）.中华帝国晚期的城市 [M].叶光庭，等译.北京：中华书局，2000：61）
图注：唐长安是中国古代里坊制表现得最为极致的城市。

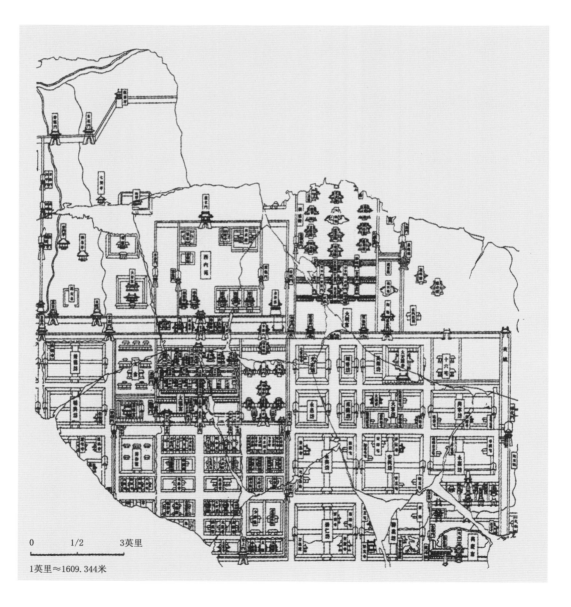

0　　1/2　　3英里

1英里≈1609.344米

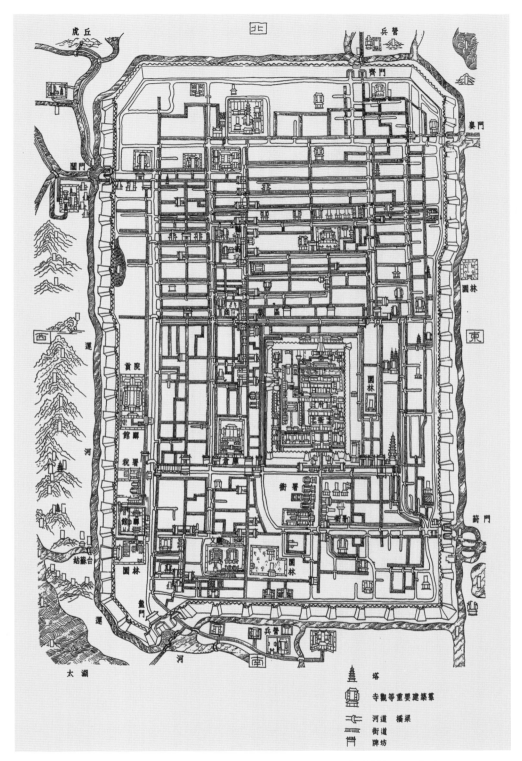

图 0-4 平江府图碑 （来源：刘敦桢. 中国古代建筑史 [M]. 北京：中国建筑工业出版社，1984：181）

图注：保留了南宋绍定二年（1229 年）平江府城（今江苏省苏州市）的平面图，是保存最为完整的街巷制城市平面图。

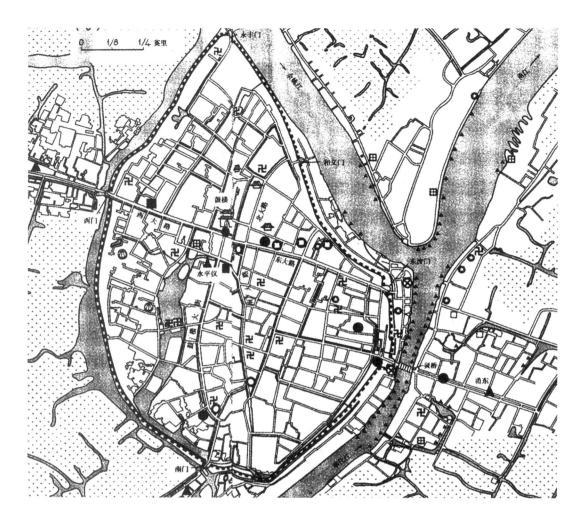

图 0-5　1877 年 的 宁
波 （ 来 源 ： 施 坚 雅
（G.William Skinner）.
中华帝国晚期的城市 [M].
叶光庭，等译 . 北京：中
华书局，2000：485）

如今我们看到的北京古城的前身为 1267 年营建的元大都
城，后经明朝的改建和扩充、清朝对苑囿和宫殿的进一步营
建而完善，并在此基础上延续了约 400 年（图 0-6）。它是中
国传统营国制度与历代都城建设精华的集大成者，集中体现
了中国传统城市设计思想。梁思成曾做此评价：“北京是在
全盘的处理上才完整地表现出伟大的中华民族建筑的传统手
法和在都市计划方面的智慧与气魄”；“它所特具的优点主要
就在它那具有计划性的城市的整体”。[4] 至少有下列精华值
得回顾：

（1）水与城。为解决漕运问题，元世祖忽必烈采用郭守
敬的建议，引水入漕渠，因此水运物资可由通州直达琼华岛
北面的水面（今积水潭）。传统建城的礼制思想和平坦地势
又使其道路系统得以规整建设，在整个城市与自然的关系上，

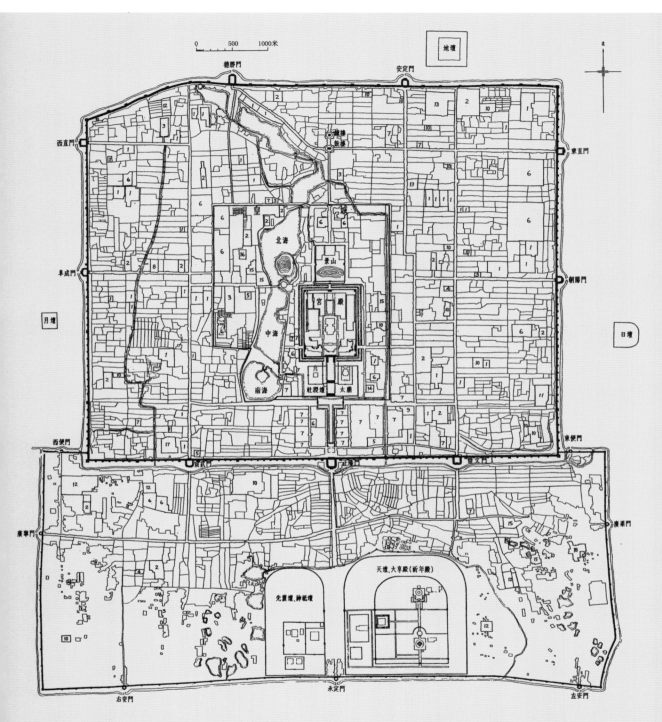

1—亲王府; 2—佛寺; 3—道观; 4—清真寺; 5—天主教堂; 6—仓库; 7—衙署; 8—历代帝王庙; 9—满洲堂子; 10—官手工业局及作坊; 11—贡院; 12—八旗营房; 13—文庙、学校; 14—皇史宬(档案库); 15—马圈; 16—牛圈; 17—驯象所; 18—义地、养育堂

图 0-6 明清北京古城平面 （来源：笔者根据 1984 年版刘敦桢著《中国古代建筑史》第 290 页插图整理）

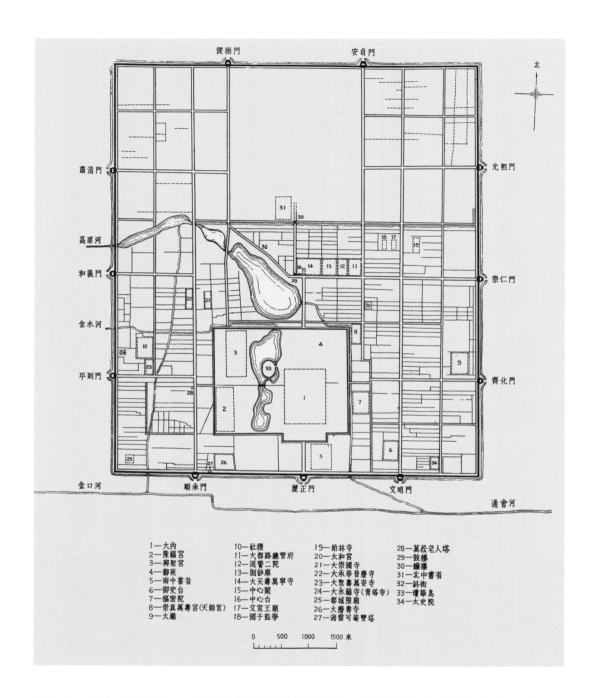

图 0-7　元 大 都 平 面
图 （来源：笔者根据刘
敦桢所著《中国古代建筑
史》1984 年版第 268 页插
图整理）

呈现出规则的城市结构与不规则的自然要素之间的强烈对比
（图 0-7）。

（2）城墙。北京古城被三重城墙环绕，这些城墙气势恢宏。
其中，仅内城城墙就有 23 千米。厚重雄伟的城墙上开出拱形孔
洞，其上架设精致的城楼。有些学者甚至认为，传统北京的重
要形态特征正是这些城墙所形成的封闭、围合的外部形象[5]，

并将此进一步概括为"边界原型"（与西方城市的"地标原型"构成鲜明对照），同时拓展认为中国传统城市是以"墙"为基本要素的"墙套墙"城市[6]。

（3）**紫禁城**。北京古城中，皇城为内城核心，紫禁城又为皇城核心（图 0-8），其整体空间氛围宏伟严整，空间感受鲜明强烈。在整体布局上，它"择中立宫"，吸收了唐朝（设后花园、三朝五门）、宋元（设千步廊、金水桥）等历朝历代各宫殿优秀案例的精华。宫殿建筑群沿轴线水平展开，左右对称，布局规整。连续、对称、尺度丰富变换的封闭式庭院形成了强烈的空间层次感。在建筑设计方面，大量运用对比手法。例如，在建筑形式上，从重檐庑殿、重檐歇山到悬山、硬山等各建筑等级的鲜明对比；建筑色彩也相应采取不同等级的控制，黄色、红色、绿色、青色、蓝色等对比十分强烈。不同建筑尺度和院落空间也形成了对比，例如，主要空间部分高大宽阔，以适应国家大典需要；起居场所诸如御花园、慈宁宫花园等则尺度较小，布局相对自由。

（4）**城市轴线**。紫禁城的轴线在其外部继续向南北延伸，形成了一条长约 7.5 千米的城市轴线，气势宏伟，统摄全城。"北京独有的壮美秩序就由这条中轴的建立而产生。前后起伏左右对称的体形或空间的分配都是以这中轴为依据的。"③

（5）**街巷体系**。北京古城并未采用里坊制，而是采用"干道+胡同"的街巷体系（图 0-9）。城市街区横平竖直，层次分明，规整协调，脉络清晰，以至于"不会让任何一个游客迷路"[7]。这一水平向展开的空间体系建立了强烈而特殊的东方城市意象（图 0-10）。

中国在两千多年中所形成的传统城市设计思想和实践对世界人类文明做出了不巧的贡献，尤其是在今天，其结合自然、整体融合的思想更凸显价值。然而自近代以来，中国城市传统形制的解体导致这些遗产并没有得到良好的继承[1]（图 0-11）。日本学者松永安光认为，以中国传统城市为代表的低层高密度的城市建设方式才是 21 世纪城市建设的典范[8]。他的想法得到了日本政府的认可，这一现象值得深思。

图 0-8　紫禁城卫星图　（来源：笔者根据相关资料整理）

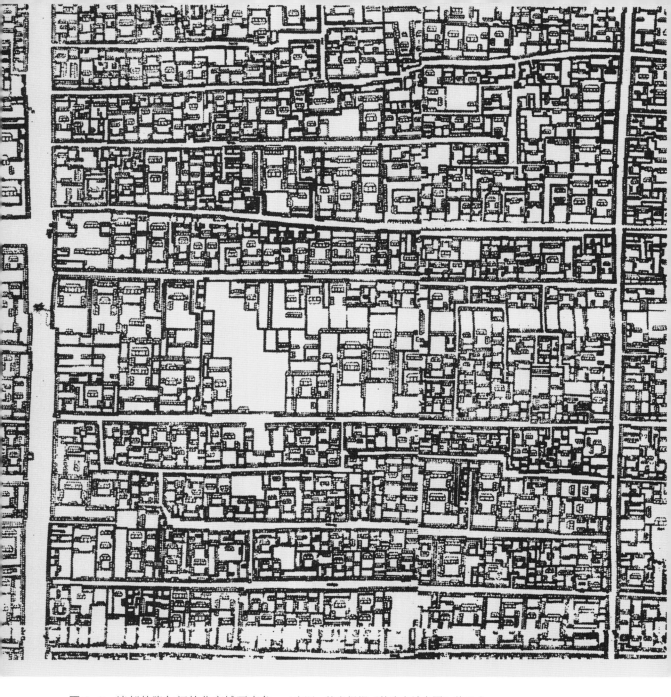

图 0-9 清朝乾隆年间的北京城西南角 （来源：笔者根据《乾隆京城全图》整理 ）

图 0-10　1956 年的北京街景　（来源：华揽洪. 重建中国：城市规划 30 年（1949—1979）[M]. 李颖，译. 北京：三联书店，2006：21）

图 0-11　1954 年的北京前门大街（现已拆除）（来源：北京市城市规划设计研究院. 北京旧城 [Z]. 北京：北京市城市规划设计研究院，1996：8）

引子注释

① 当前，对于《周礼·冬官考工记》成书时间尚无定论，一般认为成书于战国（公元前475年—前221年）后期。

② 其大意是，城内南北大道宽九轨，环城大道宽七轨，野外大道宽五轨。用王宫门阿建制的高度，作为王公子弟大都之城四角浮思（即罘罳，是古代设在宫门外或城角的屏，用以守望和防御）的标准高度。用王宫宫墙四角浮思建制的高度，作为诸侯都城四角浮思的标准高度。用王都环城大道的宽度，作为诸侯都城中南北大道的标准宽度。用王畿野地大道的宽度，作为王公子弟都城中南北大道的标准宽度。

③《北京——都市计划的无比杰作》（1951年）原载《新观察》第2卷第7—8期，署名：梁思成。

引子文献

[1] 吴良镛. 提高城市规划和建筑设计质量的重要途径 [J]. 华中建筑，1986(4)：21-31.

[2] 梁思成. 梁思成全集：第五卷 [M]. 北京：中国建筑工业出版社，2001：417.

[3] 培根（Bacon E D），等. 城市设计 [M]. 黄富厢，朱琪，编译. 北京：中国建筑工业出版社，1989：207.

[4] 梁思成. 北京——都市计划的无比杰作 [J]. 新观察，1951，2：7-8.

[5] 王南. 传统北京城市设计的整体性原则 [J]. 北京规划建设，2010(3)：25-32.

[6] 朱文一. 跨世纪城市建筑理念之一：从轴线（对称）到"院套院" [J]. 世界建筑，1997(1)：67-69.

[7] 华揽洪. 重建中国：城市规划30年 (1949—1979)[M]. 李颖，译. 北京：三联书店，2006：21.

[8] 松永安光. 城市设计的新潮流 [M]. 周静敏，石鼎，译. 北京：中国建筑工业出版社，2012：5.

引介与共生：七个阶段和三个争议

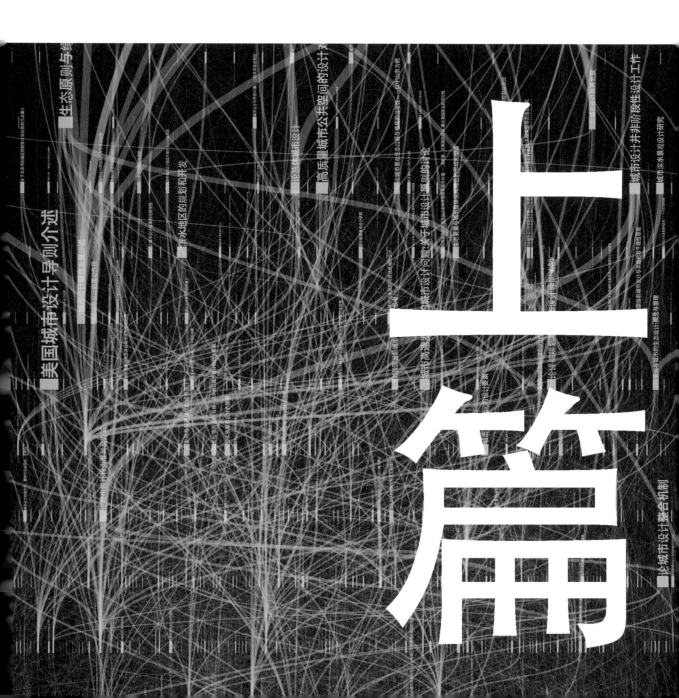

现代城市设计的概念被引介到中国之后，经过多年的本土化思考和应用，逐渐融合了中国传统城市设计的精髓和方法，其内涵和外延又得到了深化和拓展，与中国传统城市设计思想共生发展，并逐步成为中国城镇建设和管理的重要手段。历史的发展从来不是一个简单的直线图，但重要的事件仍能作为标杆，借此我们得以简略回顾中国当代城市设计发展的宏观图景。从客观发展历程来看，中国当代城市设计存在七个阶段（上篇图），在其内容和领域的维度上存在三个争议。本篇以客观的纵向叙述为主要目标，以时间为主轴，以历史大事件作为叙事线索，力求客观地展示这七个阶段和三个争议。

这七个阶段是：

第一，早期西方设计思想的渗入（1949 年之前的前奏）

1840 年代开始，西方势力从各领域渗入中国，尤其是在租界中的城市设计与建设，为中国近代的现代化建设树立了样本；1927 年后，中华民国政府广泛开展都市计划，为留学归国的建筑师、市政学专家和部分国外建筑师提供了实践机会。通过以上两个主要途径，早期西方设计思想渗入中国，形成了中国当代城市设计思想的前奏。

第二，苏联模式和"城市规划设计"（1949 年至 1950 年代末）

1949 年中华人民共和国成立之后，中国国家建设得到苏联的全方位支援。在经过短暂的适应性调整之后，中国开始全面采用苏联城市建设的"一条龙"模式（指国家计划、城市计划、规划、设计、建造等一体化），并满足了当时城市快速发展的需要。但同时，苏联一些城市设计行为与中国本土的城市发展现实、传统的城市建设思想发生了激烈的碰撞。

第三，政治运动下的困境（1950 年代末至 1970 年代末）

1950 年代末期到 1970 年代，"文化大革命"等一系列政治运动对中国当时的城市建设产生严重干扰。1958 年青岛会议之后，城市设计工作在实际的城市规划工作中被取消。在这一特殊的年代，既有"反城市"现象的发生，又有特殊的城市设计成就。极为特殊的政治背景给予中国城市设计以

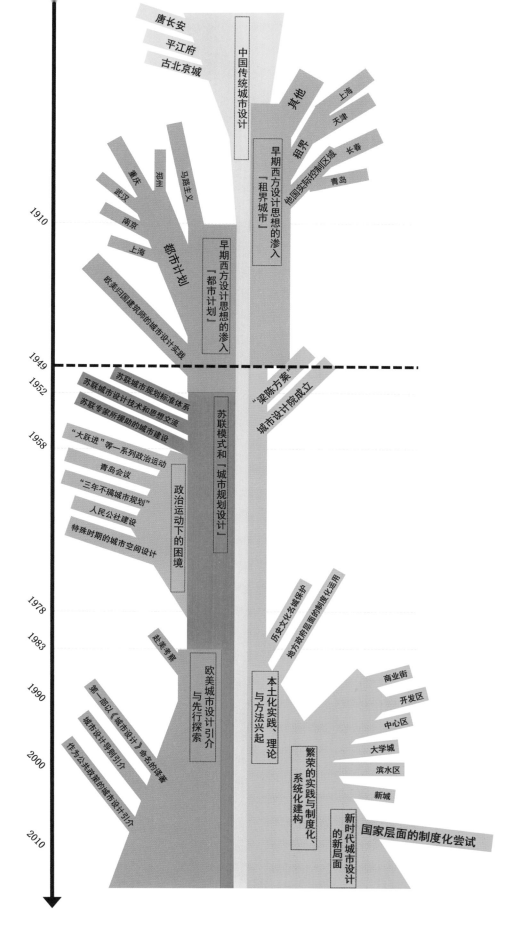

唐长安
平江府
古北京城

中国传统城市设计

其他
上海
天津
租界
长春
他国实际控制区域
青岛

早期西方设计思想的渗入「租界城市」

郑州
重庆
武汉
乌路主义
南京
上海
都市计划
欧美归国建筑师的城市设计实践

早期西方设计思想的渗入「都市计划」

1910

1949

1952

"梁陈方案"
城市设计院成立

苏联城市设计规划标准体系
苏联城市设计技术和思想交流
苏联专家所援助的城市建设
"大跃进"等一系列政治运动
青岛会议
"三年不搞城市规划"
人民公社建设
特殊时期的城市空间设计

苏联模式和「城市规划设计」

政治运动下的困境

1958

历史文化名城保护
地方政府层面的制度化运用

商业街
开发区
中心区
大学城
滨水区
新城

本土化实践、理论与方法兴起

1978

1983

赴美考察

1990

第一部以《城市设计》命名的译著
城市设计导则引介
作为公共政策的城市设计引介

欧美城市设计引介与先行探索

繁荣的实践与制度化、系统化建构

新时代城市设计的新局面

国家层面的制度化尝试

2000

2010

上篇图 中国当代城市设计发展的整体历程 （来源：笔者绘制）

另类的发展条件，从而使其在一些特殊领域进行了独特的思考和实践。城市设计思想和行为表现为"乡村城市化，城市乡村化"[1]。

第四，欧美现代城市设计引介与先行探索（1970年代末至1980年代）

1970年代末，中国纠正了1958年以来错误的城市建设思想，建立并逐渐恢复和健全了相关的法律制度和保护机制，为城市设计提供了良好的制度背景。中国城市设计活动一方面从政治运动下的困境中逐渐恢复起来，另一方面又对国际、主要是西方城市设计思想和实践经验进行了大量引介。然而，苏联模式的城市设计思想和实践也并未消失，从而使1980年代中国城市设计一直呈现出"苏联模式"与"欧美模式"共存的"双模式"状态。

鉴于破坏严重的中国传统建筑和街区，"历史文化名城"的概念被提上议事日程，从此，历史保护和城市更新成为中国城市设计中的一项实践工作。除此之外，出现了以城市扩张为基本特征的、影响深远的城市设计实践，部分高校也已开展城市设计教育。

第五，本土化实践、理论与方法兴起（1990年代）

从1990年代开始，由于中国市场化经济的不断成熟和城市土地制度变革，城市设计实践有了真正的现代城市设计条件，在对欧美城市设计理论认知继续深化的基础上，面向中国本土的理论和方法探索逐渐丰富起来，城市设计从一般对形体的设计发展为对城市发展各种要素的综合设计，进入从技术上寻求解决方案的综合思路阶段。

第六，繁荣的实践与制度化、系统化建构（2000年代）

2000年代，中国城市设计成为国内外城市规划、建设中广泛关注的热点之一，也成为一个逐渐完善和成熟的学科领域，其理论研究和实践活动呈现出更加繁荣的状态。实践活动的增多带来了多维理论和方法的再次引介和重构，城市设计控制成为主流，引发了对城市设计实施框架的研究，进而带来了在地方政府层面和中央政府层面对城市设计制度化的尝试。我们能感受到，这个年代的城市设计在力图消解日益落后的城市规划体系与变革中的城市发展需要之间的制度性矛盾。

第七，新时代城市设计的新局面（2010 年代后）

2010 年代以来，中国城市设计已站在一个新的历史起点上，它已与时代同步、与国际同步。从其制度地位来说，中国当代的城市设计受重视程度已经恢复到历史最高水平，成为中国城市发展战略思想的一部分；在思想水平上，它不仅汇入了国际社会发展主流，而且其自我意识逐渐重新觉醒；在技术方法上，它与多学科的关系相互印证，通过自上而下和自下而上的双渠道，从单一的城市建设逻辑转向社会、政治、经济等多维的城市环境建构。

然而与此同时，广泛的共识与深刻的分歧客观并存。例如：什么是城市设计？什么是好的城市设计？城市设计是一个独立学科吗？它属于城乡规划学还是属于建筑学？它应该被"法定化"吗？为向读者明朗地展现这些分歧，本篇又将其总结为内涵之争、归属之争、法定化之争三个争议。

上篇文献

[1] 华揽洪. 重建中国：城市规划 30 年（1949—1979）[M]. 李颖，译. 北京：三联书店，2006：116.

1 早期西方设计思想的渗入（1949 年之前的前奏）

清朝末年至 1949 年间，中国历经租借分割和内外战争之乱。在文化和技术介入的同时，西方在中国进行了大量的租界建设，并对其所实际控制城市地区进行了城市设计，由此，早期西方设计思想与城市建设经验渗入中国。1927 年后，中华民国政府广泛开展都市计划，国外建筑师和留学归国的中国建筑师、市政专家等进行了不少城市设计思考和实践探索。这些思考和实践渗透着欧美国家早期的城市设计思想，但已初步具有中国本土自我意识，形成了中国当代城市设计思想的前奏。

1.1　租界建设

在西方建筑师的主导之下，中国城市中也出现了较多类似西方早期的城市设计行为。这些实践多发生于外国在中国实际占有或使用的城市区域，包括租界、租借地（图 1-1）和其他诸如居留地、附属地、自开商埠、驻军营地等形式（表 1-1）。它们大量运用古典设计手法，以满足早期资本主义城市发展要求和殖民需要为目标。其中，西方城市设计思想和行为在租界建设中表现得尤为完整和系统，可认为是中国近代境内西方城市设计活动的主要实践基地。

租界一般是指两个国家议订租地或租界章程后，在其中一国的领土上为拥有行政自治权和治外法权（领事裁判权）

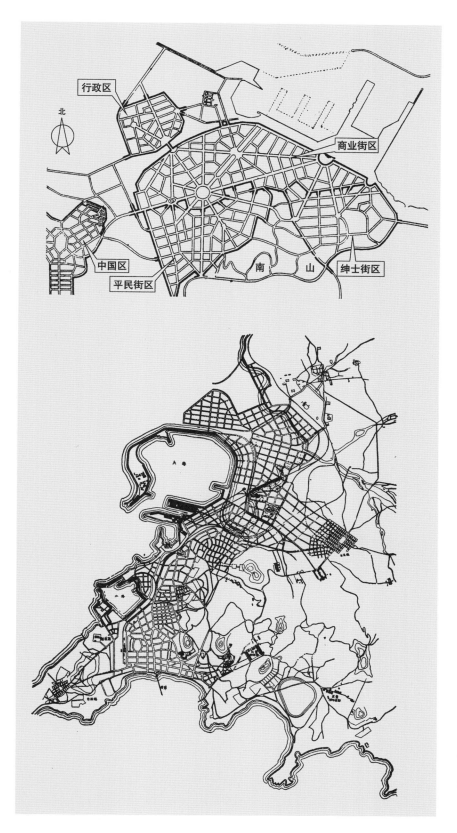

图 1-1 租借地中的城市设计行为——大连和青岛（来源：汪德华.中国城市规划史[M].南京：东南大学出版社，2014：44）

表 1-1　租界及租借地

专管租界	天津	英租界、日租界、法租界、德租界、俄租界、意租界、奥租界、比租界、美租界（后并入英租界）
	汉口	英租界、日租界、法租界、德租界、俄租界
	镇江	英租界
	重庆	日租界
	上海	英租界、法租界
	杭州	日租界
	苏州	日租界
	广州	英租界、法租界
	九江	英租界
	厦门	英租界、日租界
	沙市	日租界
	福州	日租界
公共租界	上海公共租界	由原英美租界合并而成
	鼓浪屿公共租界	英国、美国、德国、法国、西班牙、日本、丹麦、荷兰、瑞典、挪威等国
租借地		包括但不限于以下城市中均设有租借地：哈尔滨、长春、大连、青岛、威海卫、新界、广州湾（今广东省湛江市前身，曾为法国殖民地）
其他		北京使馆界（相当于公共租界）、铁路附属地（例如俄国及日本在其管理的中东铁路和南满铁路两侧取得的附属用地）、避暑地（例如江西牯岭镇、浙江莫干山、河南鸡公山、河北北戴河以及福州鼓岭）等

来源：笔者根据刘敬坤 . 我国旧时到底有多少租界 [J]. 民国春秋，1998(3)：39-41 整理。

的另一国设立的合法的外国人居住地。大部分租界均是半封建半殖民地的产物。在中国的租界内，外国成立了市政管理机构——"工部局"，行使市政、税务、警务、工务、交通、卫生、公用事业、教育、宣传等职能，并进行大量经济和文化、教育、医疗等活动，建立教堂、学校、医院等大量附属设施，往往使租界成为其所在片区甚至整个城市的中心。租界内的城市设计与中国传统城市设计行为呈现出完全不同的特征。

根据租界国数量和相应的建设管理方式的不同，租界可分为专管租界（如天津英租界）和公共租界（如上海公共租界）两类，其城市设计行为也略有差异。

1.1.1　天津英租界

天津租界[①] 曾是中国近代史上北方最为繁华的"畿辅首邑"。1860 年至 1945 年期间，英国、法国、美国等九国在天津老城东南部相继设立租界。其中，英租界区位于天津和平区南部（图 1-2），总面积约为 400 公顷，是中国近代七个在华英租界之一，在天津的租界中开辟最早（1860 年 12 月），设立时间最长（86 年），发展最为繁华，可视为九国租界之首。

1860 年随英法联军来到中国的英国工兵队指挥官查理·乔治·戈登（Charles George Gordon）[②] 设计了最初租界内的道路、街区、河坝以及地区分段分号"出租"的计划。他采用方格路网模式，将道路编号，并以路为界，把租界划分为 10 个街区，也分别编号。在功能布局上，沿河布局货栈、码头，在维多利亚路建设行政、官署、金融、贸易机构以及各国领事机构。戈登的城市设计着重考虑了地块的租售和租界的快速发展，为之后租界的迅速繁荣和扩张奠定了基础。为了纪念戈登在对租界的开辟和设计方面的贡献，1890 年租界建设了 19 世纪天津体量最大的建筑物——戈登堂（图 1-3）。

经过 80 多年的建设，天津英租界形成了极具特色的管理

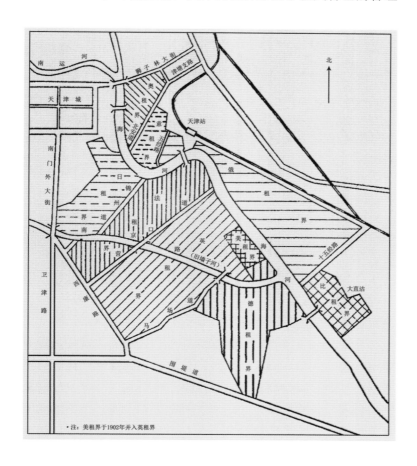

图 1-2 1937 年天津租界示意图 （来源：庄林德，等．中国城市发展与建设史 [M]．南京：东南大学出版社，2002：177）

图 1-3 1880 年代的戈登堂（左）的照片（来源：雅昌艺术网）

图 1-4 天津原英租界（来源：朱雪梅.中国·天津·五大道历史文化街区保护与更新规划研究[M].南京：江苏科学技术出版社，2013：43）

体系和城市风貌（图 1-4）。

（1）与英国规划建设体系相匹配的管理体系。1909 年，英国颁布《城市规划法》，提出控制城市居住区的土地开发，要求地方当局编制城市规划。之后，英国在殖民过程中也确立了其殖民城市建设模式。如提出殖民城市规划建设模式的目标、推出土地授予和分配制度、确保城市规划先于城镇建设、规定城市规划的标准和布局、预留公共用地和绿化带等[1]。具体到天津原英租界，其工部局通过制定相关法规条例对天津英租界区实施空间管理，如《营造条例》《推广租界分区条例》③《推广租界填土图》《总水管图》等。为指导和管理城市建设，法规条例中还附有详细设计图，对功能、路网、建筑密度、高度及间距等逐一规范。如规定，征用土地的业主必须交出不少于 20% 的地产用于修筑道路与公园，界内建筑物的外部造型必须是外国形式，动工之前报送工部局进行审查批准等。

（2）**细腻精致的街道空间营造**。天津英租界的街道空间在道路结构、街区尺度、城市肌理和建筑体量等方面控制严格（图1-5）。例如，在住宅街区，英租界摈弃了西方开放式的布局形式，多采取中国传统的高墙深院以强调隐私，沿街住宅很少直接贴道路红线建设，而以围墙和院落作为过渡空间（图1-6，图1-7）。有学者对英租界街道空间及街区形式进行了空间尺度的量化分析，认为其空间尺度与空间美学、空间行为学等十分吻合[2]。

（3）**多元而整体的建筑风貌**。1890年代末至1900年代初，欧洲正处在新古典主义、折中主义、早期现代主义、新艺术运动和装饰艺术派等多种建筑思潮交融的时期。这导致租界内的建筑形式风格各异——甚至在保存最完好的300多幢建筑中，没有建筑形式是重复的——但街区风貌仍然非常整体。这给我们一个启示：建筑风格和形式并不是形成街区整体性的关键要素，而与严格的建设控制、建筑尺度、色彩和材料的整体性密切相关。

图1-5 天津五大道街区肌理 （来源：朱雪梅.中国·天津·五大道历史文化街区保护与更新规划研究[M].南京：江苏科学技术出版社，2013：360-361）

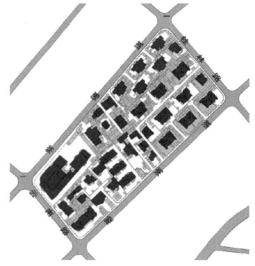

图1-6　天津原英租界公共建筑布局形式　（来源：
徐萌．天津原英租界区形态演变与空间解析［D］．天津：
天津大学，2009：55）

图1-7　天津原英租界住宅布局形式　（来源：
徐萌．天津原英租界区形态演变与空间解析［D］．
天津：天津大学，2009：55）

（4）完善的公共设施及市政基础设施建设。在英租界确立之后，工部局即着手对污水排放、供电、供水等基础设施进行建设，并修筑了大量的道路。在此基础上，为外国侨民专门配置建设了运动场、体育场、跑马场、公园等公共设施[3]。

1.1.2　上海公共租界

上海公共租界在中国租界历史上开辟时间最早、存在时间最长、规模最大，是城市建设制度最为完善、城市设计运用十分充分的租界，其建设对中国政治、经济、教育、技术和文化等产生了复杂的影响。

1843年，上海成为通商口岸，英国领事当即与上海道④划定其租界南北界限，到1848年，英租界划定完成，美国也在虹口开辟租界。1863年，上海英美租界合并，上海公共租界正式形成（图1-8）。至1930年，上海公共租界面积达到2260公顷，人口超过100万人⑤。

上海公共租界城市设计的成功是众所周知的，例如被称为"万国建筑博览会"的外滩区域。但是与天津英租界略有不同，其成功并非仅在于其精致的建筑设计和完整的城市风貌，而更在于以下几个方面：

（1）重视城市安全。由于保证租界安全的主要力量来自于海上的英美舰队，因此出于防卫以及心理安全的需要，建筑群沿黄浦江展开，使"军舰拥有以炮火掩护整个租界地基的控制权"⑥。

（2）简单的空间秩序和快速的城市建造。在地多人少的情况下，上海公共租界采取了注重效率、避免矛盾的划分方式，土地被基本平均地进行了方格形划分。在此基础上，进行了充满"故乡"情结的、保守的设计。

（3）市政先行。上海工部局以伦敦、巴黎等欧洲城市作为上海建设与发展的楷模，在自来水系统建设、照明、路政、公共交通、电力电讯等多方面，派人学习欧洲先进技术、引进管理模式、使用先进的机械化工程进行作业、使用进口材料等。上海公共租界的市政建设在当时是中国其他任何一个城市都无法比拟的。这些建设促进了中国当时的市政设施研究和建设（图1-9）。

图 1-8　上海公共租界范围　（来源：笔者根据相关资料整理）

图 1-9　1940 年出版的《市政与新中国》扉页图　（来源：笔者拍摄）

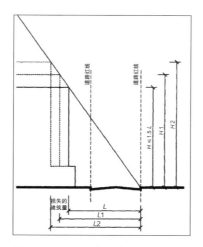 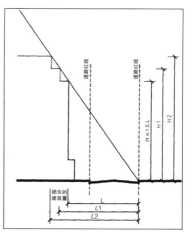

图 1-10　1916 年《新西式建筑规则》第 14b 条示意图　（来源：唐方 . 都市建筑控制：近代上海公共租界建筑法规研究 [M]. 南京：东南大学出版社，2009：245）

图注：任何建筑（教堂或礼拜堂除外）的高度不能超过其二层以上外墙最外端到市政道路对面距离的 1.5 倍。

图 1-11　1919 年 7 月修订颁布的第 14b 条示意图　（来源：唐方 . 都市建筑控制：近代上海公共租界建筑法规研究 [M]. 南京：东南大学出版社，2009：247）

图注：任何建筑（除合理的建筑装饰物外）面街一侧任何一点之高度不能超过至对面道路线的垂直地面距离的 1.5 倍。在道路计划拓宽处，这一垂直点应该是从对面道路的规划道路线算起（《上海公共租界工部局公报》第 245 页，转引自：唐方 . 都市建筑控制 [D]. 上海：同济大学，2006）。

（4）完善的空间控制。上海公共租界在空间控制方面具有当时无可置疑的领先地位，它建立最早、发展最完备，具有首创性和示范性。从 1863 年至 1920 年代后期，上海近代城市风貌基本形成[4]，在此过程中，工部局制定了大量的建设法规来进行城市空间和建筑设计的管理，尤其是在建筑高度方面进行了大量民主、理性的探索。例如，1916 年《新西式建筑规则》中规定，"建筑物高度由其毗邻的道路宽度来决定，即不能大于毗邻道路宽度的 1.5 倍"[5]，之后，该条规则经过认真细致的讨论又进行了修改（图 1-10，图 1-11）。该法条基本奠定了我们今天看到的上海公共租界建筑高度的基础[⑦]。

（5）对中式建筑的讨论。上海公共租界中关于中式建筑规则的讨论最早始于 1877 年，工部局当时起草了《华式建筑章程》，它是针对整体上已形成高密度的联排里弄形式的中式房屋而制定的。1900 年，工部局颁发《中式建筑规则》，内容涵盖定义、设计图样、屋顶、烟囱、地面和通道、公共道路相邻一侧的处理等[5]。1916 年，又颁布《新中式建筑规则》，对建筑总平面、环境与卫生设计（如里弄宽度、门楼、厕所及小便处）、突出公路的建筑物、阴沟等进行了规定。

（6）自治区域。上海公共租界最终形成了一个以资本主义方式运作的基本自治的城市区域，这至少表现在两个方面：其一，重大决策的公众意见。在公共租界存在的后期阶段，城市建设决策权已经不再掌握在外侨资本家的手中，而是由华、洋资本家共享；在城市建设决策过程中，强调市政会议、集体讨论的制度，并在重大执政决策中以民意调查的形式听取公众意见。其二，城市建设法规制订过程的民主化。前文提及的《中式建筑规则》遭到建筑师和地产界的强烈反对，以至于使该法规实际生效时间被推迟 9 个月。在之后的修订过程中，工部局吸取教训，与建筑师、地产商、法律人士、卫生人士以及相关的社会团体进行了讨论，力求使社会利益冲突在法规讨论过程中就被最大限度地消解。

上海公共租界的城市设计因其在市政建设、空间管理制度等方面的先进性而对中国城市建设的现代化产生了重要的示范性（图 1-12）。

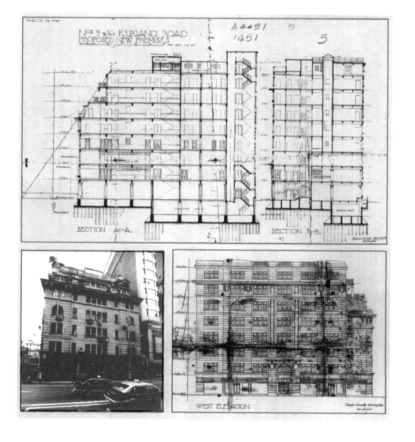

图 1-12 华侨大楼设计图 （来源：唐方. 都市建筑控制 [D]. 上海：同济大学，2006：191）

图注：华侨大楼（位于现九江路），于 1924 年设计，1930 年竣工。该楼主体部分高八层，局部九层，其沿九江路一侧的南立面为主立面，六层至八层逐渐往后退台。从剖面设计图可看到，建筑设计被要求比原有建筑向后退界（图纸中的虚线部分）。由于新的建筑红线到九江路对面道路红线的距离标注为 39 英尺，H（参见前文图中的"H"）应为 39 英尺 ×1.5=58.5 英尺。对照图纸可知，该建筑物前五层的高度是 6 英寸（室内外高差）+14 英尺（底层高）+11 英尺 ×4（二层至五层标准层高为 11 英尺）= 58.5 英尺。第六层、第七层、第八层这三层的退界也是严格按照 1.5∶1 的斜度来进行的。这说明上海公共租界中的建筑形式，既是对规范的遵守，也是对利益最大化的考虑，而并非纯粹形式审美的需要（1 英尺 ≈ 0.3048 米，1 英尺 =12 英寸）。

1.2 都市计划

中国近代寻求现代化的努力也同样映射在城市建设中。尤其是国民政府成立后，随着西学东渐的逐步推进，西方尤其是欧美国家城市规划和设计理论渐渐进入中国，国民政府开始重视城市建设工作，并在全国推行"都市计划"。

"都市计划"是中国近代关于城市规划、城市设计、市政建设等城市建设计划行为的一种特殊称谓。在当时的学术领域中并无明显界定，与此词相近的还有市政计划、市政建设计划、市政改造计划、市镇建设计划、城市计画、物质建设、都市规画等。1939 年，国民政府颁布《都市计划法》⑧，都市计划的名称得以统一。在中国近代城市所实行或拟定的都市计划中（这些城市包括上海、南京、重庆、青岛、南昌、武昌、芜湖、济南、郑州、汕头等），基本都含有城市设计的内容。其中比较著名的包括《市政改造计划》（汕头，1922 年）、《首都计划》（南京，1928 年）、"建设新郑州运动"（郑州，1928 年）、《广州市城市设计概要草案》（广州，1932 年）、《陪都十年建设计划草案》（重庆，1946 年）、《大上海都市计划》（上海，1948 年）等。

1.2.1 《首都计划》

1927 年，国民政府定都南京，同年 10 月，中华民国进入训政时期。"训政肇端，首重建设，矧在首都，四方是则。"国民政府命令"办理国都设计事宜"，而计划中的首都要求"不仅需要现代化的建筑安置政府办公，而且需要新的街道、供水、交通设施、公园、林荫道以及其他与 20 世纪城市相关的设施"[6]。

1928 年 11 月 1 日，南京国都设计技术专员办事处成立。本着"用材于外"的原则，国民政府特聘美国墨菲（H. K. Murphy）⑨、古力治（Ernest P. Goodrich）、帕金斯（Perkins）、帕斯卡尔（Pascale）为顾问，聘请曾留学美国康奈尔大学（Cornell University）的国内建筑师吕彦直等著名建筑师联合编制形成了《首都计划》。1930 年至 1937 年，随着原计划调整又制订了《首都计划的调整计划》，1947 年又制订了《南京市都市计划大纲》。

1929年南京国都设计技术专员办事处编印的《首都计划》中，城市设计内容贯彻始终，并有一个单独的"城市设计"章节⑩和城市设计实施办法，即"城市设计及分区授权法草案"。其主要成就是：

　　（1）**城市总体布局**。城市布局"同心圆式四面平均开展，渐成圆形之势"，避免呈"狭长之形"，避免"一部过于繁荣，一部过于零乱"。

　　（2）**功能分区**。第一次采用国际标准对城市进行综合分区，将首都划为6个区域。中央政治区位于中山门外紫金山南麓、南京古城城墙之外（图1-13），背山面水，体现出中国传统城市设计思想与欧美城市设计方法结合的倾向（图1-14）。住宅区分3个等级，居住了2/3人口的城南明清风格的老区被完整保留，在城北山西路一带又另设高级住宅区，目前这些高级住宅区仍保存良好。

　　（3）**道路系统**。以美国矩形路网为道路设计的理想方案，并引进了林荫大道、环城大道、环形放射等新的规划概念与内容（图1-15）。

　　（4）**建筑形式**。城市宏观布局借鉴于欧美，而建筑形式

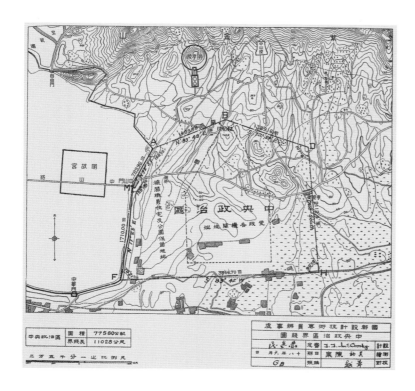

图 1-13 《首都计划》之中央政治区界限图 （来源：国都设计技术专员办事处.首都计划[M].王宇新，王明发，点校.南京：南京出版社，2006：45）

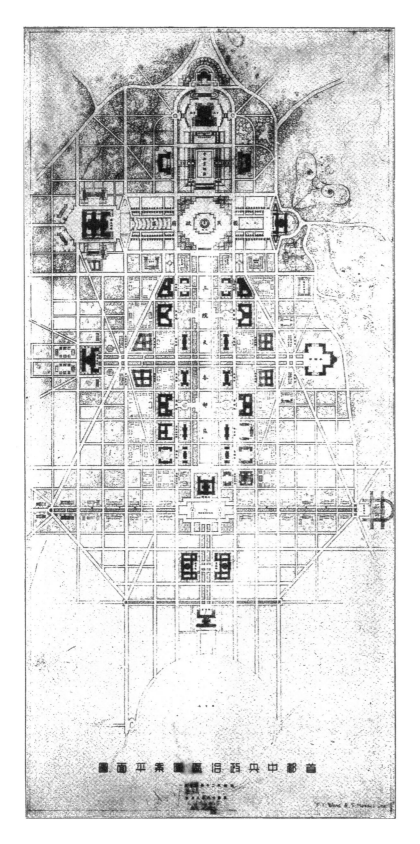

图1-14 《首都计划》之中央政治区城市设计图（来源：国都设计技术专员办事处.首都计划 [M].王宇新，王明发，点校.南京：南京出版社，2006：48）

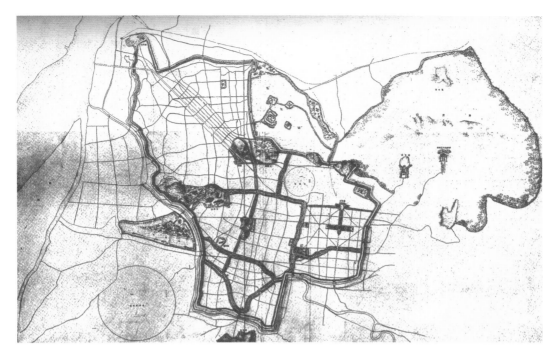

图 1-15　《首都计划》之林荫大道系统　（来源：国都设计技术专员办事处 . 首都计划 [M]. 王宇新，王明发，点校 . 南京：南京出版社，2006：110）

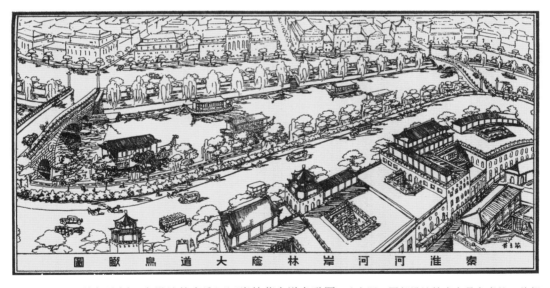

秦淮河河岸林荫大蔭道鳥瞰圖

图 1-16　《首都计划》中设计的秦淮河河岸林荫大道鸟瞰图　（来源：国都设计技术专员办事处 . 首都计划 [M]. 王宇新，王明发，点校 . 南京：南京出版社，2006：100）

采用"中国固有之形式"（图 1-16）。该计划规定，中央政治区建筑突出古代宫殿优点，商业建筑也要具备中国特色，"总之，国都建筑，其应采用中国款式，可无疑义"。对于首都规划采用"中国固有之形式"的原因，《首都计划》解释为："所以发扬光大本国固有之文化也""颜色之配用最为悦目也""光线空气最为充足也""具有伸缩之作用利于分期建造也"[7]。吕彦直在《规划首都都市区图案大纲草案》中写道：

> 彼宫殿之辉煌，不过帝王表示尊严，恣其优游用，且靡费国币，而森严谨密，徒使一人之享受。今者国体更新，治理异于昔时，其应用之公共建筑，为吾民建设精神之主要的表示，必当采用中国特有之建筑式，加以详密之研究，以艺术思想设图案，用科学原理行构造，然后中国之建筑，乃可作进步之发展……有发扬蹈厉之精神，必须有雄伟庄严之形式，有灿烂绮丽之形式，而后有尚武进取之精神，故国府建筑之图案，实民国建设上关系至大之一端，亦吾人对于世界文化上所应有之贡献也。

《首都计划》是民国时期中国最重要的一部都市计划。它力图以西方科学理性的精神来指导中国城市的建设，吸收了当时国内外的先进城市设计理念，如采用当时西方尤其是美国城市的方格网加对角线的形式组织城市结构，并对南京的街道系统做了整体考虑。该计划不仅对抗日战争前的民国南京城的各项建设发挥了重要的指导作用，也带动了民国时期其他城市都市计划中城市设计的发展。例如，1930年9月，梁思成、张锐⑪出版了《城市设计实用手册——天津特别市物质建设方案》[8]，也参考了美国城市建设的部分经验，在城市设计方面提出了较为详细的规定⑫。

1.2.2　上海的两部都市计划

1929年，上海当局编制《上海市中心区域计划》，吸收了当时欧美古典形式主义与资本主义城市发展需求相结合的城市设计思想（图1-17），运用中国传统建筑空间的组织方法，确定了小方格与放射路相结合形成的道路、轴线对称的公共建筑群，成为当时中国具有民族主义特色的典型代表之一（图1-18）。

《上海市中心区域计划》对行政区城市空间和建筑设计拟定了相应标准。

（1）城市总体布局。计划要求行政区形成十字形广场，

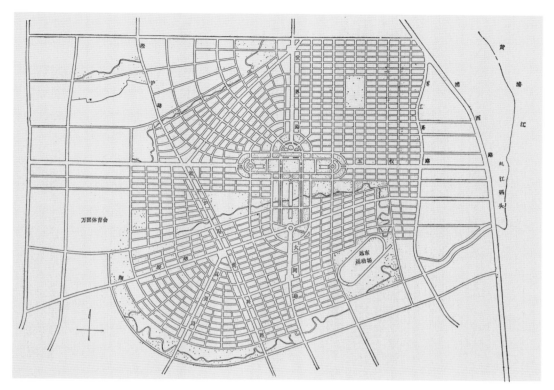

图 1–17 《上海市中心区域计划》中的上海市市中心道路计划图（1932 年 8 月稿）　（来源：同济大学城市规划教研室. 中国城市建设史 [M]. 北京：中国建筑工业出版社，1982：130）

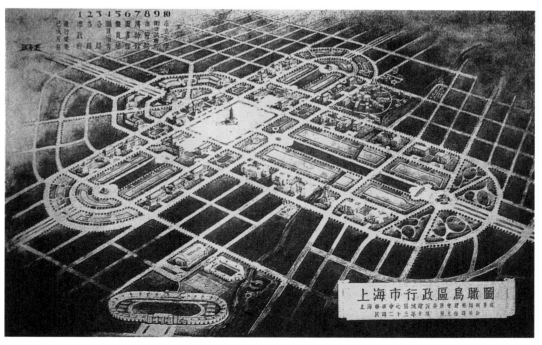

图 1–18 上海市行政区鸟瞰图　（来源：魏枢.“大上海计划”启示录：近代上海市中心区域的规划变迁与空间演进 [M]. 南京：东南大学出版社，2011：74）

位于市中心区域的南北、东西两大干道交会处，市政府房屋分列左右，其他公共建筑散布在十字形广场群中。

（2）建筑形式。建筑风格采用"民族形式"。建筑师董大酉在市政府房屋设计中，采用了"涂彩中国古典梁柱式"，将民族风格与西方建筑式样、新材料运用相结合，形成了"民族形式的复兴"建筑思潮。

（3）功能分区。将市中心区域及其相邻部分划分为政治区、商业区和甲、乙两种住宅区（其中，甲种住宅区指上等的住宅区，一般在园林地周边；乙种住宅区指普通的住宅区），形成了功能分区的初步框架[9]。

1945 年抗战胜利后，上海市政府初步设立上海市都市计划委员会，编制《大上海都市计划》；1946 年 3 月，成立城市设计小组；1946 年 8 月，正式成立上海市都市计划委员会。委员会由市工务局设计处处长姚世濂，中国建筑师学会理事长、著名建筑师陆谦受和圣约翰大学教授、都市计划专家鲍立克（Richard Paulick）⑬三人领衔（图 1-19）。在上海市都市计划委员会编制的《大上海都市计划（初稿）》中，一些整体性的城市设计理论和手法已经比较先进，甚至对当前城市设计实践仍然具有启发性意义。例如，在城市空间布局方面，严格贯彻"有机疏散"思想，使居住地点与工作、娱乐及生活上所需的其他功能保持联系，形成市区单位（50 万—200 万人）、市镇单位（16 万—18 万人）、小单

图 1-19 在绘制第三稿的《大上海都市计划》主要参与专家程世抚、钟耀华、金经昌（自左至右）（来源：侯丽. 鲍立克在上海——近代大都市战后规划与重建 [M]. 上海：同济大学出版社，2017：199）

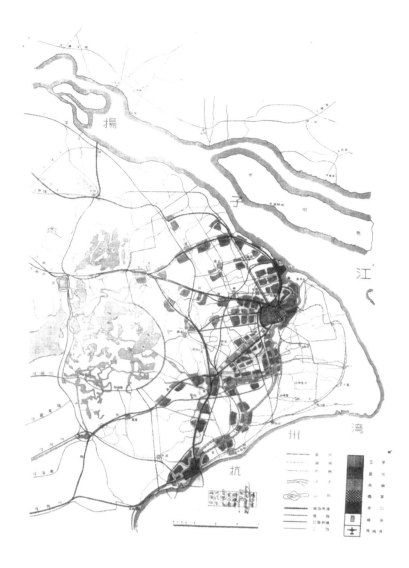

图 1-20 《大上海都市计划》土地使用总图初稿（来源：侯丽. 鲍立克在上海——近代大都市战后规划与重建 [M]. 上海：同济大学出版社，2017：166）

位（4000 人）。市镇单位的规模以人的步行尺度为度量单位，其范围控制在 30 分钟的步行距离以内。在绿地系统方面，提出了环状绿带的想法，对农业生产用地持有一种超前、开放和务实的态度，规定在市中心区以外设 2—5 千米宽的绿带，其内部既可用作公园、运动场，也可作为农业生产用地（图 1-20）。

　　《大上海都市计划》从城市空间整体格局方面借鉴了 1944 年大伦敦规划思想，但具体空间实施方面又借鉴了纽约的区划做法。该计划提出的"有机疏散、组团结构"理念以及确立的卫星城与环城绿带建设思路影响了中国 1949 年后的城市设计工作。

1.2.3　"建设新郑州运动"

1927 年，冯玉祥主政河南，受孙中山《建国方略——实业计划》的影响，在郑州提倡"建设新郑州运动"。这次运动直接产生了两个城市设计实践——《郑埠设计图》《郑州新市区建设计画草案》。

针对郑州县城老城区和新的街区，冯玉祥组织人员编制了 1 : 5000 的《郑埠设计图》（图 1-21）。从执政者的角度来说，冯玉祥是一个理想主义者，他在河南兴办平民教育、平民医疗、平民养老，为当地百姓解决了不少生活上的困难⑬。他非常希望辖区是一个百姓之城，因此这次设计的目的是将郑州打造为一个安居乐业的开放商埠。

这一新城区计划修建面积共约 10.5 平方千米，容纳约 25 万人。《郑埠设计图》中明确标注的用地大约有 40 处，以市政基础设施、教育、居住用地、公园、商业为主，工业用地仅标注两处 [10]。其空间基本格局以已形成的道路为主，以中心放射的道路为主干，方格网式次级道路加以连接，形成许多小街坊。商埠区街区肌理以京汉铁路（图 1-21 中左侧的斜边）为参照，形成与其平行的和垂直的方格网系统，而新市区的道路系统表现出方格网和放射状道路结合的特点。另外，该都市计划方案对道路做了分级，并依据不同宽度进行两侧建筑高度控制（表 1-2）。

在郑州新市区的选择上，冯玉祥又组织人员编制了新市区的设计。1929 年，《郑州市政月刊》第 3 期至第 7 期刊登了《郑州新市区建设计画草案》（图 1-22）。新市区规模为 35 平方千米，容纳约 28 万人。在该草案中，用地被分为园林、学校、商业和住宅四个大类，道路系统按照大道、干路、支路和横街的等级形式予以不同宽度的划分（表 1-3）。

表 1-2　《郑埠设计图》中道路等级与街道建筑高度控制

道路等级	一	二	三	四	五	六
道路宽度（米）	30	25	22	18	8	6
建筑限高（米）	40	39	33	27	—	—

来源：笔者整理。

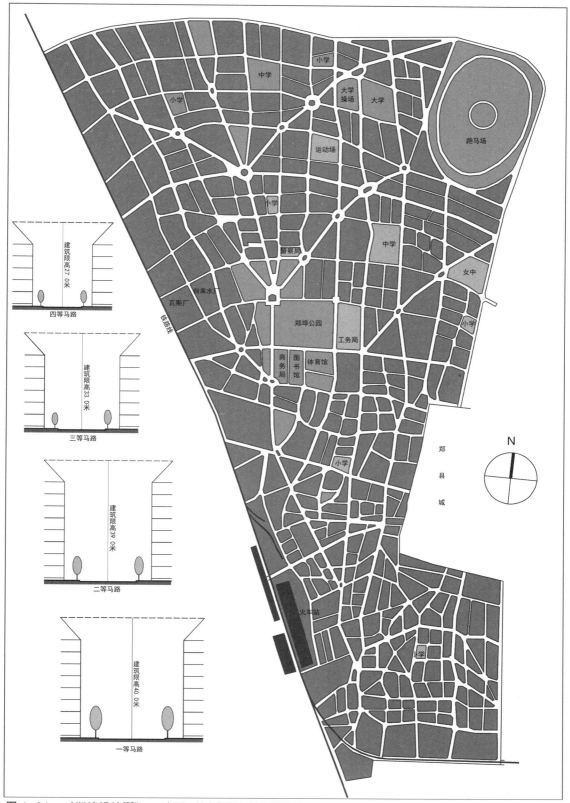

图 1-21 《郑埠设计图》 （来源：笔者根据相关资料绘制）

图 1-22 《郑州新市区建设计画草案》市街系统标准图第六图 （来源：《郑州市政月刊》1929 年第 6 期）

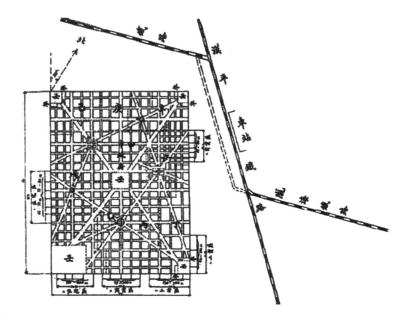

表 1-3 《郑州新市区建设计画草案》道路等级划分与道路宽度控制

类别	园林		斜角	商业			住宅		
等级	大道（含绿化）	大道（不含绿化）	干路	干路	支路	横街	干路	支路	横街
宽（米）	45—90	32—45	30—45	30—45	24—30	3.0—7.5	24—35	15—24	1.5—3.0

来源：笔者整理。

这两次都市计划均是基于郑州的地形和交通条件（尤其是铁路）形成的，其主要目标在于改善生活环境、培育商业发展。在设计理念上，受到《首都计划》的影响较大，均向美国学习（图 1-23），进行了良好的功能分区和街道系统分级控制，采用了放射状道路加方形街区的组织方法。可惜由于战争频繁，社会动荡，这些方案都未得到落实。

1.2.4 《广州市城市设计概要草案》

1911 年后，广州开始关注城市设计问题。例如，1927 年 5 月的广州《市政公报》曾对美国纽约及英国伦敦的城市建筑高度问题进行了报道，反映出该阶段对城市设计思想的理性思辨："明智的伦敦的房屋没有高耸的必要，美国已盛行此制，所以市政计划家不能不与此蒙蔽的心理相激战。"[11]

1928 年，广州市市政厅"为改良发展新旧市区，建设本

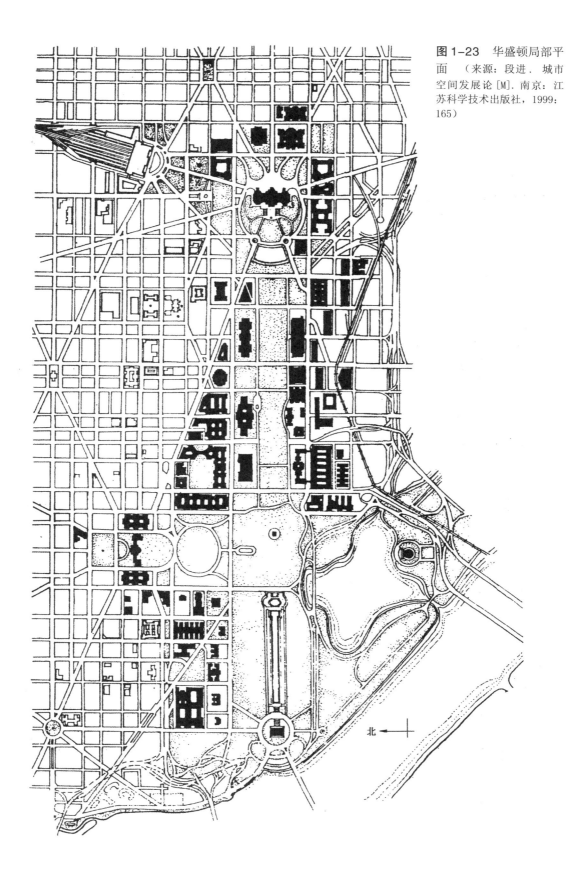

图 1-23　华盛顿局部平面　（来源：段进．城市空间发展论 [M]．南京：江苏科学技术出版社，1999：165）

北 ←

图 1-24 广州市繁盛区街道指南分区图 （来源：《广州大观（十一编）》第 280 页）

市为世界商港"，设立"城市设计委员会"，并通过《城市设计委员会组织章程》。1929 年，广州市政府公布《广州市之建设计划》。1930 年，广州市工务局制订的《工务之实施计划》制订了"辟阔内街原则"，并对街道进行分区（图 1-24），规定：

> 街内全屋住屋者该街宽度由十二尺至十六尺；前项街道为不通行之绝街巷，该绝街巷宽度由八尺至十二尺；街内建筑物其总数四分之一以上属商铺余属屋者，该街宽度由十四尺至二十尺；街内建筑物其总数四分之三以上属商者，该街宽度由十六尺至二十四尺[11]。

1932 年 8 月，广州市政府公布《广州市城市设计概要草案》，这是广州第一个正规的都市计划文件，其城市设计的主要内容有：

（1）功能分区。将全市划分为工业、住宅、商业、混合四个功能区。

（2）路网体系。在尊重古城道路格局的基础上设计了"方格网 + 环线"的棋盘式道路系统。道路分为直达干线与环形干线，依其所在不同的区域及道路等级而定，分为大道（30—40 米）、干道（25—30 米）、一等街（20—25 米）、二等街（15—

20米）、三等街（10—15米）五个级别。

（3）**空间格局**。以越秀山为依托，通过传统城市中轴线与珠江相连，延伸至河南的刘王殿新城市中心，形成了以自然环境为主体的城市骨架，体现中西方城市建设思想的结合（图1-25）。

（4）**街道空间**。在道路系统的改造和修建过程中，出现了将西方古典建筑中的券廊等形式与岭南的气候特点相结合演变成的"骑楼"，并逐渐被其他城市采用（图1-26）。骑楼下的人行道长廊可以避雨、防晒、遮阴，又可以敞开门面广招顾客，适应了当地炎热多雨的气候，形成了广州马路街景的主格局。由于骑楼大量出现，市政当局不得不制定《广州市内不准建设骑楼表》对其进行约束。同时，一些城市空间美学的基本观念和看法诞生。

> 如论都市美……则须顾及大体，因此各地有各地之建筑规则以限止不利于都市美之建筑……但至现代，始悉矮小房屋固有失观瞻，而高层建筑，亦不利于都市美……凡建物之高度，以其街道之制度限止之……只得于建筑物之后面，此种限止天际线，不唯其阻碍日光，乃因妨害都市美之体裁。盖巴黎之建

图1-25 《广州市城市设计概要草案》中的广州市道路系统图 （来源：邹东. 民国时期广州城市规划建设研究[D]. 广州：华南理工大学，2012：73）

图 1-26 广西北海老街骑楼 （来源：北海南珠假期官方网站）

筑物，分之则个个皆美，合之则互相调和，考巴黎之建筑法规，不但限止建筑物之高度，且令市民厉行修理，以保存各个建筑物之美观，他若维也纳市，关于路线阳台以及建筑高度等均有严厉法规，罗马关于建筑物之式样材料等，有法令规定，中国各市年来关于市内之建筑，亦有规则订定，如广州、上海、南京等市，较为详细精密，总之建筑家之设计，不唯某一个建筑物之适用与美观，尤须顾及都市美之大体，当以建筑线之调和为念也可[11]。

在近一百年后的今天，这些文字仍不失为城市设计的信条。我们认为，虽然广州的上述城市设计活动有外国专家参与，并有大量的国外"都市计划"理论、思潮及技术被介绍到中国，但是设计人员仍能较好地融合中西方的思想、理论和文化，体现出当时本土城市设计的自主性（图 1-27）。

图 1-27 1939 年印制的广州鸟瞰图 （来源：邹东. 民国时期广州城市规划建设研究[D]. 广州：华南理工大学，2012：100）

1.3 体形环境计划

1943 年，现代城市设计教育的奠基人和倡导者伊利尔·沙里宁（Eliel Saarinen）在《城市：它的发展、衰败与未来》（*The City: Its Growth, Its Decay, Its Future*）中提出"城市设计"（Urban Design）的初步概念。1944 年 6 月 20 日，美国副总统亨利·阿加德·华莱士（Henry Agard Wallace）访华，梁思成的好友、美国汉学家费正清通过华莱士为梁思成带来了这本论著。读完该著作后，梁思成在 1945 年 8 月重庆《大公报》上发表《市镇的体系秩序》一文，把城市中的建筑个体比作有机体的细胞，认为各个建筑个体有其个性特征，要取得妥善的秩序，就必须调和每个建筑个体的个性特征及其之间的相关关系。他说：

> 我们必须注意到物质环境对于居民道德精神的影响……务须将每一座房与每一个"邻居"间建立善美的关系，我们必须建立市镇体系上的"形式秩序"。在善美有规则的形式秩序之中，自然容易维持善美的"社会秩序"[12]。

1946 年，梁思成赴美讲学，并被美国普林斯顿大学授予名誉文学博士。他考察了美国匡溪艺术学院（Cranbrook Academy of Art）的建筑和城市设计系教育。从现存的文献来看，梁思成与沙里宁做了深入交流，并接受了后者的"体形环境"思想。回国后，他在清华大学创办建筑系，并以"体形环境"思想初步拟定学制、学程计划。其后，梁思成写了《城市的体形及其计划》一文，刊登在 1949 年 6 月 11 日的《人民日报》上，提出关于"城市体形计划"的基本原则，体现了他的营城思想。梁思成提出 15 个目标，包括：

> 适宜于身心健康，使人可以安居的简单朴素的住宅，周围有舒爽的园地，充足的阳光和空气，接近户外休息和游戏的地方；工作地距离住宅不宜太远；全部建筑式样应和谐；大规模的商店、博物馆、剧场等，供多数人的需用，且需多数人维持的，须位置适中，建筑式样和谐，使用方便，且须有充分的停车地；尽可能地减少汽车的危险性[13]。

他甚至建议城市分区组团之间"绝对禁止建造工商住宅建筑，保留着农田或林地"。

在 1949 年 7 月，这种教学体系冠名为"清华大学营建学系学制及学程计划草案"被连载于《文汇报》。该体系的课程设计以适用（社会）、坚固（工程）、美观（艺术）三个方面为基础。针对西方传统建筑观念的转变，梁思成提出：

> 以往的"建筑师"大多以一座建筑物作为一件雕塑品，只注意外表，忽略了房屋与人生密切的关系；大多只顾及一座建筑物本身，忘记了它与四周的联系；大多只为达官、富贾的高楼大厦和只对资产阶级有利的厂房、机关设计，而忘记了人民大众日常生活的许多方面；大多只顾及建筑物的本身，而忘记了房屋内部一切家具、设计和日常用具与生活和工作的关系。换一句话说，就是所谓"建筑"的范围，现在扩大了，它的含义不只是一座房屋，而包括人类一切的体形环境。所谓"体形环境"，就是有体有形的环境，细自一灯一砚，一杯一碟，大至整个的城市，已知一个地区内的若干城市间的联系，为人类的生活和工作建立文化、政治、工商业……各方面合理适当的"舞台"都是体形环境计划的对象。清华大学"建筑"课程就以"造就这种广义的体形环境设计人"为目标[14]。

同时深受沙里宁影响的还有吴良镛。他于1948年9月经梁思成推荐，入美国匡溪艺术学院建筑与城市设计系，师从沙里宁读研究生，1950年回国后在清华大学建筑系任教。清华大学建筑系将建筑设计内涵扩大到城市的尺度，形成了"体形环境计划"的概念，以建筑学（或物质空间形态）的角度来理解城市设计，与沙里宁的思想是一脉相承的。

1.4 华人研究

清朝末年至1949年间，城市设计研究领域已出现不少华人研究者。他们或在国内期刊发表城市设计相关的论文，或在报纸上发表涉及城市设计观点的文章。

例如，1929年中华民国《中央日报》12月12日专载了许体钢的《城市设计》（图1-28）。他论述了城市设计发展的国际趋势，指出城市设计已经日渐成为一种专门的学问。他引用了国外学者的观点，认为城市设计是基于远大眼光的举动，这一个举动是一个城市同它临近的地方"在有理由的道路上得到有秩序与有眼光的发展"。另外，他还介绍了美国、法国、德国、英国等欧美国家城市设计的发展状况。

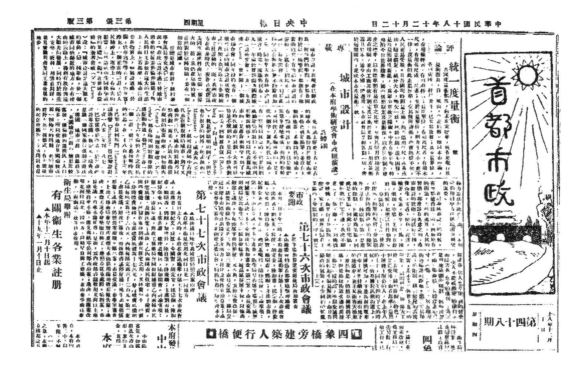

图 1-28 1929 年《中央日报》第 48 期局部 （来源：笔者拍摄）

又如，1932 年第 2 期《工业年刊》上，张锐发表了《城市设计要义》一文。他明确指出，"吾国旧式之城垣，例有其相当之设计……欧美之谈城市设计者，亦远溯古希腊罗马"。不仅如此，他还指出中国城市设计有两个实践领域——"新市设计"和"改善设计"。在该文中，张锐对《首都计划》提出了意见——"其计画固极伟大，惜乎未能尽洽国情"，体现出华人学者的独立思考。

再如，1931 年《工程译报》发表了德国克里平（Knipping）教授的《近代城市设计之要点》；1939 年，哈雄文起草了中国第一部《都市计划法》；1943 年，范先烨介绍了卡尔·罗曼（Karl B.Lohmann）的《城市设计学原理》（*Principles of City Planning*）一书。

除此之外，还有程世抚、金经昌等学者都在不同程度上涉及了城市设计内容[15]。

第 1 章注释

① 该节可以参阅：雷穆森（O. D. Rasmussen）. 天津租界史 [M]. 许逸凡，赵地，译. 天津：天津人民出版社，2009；费成康. 中国租界史 [M]. 上海：上海社会科学院出版社，1991：8.

② 查理•乔治•戈登（Charles George Gordon），亦称中国人戈登（Chinese Gordon）或戈登•帕夏（Gordon Pasha）（1833—1885 年），英国军官、殖民地官员。1852 年毕业于该地皇家军事学院。克里米亚战争（1853—1856 年）期间在皇家工兵部队服役；从 1862 年开始，戈登去上海，任"常胜军"的管带，配合李鸿章的淮军与太平天国作战，攻克苏州，清廷授予他提督衔，赏穿黄马褂。1886 年，沃尔特•斯科特（Walter Scott）出版《戈登将军》一书。

③ 1927 年原英租界工部局制定《推广租界分区条例》，将区内用地分为三类，即"一等区系专备住宅建筑之用，二等区规划亦以住宅建筑为主，某种铺面及商业建筑果可准许，三等区按工部局 1925 年营造条例系以铺面建筑为主"。该条例对每个区的建筑密度、建筑高度、建筑间距、空地等均有详细规定。

④ 清朝行政单位，级别略高于上海县、松江府，低于江苏省的行政区划，其正式名称是"分巡苏松太常等地兵备道"。

⑤ 数据来自《工部局年报》，转引自蒯世勋，等. 上海公共租界史稿 [M]. 上海：上海人民出版社，1980：12.

⑥ 来源于罗兹•墨菲. 上海——现代中国的钥匙 [M]. 上海社会科学院历史研究所，编译. 上海：上海人民出版社，1986：60.

⑦ 据唐方研究，今天的外滩建筑面貌最终是在 1920—1930 年代奠定的，很多建筑在当初设计时受 1916—1919 年修改和颁布的该条建筑条款的影响。

⑧ 该法由当时的内政部营建司司长哈雄文主笔。哈雄文（1907—1981 年），字肖云，回族，籍贯北京。1927 年毕业于清华大学，后留学美国约翰霍普金斯大学学习经济，并于 1928 年于宾夕法尼亚大学建筑系学习，先后获建筑学和美术学学士学位。1932 年回国后主要在上海工作。1937 年 9 月 30 日任政院内政部地政司技正，后随国府西迁重庆，并执笔起草了《建筑法》《都市计划法》等法律规范。1946 年受聘陪都建设计划委员会兼任委员，参与《陪都十年建设计划草案》的制定。战后参加了武汉、南京等地都市计划的起草工作，著有《当前都市计划之途径》《新中国都市计划的原则》《都市发展与都市计划》《战后我国都市建设之新趋势》等。

⑨ 墨菲（Henry Killam Murphy，1877—1954 年），美国建筑师，1899 年毕业于美国耶鲁大学。他的作品主要集中在中国，例如设计教会大学——长沙雅礼大学、福州福建协和大学、南京金陵女子大学、北京燕京大学以及广州岭南大学的部分建筑。其后，墨菲还进行了北京清华学堂校园的整体规划和四大建筑（大礼堂、图书馆、科学馆、体育馆）的设计，以及位于上海郊外江湾的私立复旦大学校园的规划设计。

⑩ 这是比较重要的，在后文中，这一现象将会再次出现。

⑪ 张锐，美国密歇根大学市政学士，哈佛大学市政硕士，历任纽约市政府总务、公务、公安、卫生、财务各局的实习技师。归国后任南开大学市政讲师。

⑫ 这些规定包括：a) 为使各城市功能"利用得宜"且不相互干扰，对天津市进行了详细的分区计划，形成了"本市分区条例草案"。b) 对国外城市道路网的类型进行了论述，认为道路网的类型应当多元而非单一的棋盘式，并按照"干道、次要道路、林荫大道、内街及公道"等分类详细描述了道路跨度、车道划分和施工步骤、方法。c) 对街道绿化的树种选择、栽植方法进行了设计。d) 对街道照明进行类型划分，提出"建筑形式"与"路灯样式"之间应当有所协调。e) 对滨水地带的建设提出建议，认为河岸地区"空气既佳，风景亦好。此种地带，苟能加意培植，地价之得以增高，意中事也"。f) 对公共建筑的选址、风格等提出要求。

⑬ 鲍立克（Richard Paulick），圣约翰大学建筑系教授，该校唯一的都市计划学教授。在担任圣约翰大学的教授后，他还指导过学生做上海都市设计作品，比如虹桥新城。鲍立克是《大上海都市计划》的核心人物，还是上海都市计划委员会中唯一的专业人士（其他人都是建筑师、工程师、商界人士和政府人员）。《大上海都市计划》基本上是按鲍立克的观点进行深化完成的。他回到东德后，成为东德影响最大的都市计划专家。

⑭ 参见"搜索郑州网"对历史名人的介绍。

⑮ 其他相关学者还包括华南圭、杨廷宝、赵深、柳士英、陈植、奚福泉、李惠伯、姚世濂、陆谦受、钟耀华、程世抚、金经昌、朱兆雪、赵冬日、陈伯齐、夏昌世、龙庆忠等。

第1章文献

[1] 潘兴明.英国殖民城市模式考察 [J].历史教学，2009(3)：75-83.

[2] 徐萌.天津原英租界区形态演变与空间解析 [D].天津：天津大学，2009：8.

[3] 天津市地方志编修委员会.天津通志·附志·租界 [M].天津：天津社会科学院出版社，1996：8.

[4] 伍江.上海百年建筑史：1840—1949 [M].上海：同济大学出版社，2008：103.

[5] 唐方.都市建筑控制 [D].上海：同济大学，2006：116-120.

[6] Tyau, Minch'ien Tuk Zung. Planning the New Chinese National Capital[J]. The Chinese Social and Political Science Review, 1930(14): 372-388.

[7] 国都设计技术专员办事处.首都计划 [M].王宇新，王明发，点校.南京：南京出版社，2006：60-61.

[8] 梁思成.梁思成全集：第一卷 [M].北京：中国建筑工业出版社，2001：15-58.

[9] 《加快推进上海市域"1966"城乡规划体系建设的研究》课题组，毛佳樑，严泂，等.加快推进上海市域"1966"城乡规划体系建设的研究 [J].上海城市规划，2006(4)：35-39.

[10] 郑州市地方史志编纂委员会.郑州市志3·城市建设卷·交通邮电卷 [M].郑州：中州古籍出版社，1997：13-15.

[11] 邹东.民国时期广州城市规划建设研究 [D].广州：华南理工大学，2012：8.

[12] 梁思成.梁思成全集：第四卷 [M].北京：中国建筑工业出版社，2001：303-306.

[13] 黄立.中国现代城市规划历史研究（1949—1965）[D].武汉：武汉理工大学，2006：33.

[14] 梁思成.梁思成全集：第五卷 [M].北京：中国建筑工业出版社，2001：46.

2 苏联模式和"城市规划设计"（1949 年至 1950 年代末）

1949 年后，中国采取"一边倒"的外交政策，国家建设得到苏联的全方位支援。苏联的城市建设模式给中国城市规划和城市设计发展带来助力，"自上而下整体计划"模式（指国家计划、城市计划、城市设计、建筑设计、施工等一体化）满足了中华人民共和国成立初期的城市快速发展需要，城市设计实践被纳入这一模式。但在应用苏联模式时，对城市规划控制指标的问题有盲从和争议，从而为 1950 年代末期至 1979 年间的城市设计挫折埋下隐患。另外，苏联的一些城市发展思想与中国传统城市思想及发展现实产生了激烈的碰撞，例如著名的"梁陈方案"。

2.1 "梁陈方案"

1949 年 12 月，北京市政府开会讨论首都北京的城市建设计划，城市总体设计和国家行政中心的选址成为与会人员关注的焦点。苏联市政建设专家巴兰尼克夫提交《关于北京市将来发展计划的问题的报告》，提出以天安门广场为中心建设行政中心。同时，苏联专家团提出《关于改善北京市市政的建议》，批驳了之前建设北京西郊新市区的设想①，坚持以北京老城为单一中心的发展结构，并根据莫斯科的旧城改造经验对此做了论证："拆毁旧的房屋的费用，在莫斯科甚至拆毁更有价值的房屋，连同居民迁移费用，不超出 25%—30% 新建房屋的造价"。[1] 苏联专家认为，"……我们有成效地实行了改建莫斯科。只有承认北京市没有历史性和建筑性的价值情形下，才放弃新建和整顿原有的城市"②（既然北京旧城存在重要的历史性和建筑性的价值，我们就不能抛弃它，而应当对其进行改造和整顿）。

苏联专家对北京市总体设计的设想以及行政中心的选址建议与1935年在斯大林的同意下进行的莫斯科总体规划工程非常相似（图2-1），"……是基于保护莫斯科的传统中心结构，把首都发展为最现代化的城市。其总体设计仍然以克里姆林宫为核心，基于莫斯科城传统的蜘蛛网形的设计，来进行辐射环形式的重新规划"[2]。苏联高度集权的行政体系与莫斯科的城市结构相匹配，因此苏联专家在北京"复制"了这种城市发展模式（图2-2）。

梁思成、陈占祥则坚决反对这个以旧城改造和单中心布局为主要概念的方案，当即与苏联专家产生了争执。二人分别从历史保护和城市功能疏散的角度出发，殊途同归，一致认为新市区应当设置在西郊，而北京古城应当被完整保护起来。苏联专家对此进行了批驳，认为将北京城作为博物馆保存下来是"小资产阶级的不合实际的幻想"[1]，是否认北京的"历史性和建筑性的价值"，是放弃旧城，放弃城内130万人。

1950年2月，梁思成和陈占祥一起提交《关于中央人民政府行政中心位置的建议》，即著名的"梁陈方案"的正式稿。该方案提出在旧城外的西侧另辟新区，建设国家行政中心，用一条便捷的东西干道连接新旧两城，并在行政中心以南建设商务中心，同时主张保护北京古建筑和城墙，保护旧北京城，不在旧城建高层建筑（图2-3）。梁思成和陈占祥认为，这才是肯定了北京古城的历史价值。

决策者们综合了当时复杂的政治和经济背景（据后来猜测，这些因素可能包括：北京作为"政治中心"的象征意义、作为无产阶级的总指挥地和革命圣地、对宣传社会主义和巩固政权具有积极意义、行政中心的迅速完善和使用、集中力量发展工业、与苏联的政治关系等[3]），选择了苏联专家的方案。

1952年，北京市都市计划委员会责成陈占祥和华揽洪依

图 2-1 《莫斯科改建总体规划》总图 （来源：李浩 . 八大重点城市规划——新中国成立初期的城市规划
历史研究（上下）[M]. 北京：中国建筑工业出版社，2016：436-437）

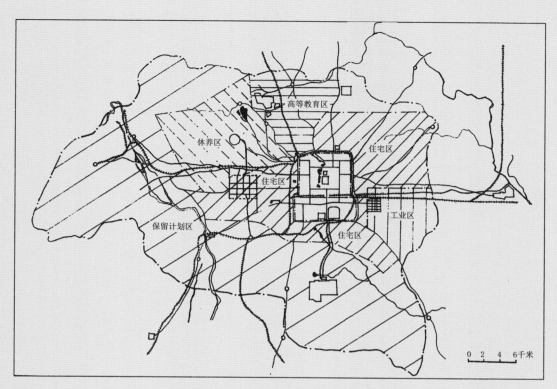

图 2-2　巴兰尼克夫的北京都市计划方案　（来源：董光器.古都北京五十年演变录 [M]. 南京：东南大学出版社，2006：5）

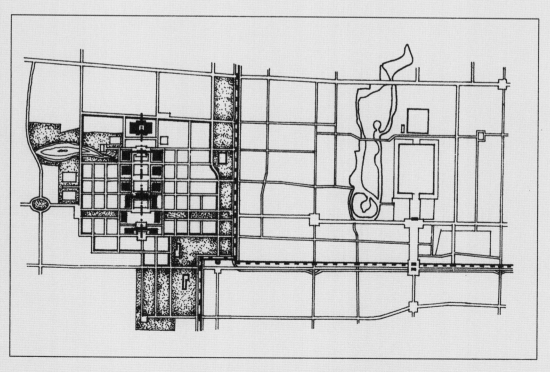

图 2-3　"梁陈方案"中对中央人民政府行政中心选址的建议　（来源：董光器.古都北京五十年演变录 [M]. 南京：东南大学出版社，2006：29）

据苏联专家的方案编制北京总体规划草案。1953 年，北京市委在苏联专家指导下提出的《改建扩建北京市规划草案要点》，确定了行政中心设置在旧城及旧城改造的内容，提出采用类似莫斯科的放射环状路系统。1953 年到 1958 年间的北京基本按照这个方案进行建设，其后又以此为基础，拟定《北京城市建设总体规划初步方案》（图 2-4），明确提出三个环路和十八条放射路，奠定了北京道路交通系统的基础框架。至此，"梁陈方案"的命运宣告终结。

回顾梁陈二人对其设想的详细描述，可以发现，该方案已全面渗透了城市设计思想。它除了在城市空间结构设计方面受到沙里宁的有机疏散理论、阿伯克隆比（Patrick Abercrombie）的《大伦敦计划》（*Greater London Plan*）的影响之外，在具体的城市空间设计方面也有独特理念。

图 2-4　北京市总体规划 1954 年苏联专家修正之后的方案　（来源：董光器．古都北京五十年演变录 [M]. 南京：东南大学出版社，2006：29）

其一，在城市整体格局尺度上，城市发展计划与城市设计紧密结合。

其二，吸收利用中国传统里坊式布局的思想。在对中央

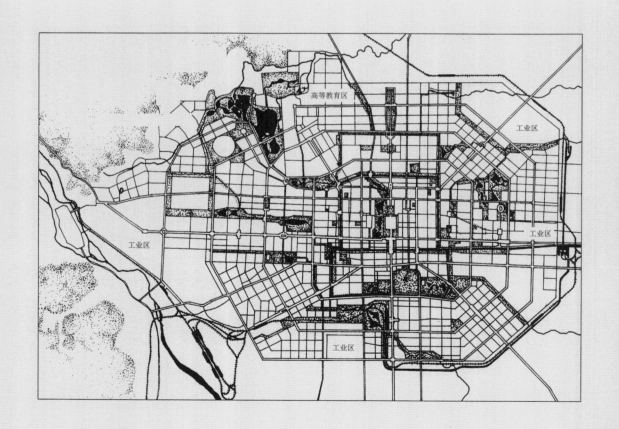

人民政府行政区的道路系统和各个单位的划分部署中，采用坊制街型，每一个单位、每一个坊都自成整体，具有单独的轴线和主、辅建筑[4]。

其三，重视城市空间环境。梁思成认为欧美四边围合式的街道布局方式"使办公楼本身面向嘈杂的交通干道，同车声尘土为伍，不得安静，是非常妨害工作和健康的"[4]。

其四，重视建筑物之间的关系，即前文提到的"形式秩序"和"社会秩序"（图2-5）。梁思成在《关于中央人民政府行政中心位置的建议》中指出：

> 中国的城市除特殊受地理条件之约束者外，没有不有中轴线的，建筑物都是有广庭空间衬托的。欧洲都市计划者近年来发现了长蛇形临街建楼的错，多数房屋多做"U"字形平面，与街沿有适当的距离，规定了建筑面积和房屋高度与庭院面积的比例，以求取得空气阳光、花草树木。这正是我们数千年都市计划传统的基本原则，是我们艺术秩序的组织，应该发扬光大的。

其五，重视休闲游憩空间与历史建筑、地段的结合。例如，梁思成从墨菲编制《首都计划》时对南京古城墙的设想中得到灵感，主张城墙之上可以被改造成人们休闲的去处（图2-6）、中南海应当成为市民休憩公园等。

2.2 自上而下的整体计划模式

这一阶段属于中苏友好结盟的年代，中国向苏联学习，制定了第一个国民经济五年计划（1953—1957年）（简称"一五"计划）。伴随苏联援建156个项目的工业建设，城市发展和建设计划被纳入国民经济发展计划中，中央和地方确立了计划经济体制下的城市计划、规划、设计和建造的模式——自上而下的整体计划模式，并设立相应的管理、设计组织机构，制定了一体化的法律条文，中国城市设计工作进入有统一管理和统一实施标准的阶段。

2.2.1 城市建设总方针

1951年2月，中共中央在《政治局扩大会议决议要点》中指出："在城市建设计划中，应贯彻为生产、为工人服务

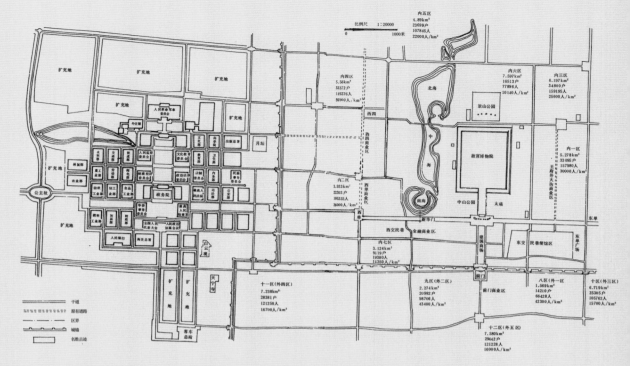

图 2-5 "梁陈方案"行政区内各单位大体布置草图 （来源：王军．城记 [M]．北京：三联书店，2003：88）

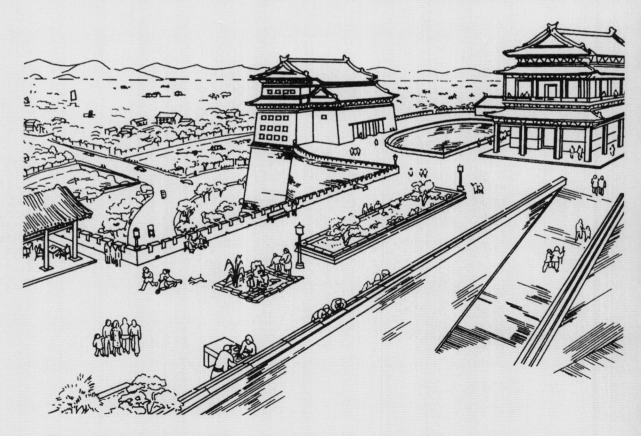

图 2-6 梁思成对北京城墙的设想——"北京的城墙还能负起一个新的任务"（来源：梁思成．梁思成文集 [M]．北京：中国建筑工业出版社，1982：112）

的观点"，成为当时城市建设的基本方针。为迎接大规模的经济建设，1952年8月，中央人民政府成立了"中央人民政府建筑工程部"（简称"建工部"），主管全国建筑工程和城市建设工作，并决定选拔部分大专院校毕业生以充实技术力量。1953年3月，"中央人民政府建筑工程部"成立了城市建设局[5]（简称"城建局"）。

2.2.2 整体计划模式的建设程序

1952年9月，"中财委"主持召开全国第一次"城市建设座谈会"，提出城市建设要根据国家的长期计划，对不同城市有计划有步骤地进行新建或改建，加强规划、设计工作，加强统一领导，克服盲目性，以适应大规模经济建设的需要。会议决定，一是从中央到地方建立健全城市建设管理机构，统一管理城市建设工作；二是开展城市规划，各城市都要开展城市规划工作；三是划定城市建设范围，明确规定把城市建设计划纳入国家经济计划之中；四是将中国城市按工业分四类，以便分类指导和安排城市建设。同时，会议讨论了《中华人民共和国编制城市规划设计程序与修建设计草案（初稿）》。这是中国第一份关于城市规划和城市设计工作程序的法规，该法规明确提出：

> 第一阶段的规划工作为"城市总体设计"；"城市总平面"应该给人一个城市空间的建筑艺术布局的总概念；在总体设计说明书中，要"附有城市建筑艺术布局方面的材料，必要时可用设计中的全城或部分的模型，说明城市的过去、现在及将来面貌的特征"；在详细规划设计阶段，要提出"最主要建筑群的草图"；在大城市，市中心地区的规划设计，需要许多辅助资料，如街景立面、附近建筑物示意图……[6]

从此，自上而下的整体计划模式就被确立了。这种模式至少有三个特点：第一，它是自上而下的行政命令和计划；第二，它是一个从计划到实施、维护的系统性过程；第三，它容易集中力量进行计划、设计和建设。当时，城市设计工作的内容由建筑设计者承担，其基本特点是以实体环境与视觉艺术为基础，并广泛运用西方古典设计手法设计城市空间（图2-7）。

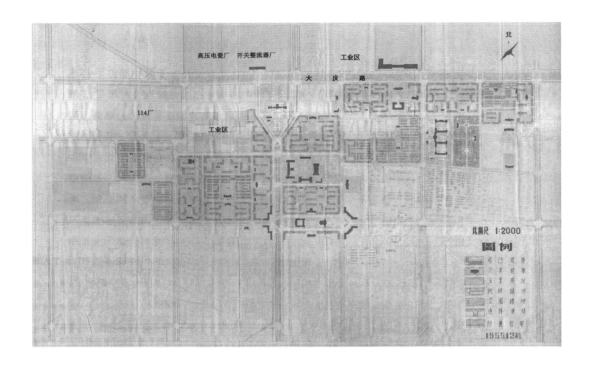

图 2-7 西安市某住宅区设计图（1954—1959年）（来源：李浩. 八大重点城市规划——新中国成立初期的城市规划历史研究（上下）[M]. 北京：中国建筑工业出版社，2016：100）

2.2.3 整体计划模式的管理制度和技术文件

1954 年 6 月，第一次全国"城市建设会议"召开，政务院副总理李富春强调城市建设应加强城市规划和设计工作、建立城市建筑监督管理制度、加强城市各种公用事业的管理与设计工作、拟定必要的城市规划经济技术定额、培养城市建设干部等。会议讨论了《城市建设管理暂行条例（草案）》《城市规划批准程序（草案）》《城市规划编制程序试行办法（草案）》，确立城市规划为工业建设、经济建设服务的角色。1954 年 9 月，国家计划委员会颁发了《关于新工业城市规划审查工作的几项暂行规定》。

1956 年 7 月，国家建设委员会颁发了《城市规划编制暂行办法》，并制订了第一个发展科学技术的远景规划（即十二年规划），国家把"城市规划、城市建设和建筑创作问题的综合研究"列为重点项目之一。

1958 年，国家建设委员会和城市建设部联合颁发了《关于城市规划几项控制指标的通知》。这是第一个有关城市规划和城市设计指标定额的文件。

2.2.4　整体计划模式的设计部门

1954 年 10 月 18 日，建工部城市设计院（全称为建筑工程部城市建设总局城市设计院）正式成立（图 2-8），下设区域规划室及职能部门、规划室、工程室、经济室[7]。

2.3　苏联经验与专家

在进行管理机构和制度建设的同时，中华人民共和国成立后的城市建设从规划理论、规划程序、规划方法以及技术标准等方面从规划到设计都开始全面学习苏联，不仅采取苏联的城市建设三阶段做法（即总体规划、详细规划和修建设计），以其控制指标体系为基础对城市发展进行控制，而且学习苏联城市规划和建设的理论知识，聘请苏联专家来华讲课或指导工作，并在他们的帮助下，编译苏联城市规划和城市设计的书籍。从 1952 年至 1959 年，建工部先后聘请穆欣（另译为莫欣、莫辛及摩亨）、巴拉金、萨里舍夫为苏联城市规划顾问组组长，聘请苏联城市规划经济专家什基别里曼、建筑专家库维、工程专家马霍夫、电力专家扎伯洛夫斯基等成立专家组。

图 2-8　城市设计院1954 年成立时的机构设置方案　（来源：李浩. 八大重点城市规划——新中国成立初期的城市规划历史研究（上下）[M]. 北京：中国建筑工业出版社，2016：397）

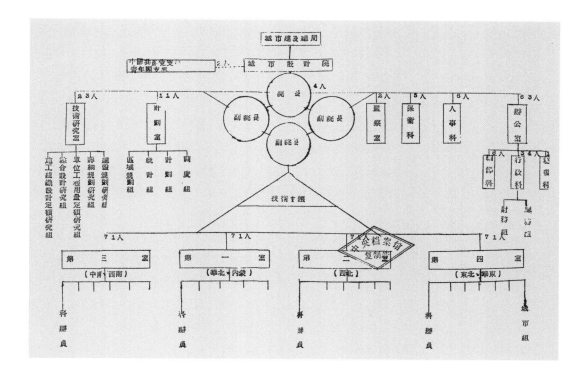

具有较大影响力的部分出版物

1954 年，程应铨译，《苏联城市建设问题》（1954 年出版印刷，发行量为 2800 本）；

1954 年，北京市人民政府都市计划委员会编写并出版《城市规划设计参考材料：关于莫斯科的规划设计》；

1954 年，（苏）雅·普·列甫琴柯著，岂文彬译，《城市规划：技术经济指标及计算》（中央建设工程部城市建设局校，1954 年出版印刷，发行量为 2800 本[③]，但在之后的 60 多年中深刻影响了中国城市建设指标的设定）；

1955 年，（苏）雅·克拉夫秋克的报告被建筑工程出版社出版，书名为《苏联城市建设与建筑艺术》；

1955—1956 年，（苏）大维多维奇著，程应铨译，《城市规划：工程经济基础》

1957 年，（苏）什基别里曼，中国建工部城市规划局编译出版《关于城市规划经济工作的讲课》；

1957 年，（苏）阿方钦科，刘景鹤译，《苏联城市建设原理讲义》；

1958 年，苏联科学院规划设计部编写并出版《莫斯科城市规划设计建设（1945—1957）》（俄文原版）；

1959 年，（苏）斯特腊缅托夫，岂文彬等译，《公用事业手册》（1956 年）。

2.3.1 "城市规划"和"城市规划设计"的术语诞生

1950 年代初，对城市规划相关的技术用语区分并不清晰。本书前文已经提及，"都市计划"一词被广泛运用于中国 1900 年代初期的城市建设领域，1939 年 6 月 8 日，中华民国政府公布《都市计划法》[④]，使"都市计划"成为一个标准的用语。1949 年至 1952 年间，该词仍一度沿用。

据陈占祥回忆，在苏联规划模式引入中国之后，由于无法对苏联专家提及的城市建设计划找到直接对应的中文词汇（既非"都市计划"，又非"城市设计"），负责俄文翻译的专家岂文彬使用了"城市规划"一词[⑤]。而目前笔者所能掌握的书面资料中，1949 年之后最早正式使用"城市规划"是前文所述的 1952 年 9 月全国第一次城市建设座谈会，会议同时下发苏联专家草拟的《中华人民共和国编制城市规划设计程序与修建设计草案（初稿）》中出现了"城市规划""规划设计"等用语。自此，"城市规划"一词普遍使用，相应的"城市规划设计"用语也由此诞生[8]。

值得注意的是，这两个词汇具有深刻的社会历史背景。中华民国时期的"都市计划"中原本就存在单独的"城市设计"章节，"城市规划"的提法也曾出现。在"都市计划"已经作为一个完整而成熟的学术概念存在的情况下，岂文彬仍然重新选用了"城市规划"一词。我们或可推论，他的原意是用"规划"一词来整合"计划"和"设计"，用"城市规划"来表示"都市计划"和"城市设计"的结合⑥，以强调苏联"自上而下的整体计划模式"。然而，这一用意没有被明确地表达，以至于在推广过程中，"城市规划"仅仅简单代替了"都市计划"，而无本质意义的区别。最终"城市规划设计"一词的出现，给人一种画蛇添足的印象。如果一定要做出一个积极的评判，我们只能说：这一过程虽事与愿违，却显示了城市设计与城市规划相结合的思想。

2.3.2 英雄主义的城市设计方法

在苏联专家的指导下，中国当代迎来城市设计发展的第一个黄金时代。1953 年开始，国家实施"一五计划"，苏联观念引导下的城市生产功能得以充分强调。围绕 156 项工程和为其配套的 694 个项目的建设，工业在以城市为中心的地域内展开[9]。在苏联专家指导制定的城市规划和城市设计方案的框架下，北京、上海、沈阳、兰州、成都、郑州、长春、武汉、沈阳、南宁、吉林等 150 多个城市规模迅速扩张，城市面貌随之一新（图 2-9）。

图 2-9 洛阳"一五"期间的城市规划和城市设计（来源：李浩. 八大重点城市规划——新中国成立初期的城市规划历史研究（上下）[M]. 北京：中国建筑工业出版社，2016：227）
图注：出于对历史遗迹（例如老城区）的考虑而形成带状城市形态，被誉为"洛阳方式"。

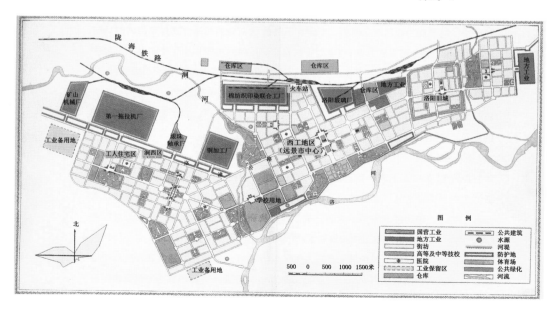

这一时期，任何一个城市都不单纯强调土地利用的计划，而是更追求城市空间的美感和政治形象。从空间设计理念上来说，城市设计学习苏联"民族形式＋社会主义内容"的思想，表现出英雄主义、形式主义的空间设计倾向，例如以火车站、广场为中心放射状布局城市空间（图2-10）；从空间设计手法上来说，特别强调城市的总体布局艺术，诸如城市空间与自然环境的结合、平面构图的艺术效果，多运用轴线、对称、均衡、对景和围合等手法（图2-11）。在这一时期内形成的天安门广场设计方案及其讨论稿充分体现了以上理念和手法（图2-12）。

2.3.3　对待物质遗产的两种态度

1957年，苏联城市规划和经济专家什基别里曼在建工部城市设计院讲述城市规划等工作的知识，并由中国建工部城市规划局编译出版了《关于城市规划经济工作的讲课》，产生了广泛的影响[⑦]。在这次讲课中，什基别里曼认为，现代城市规划学建立之初的目的是整顿城市的混乱状态，建立正常的秩序。他认为，"城市规划"名词的解释有两种意义：第一是城市的设计过程，也就是确定城市物质要素的组成和数量；第二是城市的实际状况[⑧]。虽然什基别里曼不是一名建筑师，但是他对物质遗产应做如何处理仍然有精彩的论述：

> 社会的生产方式与社会生活是规划的内容，而城市规划是表现这一内容的形式。内容与形式是应该相适应的。但二者不适应的情况也常常会出现，即旧的城市规划不能满足新的社会生产方式及社会生活内容。在这种情况下，则必须对旧有城市进行重新规划和改造。如北京旧的规划的皇城、紫禁城、外城等重重的城墙界限是适合于封建社会生活内容的。但这些形式一部分对今天的新内容是不相适应的。如有的城墙妨碍城市的交通，因此就需要对北京进行重新规划和改建。
>
> ……当城市规划的形式与生活的内容不相适应时要采取重新规划与改建的措施。从上面可以看出：一方面，上海、天津的规划形式或已有的物质要素的布置不能适应现在物质生活的要求；但另一方面，这些城市的物质要素已经形成了。因此，如何对待这些物质基础却是另一个重要的议题。从以上的理论我们不能得出以下的结论，即将原有的物质基础全部废除或采取革命的方法进行改建，相反的，必须采用十分谨慎的态度，

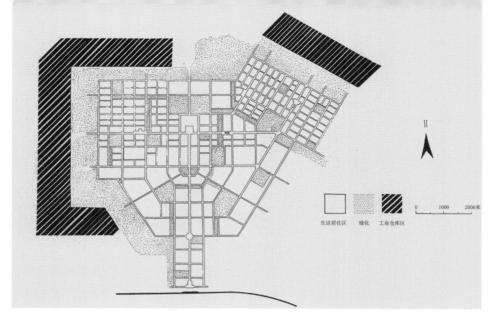

图 2-10　内蒙古规划示意图　（来源：笔者根据《内蒙古十二年建筑成就（1947—1959）》中的相关资料整理）

图 2-11　1954 年的成都总体城市规划　（来源：李浩．八大重点城市规划——新中国成立初期的城市规划历史研究（上下）[M]．北京：中国建筑工业出版社，2016：238）

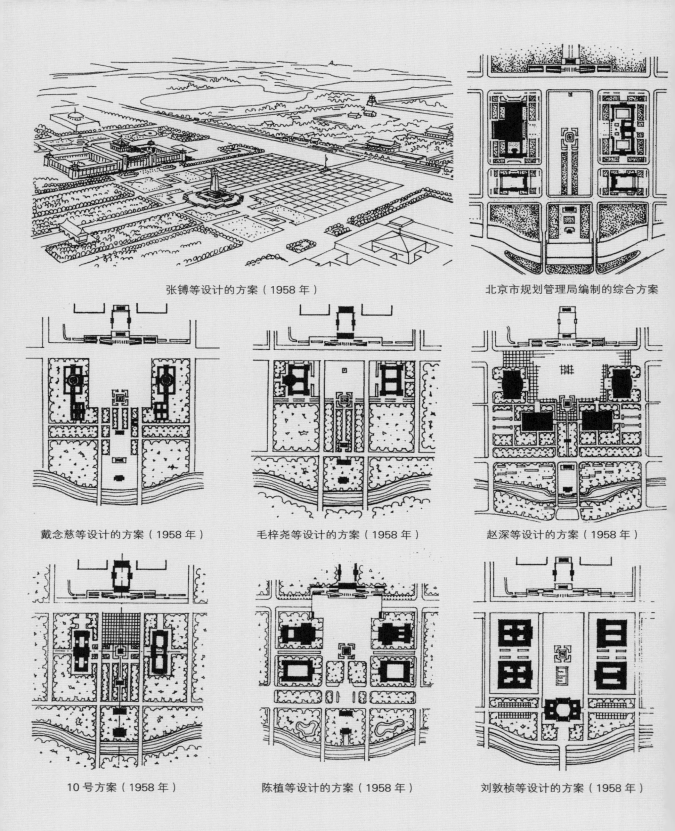

张铄等设计的方案（1958 年）

北京市规划管理局编制的综合方案

戴念慈等设计的方案（1958 年）

毛梓尧等设计的方案（1958 年）

赵深等设计的方案（1958 年）

10 号方案（1958 年）

陈植等设计的方案（1958 年）

刘敦桢等设计的方案（1958 年）

图 2-12　1958 年天安门广场的设计方案　（来源：董光器．古都北京五十年演变录 [M]．南京：东南大学出版社，2006：166-168）

最大限度地利用可以利用的物质基础。……"革命的办法"这几个字用来对待社会问题是可以的；但对待物质要素用这一政治术语是不够妥当的。如上海文化俱乐部开会的礼堂是非常好的，这是法帝国主义者所建造的，但我们不能就认为这是殖民主义者修建的就不能加以利用。相反的，这座建筑是我们开会的很好的场所。

这一论述含有两种态度：第一，从意识形态的视角看待城市物质空间，认为旧城不能满足新的社会生产方式，是消极的物质形式。第二，从实用角度认识物质遗产的价值。然而，一旦这种使用价值下降，并与意识形态发生冲突的时候，历史文化遗产的命运就难以预测了。

也有专家回忆，苏联专家很重视历史文化遗产的保护。例如在1955年，北京市计划改建北海大桥，涉及团城的去留问题。北京市向苏联著名城市规划专家、苏联列宁格勒国家城市设计院建筑师巴拉金汇报，巴拉金肯定了梁思成要保护团城（图2-13）的意见，并当即画了一张桥位和道路如何绕行保护团城的方案草图[10]。又例如对苏州城墙的去留问题，不少苏联专家都坚决反对拆除城墙，对苏州古城保护起到了关键作用[11]。然而让人不解的是，最终团城没有被拆除，但是"苏联专家提出的拆掉原金鳌玉栋桥，在原位置重建一座新桥"的方案实施了。

所以，在对待历史文化遗产的问题上，苏联专家意见也并不统一。原因可能有二：其一是对当时历史文化遗产概念的定义不清，即什么算是历史文化遗产，诸如北京城墙、王府大院以及其他四合院等以大体量大数量存在的遗迹，易被看作中华人民共和国成立后的阻碍而不被珍惜。其二是苏联专家数量较多，教育背景不同，专业从事城市规划实践、建筑设计之类的专家更有可能重视城市中的历史文化遗产，而经济学背景下的专家则更加重视城市产业的发展，倾向于从意识形态的角度对城市物质形态进行批判，更重视功能意义而忽视文化价值。

2.3.4 典型的城市形态——单位大院

有所共识的是，苏联专家在城市规划与设计过程中坚持为社会主义生产、为劳动人民服务的方针。

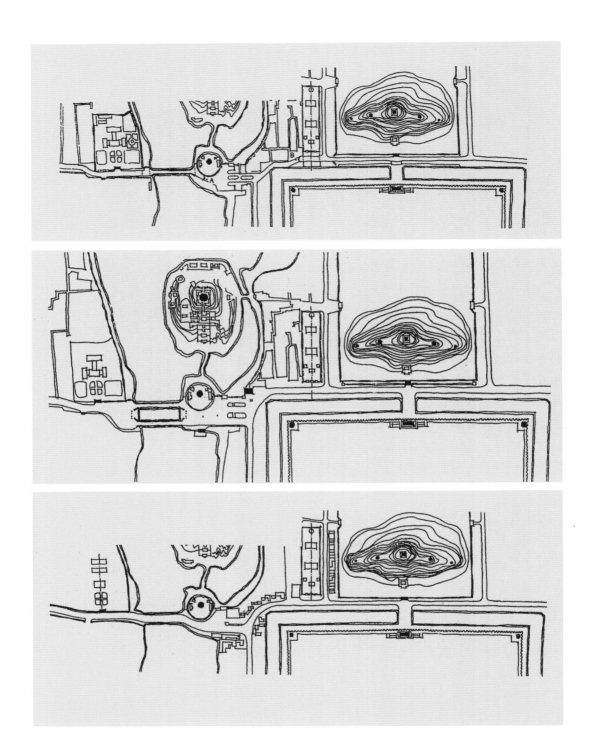

图 2-13　团城原状、梁思成方案及苏联专家方案　（来源：王军 . 城记 [M]. 北京：三联书店，2003：181）

在城市的宏观视角下，苏联专家十分注重生产（效率）和生活（宜居）之间的关系。例如，在指导兰州、西安、洛阳、包头等城市用地布局时，苏联专家重视工厂之间的生产协作，力求成组安排工厂；工业区与生活区之间，坚持安排防护带；生产设施与生活设施同步规划、同步设计、同步施工，确保生产生活协调发展[10]。

受苏联 1920 年代"社会聚合体"思想的影响⑨，"单位＋配套"，即"单位大院"的空间设计成为 1950 年代之后一段时间里中国城市中观层次空间组织的基本模式。其中，"单位"（包括工厂、党政机关、医疗卫生、科研院所等）一般采取轴线为主导的空间布局，"配套"（居住、医疗、娱乐、社会管理、公园）与"单位"分离，空间秩序单独设计，周边围合式的布局是这一时期住宅的典型设计手法（可以参见图 2-14）。一直到 1998 年左右，这种部落式封闭的"单位大院"仍然在被推广[12]。

单位大院是计划经济时期学习苏联的产物，而苏联的单位大院本身从 1920 年的魏玛德国的住房演变而来。这种模式一般设计精细、建造质量较高。例如，北京第一、第二、第三纺织厂住宅区在设计时就曾做过很详细的交通分析（图 2-14），反映出设计者对职工使用的人性化考虑；又如苏联援建的长春一汽厂（图 2-15），不仅完全复制了苏联这种周边式的居住街坊设计，而且运用了中国传统建筑的符号进行建筑设计和建造，整体十分细致。

2.4　青岛会议

2.4.1　青岛会议[13]的概况

1953 年至 1957 年间，"一五"期间的工业建设与城市建设取得了巨大的成就[13]，同时也暴露出大量问题。1957 年 5 月 19 日，中共中央转发李富春、薄一波《关于解决目前经济建设和文化建筑方面存在的一些问题的意见》，提出了城市建设"占地过多、规模过大、标准过高、求新过急"的问题。建工部门开始"反冒进"，这是青岛会议的背景之一。

1957 年年末，国家宏观发展情况又发生了变化，"反冒进"

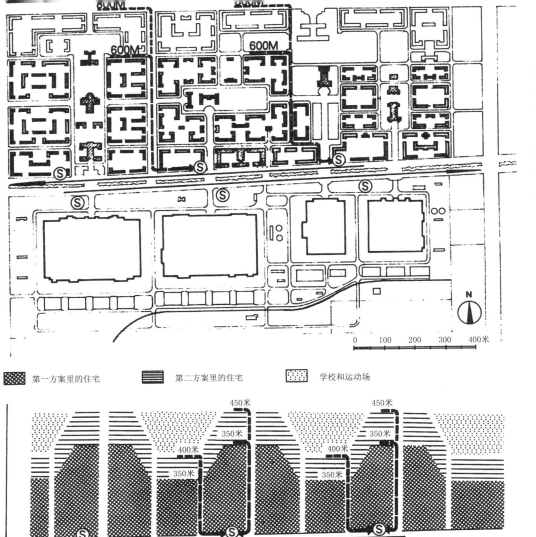

图 2-14 北京第一、第二、第三纺织厂住宅区平面图及其对两个假设方案的交通分析 （来源：华揽洪.重建中国：城市规划30年（1949—1979）[M].李颖，译.北京：三联书店，2006：188）

图注：Ⓢ 表示公交站。

Ⓢ 第一方案里的住宅 Ⓢ 第二方案里的住宅 Ⓢ 学校和运动场

0 100 200 300 400米

图 2-15 长春一汽厂职工宿舍 （来源：笔者拍摄）

受到了批评。1958 年年初，"大跃进"运动开始，中央要求"二五计划"草案的原定指标要提前三年实现，建工部门又面临"左倾"思想的影响，这是青岛会议的背景之二。

1958 年年初，毛泽东视察了沿海和东北的部分城市。对青岛的城市建设予以肯定。于是，建工部城建局主管规划的副局长高峰带队赴青岛调查，并向建工部党组做了详细汇报，把青岛的城市建设特点概括为五条——功能分区明确合理、道路建设随坡就势、建筑形式多元统一、人工与自然融为一体、实施有序管理有效等⑩。之后，建工部决定在青岛市召开全国城市规划工作座谈会。青岛本身优秀的城市设计实践成为青岛会议的背景之三。

1958 年 6 月 27 日至 7 月 4 日，全国城市规划工作座谈会在青岛举行，一般称为青岛会议。会议任务主要是交流各地城市规划建设经验，部署城市规划工作。出席城市规划工作座谈会的代表包括省、市、自治区建设部门和部分中小城市县镇的负责人、工程技术人员、大学教授和中国建筑学会代表共 393 人。

在该次会议上，刘秀峰作了大会总结报告，提出"在适用、经济的基础上注意美观问题"，强调所谓美观问题"首先是城市的总体布置要合理，要有一个完整的和谐的城市面貌……第二要善于利用地形，做出各种巧妙的布置。……第三建筑构件标准化，建筑形式多样化"[14]。会议提出，"过去的规划定额偏低"，以及"只搞当前建设，不搞远景，不敢想，不敢说，不敢做"，首次提出"从实际出发，逐步建立现代化城市的问题"。会议形成了《城市规划工作纲要三十条（草案）》，提出了适应"大跃进"运动的"快速规划"的方法，并要求"在大城市周围发展卫星城镇"。

"快速规划"要求"粗线条"的设计方案，一般的中小城市只要做出现状图、用地分析图、初步规划示意图或功能分区规划图、当前（近 1—2 年）修建规划图，在宏观和中观层面上取消了城市设计，编制时间大大缩短，例如，山东省以"快速规划"的方法在短短 20 天内完成了 26 个县、镇的规划[15]（图 2-16）。

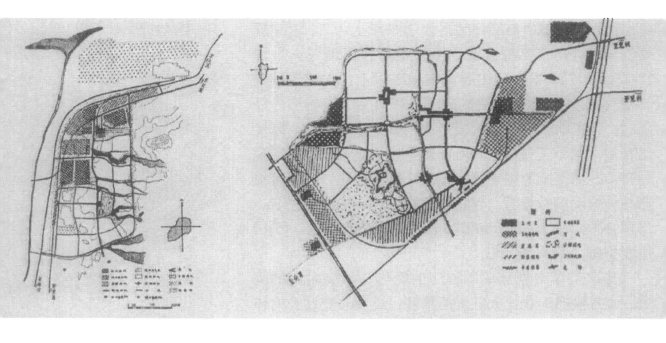

图 2-16 烟台（左）和济宁（右）开展的快速规划方案 （来源：笔者根据山东省城建局规划设计组. 开展"粗线条"县城规划的几点经验 [J]. 建筑学报，1958（8）：42-47 中的资料整理）

图 2-17 青岛专题学术讨论会形成的出版物——《青岛》 （来源：笔者拍摄）

2.4.2 青岛会议的延伸

作为青岛会议的延伸，为总结青岛的城市设计优点，中国建筑学会在青岛举行专题学术研讨会。梁思成将对青岛城市设计的解析比喻为"解剖一只麻雀"[⑪]，力求了解全国并推广青岛经验。他作了"青岛市生活居住区的规划和建筑"的专题报告，对青岛城市建设中的道路、公共建筑、街坊布局与居住建筑、疗养区、绿化等问题重点分析，总结了青岛在划分城市区域、道路布置、排水、小区和街坊规划、城市景观风貌等方面利用地形的经验。1958 年 8 月，会议形成了《青岛》一书，作为本次会议对青岛城市设计经验的总结（图 2-17）。

1960 年 4 月 23 日至 5 月 3 日，建工部在桂林再次召开全国城市规划工作座谈会，简称"桂林会议"。该会议提出，"要在 10 年到 15 年左右的时间内，把我国的城市基本建设成为社会主义的现代化的新城市"，对于旧城市，也要求在同样的期限内"改建成为社会主义的现代化的新城市"。

青岛会议、青岛专题学术研讨会以及桂林会议是一脉相承的。尤其是青岛会议影响深远，它是在"大跃进"期间举办的全国第一次城市规划工作会议，对之前的城市规划和建设工作进行了较为全面和客观的总结，事实上提出了城市设计的问题，从思想的层面上来说是一种进步，对城市设计的思想发展具有

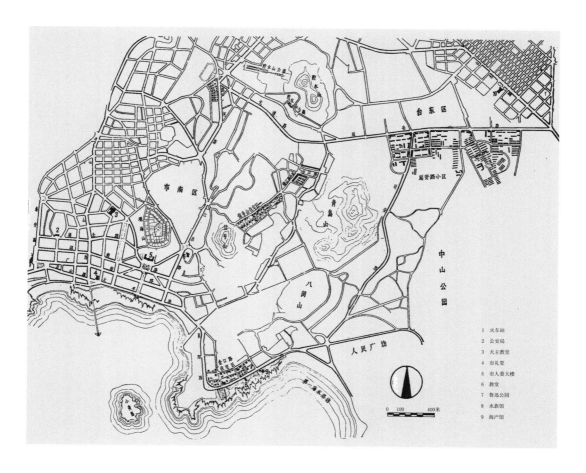

图 2-18 青岛会议之后形成的青岛城市设计现状测绘图 （来源：笔者根据《青岛》一书第9页中的相关资料整理）

一定的促进作用[13]。但让人扼腕的是，从实践的角度来看，"快速规划"推行使城市建设过程中省略了城市设计的内容，使城市的建设计划尤其是城市总体规划停留在功能分区的简单层次上，空间布局和设计简单化，对其后至少20年的城市设计实践造成损害（图2-18）。

2.5　城市设计内容的初步教材

　　1950年代，清华大学、天津大学、同济大学等院校均编写了"城市计划学"相关的教材，其中都开始出现单独的城市设计内容。1954年8月，中央人民政府高等教育部教材编审处出版了南京工学院建筑系（今东南大学建筑学院）刘光华编写的《市镇计划》教材（图2-19）。在该教材的最后一个章节中，刘光华将城市设计工作命名为"城市总体设计艺术"，给城市设计做了初步的定义，即"城市设计是一个三度空间的设计，不只是一个两度空间的平面设计"。

图 2-19 《市镇计划》封面 （来源：笔者拍摄）

刘光华从"城市的立体轮廓""历史古迹与城市设计的组合""自然地形与城市设计"三个小节对城市设计进行了系统而详细的论述。这些论述中有不少内容已初步成熟，例如：

> 城市中的街道不但是作为交通之用，而且也是城市建筑物的主要建筑地位，人在街上行走时，经常从街道的各个不同的角度来看城市的建筑物，因此城市的干道上必须集中很好组合的质量高的建筑物，这些建筑物与规划系统联系起来成为一个建筑群。它们也可以决定城市的建筑艺术，如果是没有计划的布置，不把好的建筑物布置在干道上，而布置在胡同内，临街只建筑一些低矮简陋的建筑物，那在城市中即使有几百座设计与建造得好的建筑物，也不能创造出社会主义城市的面貌。

> 每一条街，都应该在城市计划所规定的原则之下个别地来设计。公共建筑或居住建筑分组建筑，各成一个建筑群，而不是将各式的建筑物任意堆砌在一条街道上。街道建筑群，在整体观念设计下的建筑艺术的整体性是社会主义城市的主要外部标志。

第 2 章专栏　1949—1950 年代末大事年表

1950 年 2 月，梁思成和陈占祥一起提交《关于中央人民政府行政中心位置的建议》，即著名的"梁陈方案"的正式稿。

1952 年，北京市都市计划委员会责成陈占祥和华揽洪依据苏联专家的方案编制北京总体规划草案。

1952 年 8 月，中央人民政府成立了"中央人民政府建筑工程部"。

1952 年，"中财委"主持召开全国第一次"城市建设座谈会"，穆欣作"苏联城市规划与修建中的原则和中华人民共和国城市建设中的若干问题"的报告。会议同时下发苏联专家草拟的《编制城市规划设计程序与修建设计草案（初稿）》作为试行本。

1953 年 3 月，"中央人民政府建筑工程部"成立了城市建设局 。

1953 年，北京市委在苏联专家指导下提出的《改建扩建北京市规划草案要点》，确定了行政中心设置在旧城及对旧城进行改造的内容，提出要采用类似莫斯科的放射环状路系统，由中心向城外发展。

1954 年，刘光华编写的《市镇计划》教材出版，涉及了大量的城市设计内容。

1954 年 11 月，胡汉文编著《城市规划》。他另有《城市计划学讲义》《街道设计与城墙利用》等，均涉及了城市设计内容。

1954 年 6 月 10 日至 28 日，建工部和国家计划委员会共同主持召开第一次全国城市建设会议，建工部城建局作了"几年来城市建设工作总结及今后工作意见"的报告。会议提出，"一五"计划期间，城市建设必须把力量集中在"141"项工程所在地的重点工业城市，市政建设也应把力量集中在工业区以及配合工业建设的主要工程项目上。

1954 年 9 月，国家计划委员会颁发了《关于新工业城市规划审查工作的几项暂行规定》。这一时期，在中央和省市设置了城市规划工作的管理和设计机构。

1954 年 10 月 18 日，建工部城市设计院（全称为建筑工程部城市建设总局城市设计院）正式成立，下设规划室、工程室、经济室、区域规划室及职能部门。

1956 年 7 月 23 日，国家建设委员会颁发了《城市规划编制暂行办法》，并制订了第一个发展科学技术的远景规划（即十二年规划），国家把"城市规划、城市建设和建筑创作问题的综合研究"列为重点项目之一。

1957 年，苏联城市规划和建筑专家在建工部城市设计院讲述城市规划等工作的知识。

1958 年，国家建设委员会和建工程部联合颁发的《关于城市规划几项控制指标的通知》，是中华人民共和国第一个有关城市规划与设计的定额指标的文件。

1958 年，建工部在青岛召开全国城市规划工作座谈会，一般称为青岛会议。会议形成了《城市规划工作纲要三十条（草案）》。

第 2 章注释

① 1939 年，日伪政府编制北京都市计划，将新市区设置在北京古城西侧郊区；1946 年，北平市政府编制的《北京都市计划大纲》也在西郊建设"新市街"。
② 《建筑城市问题的摘要》（摘自苏联专家团《关于改善北京市市政的建议》），载于《建国以来的北京城市建设资料》（第一卷城市规划），北京建设史书编辑委员会编辑部编，1995 年 11 月第 2 版。从这句话我们可以看出，苏联专家与梁思成等人对待历史的基本态度是一样的，即北京古城存在"历史性和建筑性的价值"，但是做法存在根本分歧。
③ 该书最早版本为 1953 年，刘宗唐翻译，笔者未能查阅到该书的其他详细信息。
④ 即《都市计画法》。
⑤ 即"城市规劃"。
⑥ 根据《说文解字》中对"规"和"劃"的解释可以推测，"规，有法度也，從夫從見"；"劃，錐刀曰劃，從刀從畫"。前者强调的是"计划"，后者强调的是"设计"，因此岂文彬采用"城市规划"一词来强调计划与设计的一体化模式。
⑦ 1956 年，建工部城市设计局人员以城建局规划处的华北组、西北组、中南组为基础，从上海、天津等沿海城市和城建局所属民用设计院调入部分工程技术人员，加上从清华大学、同济大学、天津大学、南京工学院等大专院校和中等技术学校分配来的大批学生，发展至 1957 年，规模达到近 400 人，因此至少 400 人参加了本次讲座，其中包括成为两院院士的吴良镛等人，可以说产生的影响是深远的。
⑧ 该段陈述来源于《关于城市规划经济工作的讲课》第 2 页，笔者未查阅到其他出版信息。
⑨ "社会聚合体"设立的目标是代替家庭成为社会的基本单位，类似的名称还有"地域生产综合体"。
⑩ 来源于赵士修. 城市规划两个"春天"的片断回忆（节选）[J]. 城市规划，1999（10）：9-10。原文是："一是城市用地功能分区明确，工业区、海港区、生活居住区、游览休憩区分布合理，安排有序；二是道路建设随坡就势，起伏有度，街道建筑错落有致，布局得体；三是建筑形式多样，有当地传统的，有欧式的、日式的，丰富多彩；四是城区特别是东部和南部地区山、海、城等自然环境与人工环境，融为一体，相映生辉；五是统一规划，成片建设，加强管理。"
⑪ 参见青岛档案信息网。

第 2 章文献

[1] 王军 . 城记 [M]. 北京：三联书店，2008：84，86.

[2] 洪 长 泰 . 天 安 门 广 场 建 设 与 苏 联 专 家 [EB/OL].[2009-06-15].http：//new.163. com/09/0615/20/5BSH6DGH00013EV3.html.

[3] 董志凯 . 新中国首都规划初创及其启示 [J]. 城乡建设，2001（8）：34-36.

[4] 梁思成 . 梁思成全集：第五卷 [M]. 北京：中国建筑工业出版社，2001：60-81.

[5] 中国城市规划学会 . 五十年回眸——新中国的城市规划 [M]. 北京：商务印书馆，1999：88.

[6] 《国外城市规划》编辑部 . 关于美国的"城市设计"、日本的"城市创造"和中国的"城市规划设计"的 探索 [J]. 国外城市规划，1993(4)：51-56.

[7] 李浩 ."一五"时期城市规划技术力量状况之管窥——60 年前国家"城市设计院"成立过程的历史考察 [J]. 城市发展研究，2014(10)：72-83.

[8] 黄立 . 中国现代城市规划历史研究（1949—1965）[D]. 武汉：武汉理工大学，2006：180-181.

[9] 陈纪凯 . 适应性城市设计——一种实效的城市设计理论及应用 [M]. 北京：中国建筑工业出版社，2004：13.

[10] 赵士修 . 城市规划两个"春天"的片断回忆（节选）[J]. 城市规划，1999(10)：9-10.

[11] 苏州市城市规划委员会抄印，中国建筑学会苏州分会整理 . 波兰萨仑巴教授对苏州市城市规划的若干意 见 [Z]. 苏州：苏州市城市规划委员会，中国建筑学会苏州分会，1957.

[12] 赵晨，申明锐，张京祥 ."苏联规划"在中国：历史回溯与启示 [J]. 城市规划学刊，2013（2）：113- 122.

[13] 侯丽，张宜轩 .1958 年的青岛会议：溯源、求实与反思 [M]// 中国城市规划学会 . 城市时代　协同规划—— 2013 中国城市规划年会论文集（08- 城市规划历史与理论）. 青岛：青岛出版社，2013：13.

[14] 苏少之 .1949—1978 年中国城市化研究 [J]. 中国经济史研究，1999(1)：36-49.

[15] 山东省城建局规划设计组 . 开展"粗线条"县城规划的几点经验 [J]. 建筑学报，1958（8）：42-47.

3 政治运动下的困境（1950 年代末至 1970 年代末）

1950 年代末期到 1970 年代，中国政治气候发生变化，"反右运动"（1957—1958 年）、人民公社化（1958 年）、"大跃进"（1958—1960 年）、"文化大革命"（1966—1976 年）、"上山下乡"（1955—1978 年）、"一打三反"（1970 年）、"批林批孔"（1974—1975 年）等一系列政治运动影响了当时中国社会的正常秩序。在此期间，城市环境破坏殆尽，违章建筑大量出现，住宅和服务设施严重不足，分布也不合理。城市设计受到极大的阻碍，甚至一度停滞。但同时这一极为特殊的发展阶段给予了中国城市设计另类的发展条件，从而使其在一些特殊领域进行了独特的思考和实践。用华揽洪的话说，这一时期的城市设计思想和行为表现为"乡村城市化，城市乡村化"[①]——既有"反城市"现象的发生，又有特殊的城市设计成就。

3.1 拆城墙

我们把对城市中历史建筑进行的大量拆除或迁移的现象暂称为拆城现象。这一现象的发生从 1910 年代开始，持续到 1990 年代。发生该现象的大城市包括北京、上海、天津、广州、杭州、成都、济南等，尤以拆除城墙最为典型。1958 年 3 月，毛泽东在成都会议上提出"拆除城墙，北京应当向天津和上海看齐"。在此号召下，北京的城墙在之后 10 余年内拆除殆尽，成为这一时期拆城现象的典型代表。在北京的引领下，全国刮起拆城墙风。例如，山西省 100 多个县的城墙，除平遥得以幸存外，其余都被一扫而光。

3.1.1　天津、上海和杭州的拆城

在 1900 年至 1949 年间发生的拆城现象，以天津、杭州、上海、广州为主要代表。

1900 年 12 月 31 日，天津成为中国第一个失去城墙的城市。1900 年 7 月 14 日，八国联军占领天津，成立都统衙门，宣称城墙影响城内外交通和卫生条件，当年便决定拆除城墙。城墙被拆除之后，在墙根处修建了环城马路。1949 年之后部分护城河被陆续填平铺路，被铺筑成南京路、长江道等道路，残存的护城河成为津河的一部分。

杭州以发展旅游的名义提出拆城[1]。1912 年 1 月 19 日，《申报》报道，杭州"日后马路通行入城，湖山春色，亦可饱餐""惟（唯）以城门梗隔，游人往返不便"。经政事部决议，将钱塘、清波两城门一律拆去，"庶几地亩广大，嗣后添列商市，繁盛较于拱埠十倍"。垃圾清理也依据市场法则："速招人投标所有两城垣卸去之砖石等件，以开标之日，取定价数，银多者为标准。"

上海拆的是整个旧城。与租界良好的城市形象相比，上海老县城的脏乱破败不能见容于当时的社会改革派。在一轮又一轮绅商上书之后，经苏、沪都督府批准，上海城垣终于被下令拆除。《申报》报道《保城党对之何如》说："本邑各城门自经兴工开拆以来，晚间已不复关闭，行人出入，莫不称便，城内各店铺之做夜市者，生意骤增，尤其欢悦。"

3.1.2　北京城墙的拆除

1948 年，解放军包围北平，准备攻城时考虑到对北京城墙、城门、文物古迹等加以保护，下令不得攻击文物古迹。1949 年 3 月，北平和平解放，北平市建设局对内外城的城墙进行了勘察，并对其损毁情况写了专题报告，于 4 月 26 日下令工程总队进行修复工作。

1949 年之后，北京成为首都，然而城墙却未能得到保护。

1950 年，永定门瓮城被拆除。西安门附近的棚户失火，城门被烧毁。1952年，西便门城楼、箭楼、瓮城被拆除。1953年，为改善交通，朝阳门城楼及城台、阜成门瓮城及箭楼城台、广渠门城楼和瓮城、左安门城台和瓮城被拆除。1954 年，为扩建天安门广场，中华门（明朝称"大明门"，清朝称"大清门"）在苏联专家的建议下被拆除，长安左门和长安右门、户部刑部等衙署以及仓库棋盘街等建筑也一并被拆除。为了疏导城市交通，年底将地安门拆除。1955 年，外城东南角楼被拆除。1956 年，右安门箭楼、瓮城被拆除。随着城市建设的开展，一些建设单位从城墙上拆取建筑材料用于施工。

1957 年，广安门城楼、外城西北角楼、永定门城楼和箭楼被拆除。同年 6 月，国务院转发文化部的报告称：

> 北京是驰名世界的古城，其城墙已有几百年的历史，对于它的存废问题必须慎重考虑，最近获悉，你市决定将北京城墙陆续拆除（外城城墙现已基本拆毁）。针对此举，在文化部召开的整风座谈会上，很多文物专家对此都提出意见。国务院同意文化部的意见，希你市对北京城墙暂缓拆除，在广泛征求各方面意见，并加以综合研究后，再作处理。

北京市接通知后，制止了拆城墙之举。

紧接着在 1958 年反"保守"的"大跃进"浪潮中，朝阳门箭楼、东直门箭楼城台、东便门城楼、右安门城楼被拆除。次年 3 月，北京市委决定外城和内城的城墙必须在两三年内全部拆除，随后，拆除了外城城墙和内城的部分城墙。

1965 年 7 月，北京地下铁道工程开工。一期工程拆除了内城南墙、宣武门城楼、崇文门城楼（1966 年）。二期工程由北京站经建国门、东直门、安定门（图3-1）、西直门（图3-2）、复兴门沿环线拆除了城墙、城门及房屋，全长约 16 千米（环城铁道的升级换代）。

1966 年，"文化大革命"爆发，崇文门城楼被拆除。1969 年，西直门、安定门城楼和箭楼被拆除。内城城墙从 1953 年开始陆续拆除，至 1969 年间基本被彻底拆完。

1979 年，中央下令停止拆除残余城墙，并保护遗留城门，北京的拆城墙运动结束。

图 3-1　北京正在准备拆除的安定门城楼　（来源：王军 . 城记 [M]. 北京：三联书店，2003：305）

图 3-2　拆除尚余有立柱的北京西直门　（来源：王军 . 城记 [M]. 北京：三联书店，2003：305）

3.1.3　拆城现象的分析

事实上，自 1900 年代初期开始，以北京拆城墙为代表的拆城事件即已大量出现（表 3-1）。纵观其原因，除战争之外，可概括为以下三个：

（1）旧有的城市要素的功能性减弱。例如，城墙的军事防卫功能在现代化进程中消失。在时任上海民政总长李平书批复的绅商呈书《拆除城垣启示》中有这样一段描述上海县老城："为商业一方面论，固须拆除城垣，使交通便利，即以地方风气、人民卫生两项，尤当及早拆除，以便整理划一。从前不肯赞成者，大致保卫居民起见，但此次光复之前，城中居民纷纷迁徙，而城外东、西、南三区反安堵如常，是众皆知城垣之不足保卫。"[②]

（2）旧有的城市要素阻碍当时的城市建设。铁路、电话电报、自来水、公共交通等现代化市政服务的传入，尤其是新的交通方式使传统城市街巷体系不能满足现代城市交通的发展需求——"城墙围住了城市的扩张，城壕隔绝了城市内外的连通，城门限制了汽车的行驶"。老舍在民国时写的长篇小说《文博士》中描述，北京有位留美博士每次看见那明清时期修建的城楼，他都会感到恶心，像这样的老古董摆在大街上实在是影响市容，最好还是拆掉，建成又宽又平的大马路，好让汽车通行。在民国时期，这种想法代表了大多数社会改革者、知识分子的心声。民国期间，"激进的革命政府在南方各大城市进行着轰轰烈烈的毁城筑路运动，获得了文化界和媒体圈的赞扬和支

表 3-1　1949 年之前北京城防体系被拆除或者破坏的情况一览表

时间	实施者	对象	原因
1900 年	八国联军之英军	永定门东侧的外城城墙和天坛坛墙	军事
1900 年	义和团	正阳门箭楼	军事
1900 年	八国联军之英军	正阳门城楼	军事
1900 年	八国联军之日军	朝阳门箭楼	军事
1900 年	八国联军之俄军	内城西北角楼	军事
1901 年	八国联军之英军	东便门南的外城东城墙	军事
1902 年	八国联军之英军	崇文门瓮城	军事
1912 年	曹锟	东安门和部分皇城城墙	军事
1915 年	中华民国政府	正阳门瓮城以及朝阳门、东直门、安定门、德胜门四个城门的瓮城	修建环城铁路
1921 年	中华民国政府	德胜门城楼	年久失修
1927 年	中华民国政府	宣武门箭楼	年久失修
1930 年	中华民国政府	东直门箭楼、内城西南角楼、宣武门瓮城和箭楼城台	年久失修
1930 年代	中华民国政府	东便门瓮城和箭楼、广渠门箭楼、左安门城楼和箭楼、外城西南角楼、外城东北角楼	年久失修
1935 年	中华民国政府	阜成门箭楼与闸楼	年久失修
1939 年	日军	内城东西城墙上开口，命名为启明门（光复后改名建国门）和长安门（光复后改名复兴门）	军事
1940 年代	未知	广安门瓮城及箭楼	未知

来源：笔者整理。

持，反倒是呼吁保留城墙和牌坊的老派士绅一度被媒体斥责，说他们是阻碍社会进步的老顽固"[③]。从这一角度来说，防止本土文化的自恋，重视当前人们的生活状态，拆城并非完全没有道理（图 3-3，图 3-4）。

（3）从意识形态出发看待物质遗存[2]。在 1950 年之后的一段时间内，中国将物质遗存视为反封建活动中的一部分，从而拆除了大量旧有的城市要素。

总之，拆城已经成为中国城市规划与城市设计的一个重要节点，不仅重创了之前两千年的城市格局，而且为之后城市更新中的拆迁行为提供了一个先天的理由。

图 3-3　北京城墙被拆前的千步廊和古城中轴线　（来源：搜狐网）

图 3-4　北京城墙被拆后的中轴线　（来源：王军．城记 [M]．北京：三联书店，2003：357）

3.2 反城市

本节所指的"反城市",主要针对"大跃进"及随后的调整时期(1958—1965年)和"文化大革命"动乱时期(1966—1976年)发生在城市建设领域内的一种特殊现象。这种现象的本质是抑制城市性,反集中,倡导简单化的城市文化。

3.2.1 三年不搞城市规划

1960年,由于"大跃进"等一系列决策失误,国民经济陷入极度艰难的境地。上章已述,1958年青岛会议使城市设计在实际城市工作程序中被取消,在一定程度上反而加剧了城市建设中出现的"规模过大、标准过高、占地过多、求新过急"的问题。以毛泽东为代表的国家领导人对国家各项建设活动进行了反思。李富春在1960年7—8月的中央工作会议上提出"整顿、巩固、提高"的建议,会后周恩来加以完善,形成了"调整、巩固、充实、提高"的方针。这一方针是符合当时城市建设的发展形势的。然而过了三个月,为扭转盲目冒进的情况,李富春就在第九次全国计划会议上提出"三年不搞城市规划"④。在这一会议之后,全国普遍裁减了城市规划和设计机构,城市设计技术力量被严重削弱,从而造成城市设计的全面衰落,城市建设失去了城市规划和城市设计的指导和控制。所以,"三年不搞城市规划"的提出既是之后城市设计衰落的起因,也是之前城市设计取消的结果。

3.2.2 生产型城市

时任北京市市长的彭真站在天安门城楼上南望时,曾对梁思成说:"毛主席希望有一个现代化的大城市,他说他希望从天安门上望去,下面是一片烟囱。"(图3-5,图3-6)[3]

这种思想本身无可厚非。从意识形态的发展来看,当时社会主义阵营中的主流观点——实现共产主义即首先要建立强大的工业,而先于中国成立的社会主义国家均做出了如此选择,中国也不可能例外。从思想认识层面上来说,城市本应是现代生产方式(主要是工业生产)的集聚区,也是中国实

图 3-5 "大跃进"期间的宣传画——在人民公社建设过程中，重工业作为一种美的画面存在 （来源：农医生网）

图 3-6 "大跃进"期间的宣传画 （来源：红动中国网）
图注：天际线处基本是重工业区，城市的重工业建设作为一种国家战略和社会理想。

现独立富强梦想的重要支柱；未来中国要实现独立富强，唯一途径便是发展工业，使中国变成一个工业强国，而城市作为承载现代化使命的主体，理所当然的必须以工业发展为重点方向，原以商业、服务业为主的"消费城市"也需向"生产城市"转变[4]。从客观现实来看，"一五计划"获得成功，给中国的工业化带来了良好的开端。1951 年 2 月，中共中央指出，"在城市建设计划中，应贯彻为生产、为工人服务的观点"。在这种建设方针之下，城市设计也取得了一定成就。然而，从1950 年代末开始，它逐渐演变为一种对"生产"过度片面重视的思想。

"一五计划"的成功使中国领导层产生了快速实现经济增长的幻想，从而出现了"大跃进"运动。在短短两年（1958—1960 年）内，全国新设市 44 个，城市化水平由 15.4% 猛增到 19.7%。在"赶英超美""以钢为纲""全民大办钢铁"等口号宣传下，工业迅猛发展，大量农村劳动力涌入城市，进而造成农产品和轻工业产品的产量大幅度下降，城市日用消费品缺乏。1961 年，中国又开始大幅度降低工业生产规模，并强行精减工业职工以减少城市人口。1963 年 12 月，中共中央、国务院发布了《关于调整市镇建制、缩小城市郊区的指示》，提出要压缩城镇人口，减小农业压力。

在这一反复、徘徊的过程中，城市设计的指导思想变成完全为生产服务，以工业美学为导向。在城市中出现了大量合作社性质的小工厂、小作坊，实质上造成了城市功能和空间秩序的混乱。

3.2.3 "超经济"

1966 年 3 月，中国建筑学会第四届代表大会及学术会议在延安召开。会议总结了设计革命尤其是低规格住宅和宿舍设计的经验，提出"通过技术革新，实现建筑上的节约"。这一倡议得到了广泛的回应，并在一定程度上解决了当时面临的居住问题（图 3-7）。但这在城市设计上产生了两个后果。首先，城市空间整体性和艺术性完全让位于社会功能的需要，使这些"超经济"的建筑基本不顾及建筑环境美学控制方面的规定，导致城市空间形象受到破坏；其次，导致了"超快

图 3-7 1957 年 5 月 24 日《人民日报》发表的社论 （来源：佚名．城市建设必须符合节约原则 [N]．人民日报，1957-05-24（1））

设计"方法的运用，在实际操作过程中，城市设计过程多遭省略或轻视，严重挤压了城市设计的发挥作用空间。

3.2.4 "文化大革命"

1966 年至 1976 年的 10 年间，"文化大革命"席卷中国上下。国家主管城市建设工作的机构，即国家建委城市规划局和建工部城建局停止工作，各城市撤销城市规划与设计、建设管理机构，下放工作人员，城市设计相关的档案资料被大量销毁，中国建筑学会城市规划学术委员会中断学术活动。中国的城市设计工作受到重创。

但尽管机构和制度被取消，城市设计仍在社会生活和城市建设中发挥着作用。各地的"万岁馆"（原名通常为"毛泽东思想胜利万岁展览馆"）、"红太阳广场"（图3-8）等均是在此期间修建的。它们通常采用强烈的象征、夸张而热烈的表现手法，洋溢着革命的激进之情。城市公共空间的设计以毛泽东塑像、"毛泽东思想胜利万岁展览馆"为核心，体现出以革命的符号来组织城市空间的理念。这一时期的不少建设在1978年后逐渐成为当地的政治、经济、文化活动的中心场所和标志性建筑。例如，张家口"毛泽东思想胜利万岁展览馆"在建成之后，一度成为城市公共生活的中心，这种状态一直持续到1900年代（图3-9，图3-10）。

"文化大革命"期间的城市建设实际上是通过城市设计发挥社会作用的。城市设计实践变为一种政治宣传需求，恰恰从另一个角度说明城市设计在社会发展中根深蒂固，它的角色和作用也不是强硬的行政取缔就能消除的。

3.2.5　建筑形式与历史保护问题

由于城市建设与历史文化、艺术风格等紧密相关，因此持有保护历史建筑和遗迹观点的行业专家在这期间的政治运动中受到剧烈冲击。例如，1957年的"反右运动"中，清华大学建筑系"四大金刚"之一的规划教研组组长程应铨因坚持保护古建筑，而卷入当时建筑界在城市规划上的争论，他激昂慷慨地为华揽洪、陈占祥被调出北京建筑设计院而抱不平，因而获罪"划右"。到"文化大革命"期间，建筑界开始批判"中国固有之形式"，认为建筑设计陷入形式主义和复古主义，城市空间环境演变为资产阶级"体形环境"。梁思成等成为首当其冲的批判对象。在巨大的社会压力下，有人批判，民族形式是梁思成衡量建筑的唯一标准，对整体规划，甚至汽车、无线电都要民族形式。类似的大小事件不计其数。这些事件使当时的城市设计蒙上了"阶级斗争"的影子。

同时，"反城市"现象使中国城市的有序建设遭受毁灭性的打击，中国城市设计思想发展、理论研究陷入了困境，尤其是城市设计的制度受到了极大创伤，而它们对教育者的抨击，则对之后50多年的学科发展造成持久、严重的伤害。

图 3-8 成都 "红太阳广场"（今天府广场）
（来源：中华网）

图 3-9 张家口 "毛泽东思想胜利万岁展览馆" （来源：张家口资讯网）

图 3-10 张家口解放桥
（来源：张家口资讯网）
图注："毛泽东思想胜利万岁展览馆"在图片左上角

3.3 困境中探寻

在这样艰难的境地中，城市设计工作并未绝迹，它只不过是隐匿在一些特殊的角落，并取得了富有时代特色的成就。

3.3.1 乡村设计探索

1950 年代末的人民公社化运动和"上山下乡"运动直接推动了 1960 年代城市设计走入农村。以"上山下乡"运动为例，1964 年 1 月 17 日，《中共中央、国务院关于动员和组织城镇知识青年参加农村社会主义建设的决定（草案）》出台，城市知识青年"上山下乡"运动正式开始。参加这一运动的知识青年总人数达到 1600 多万人，1/10 的城市人口来到了乡村。据相关资料介绍，当时全国城市居民家庭中，几乎没有一家不和"知青"下乡联系在一起[5]。虽然城市设计在城市遭受了挫折，但是各大专院校的专业力量均因此介入了农村，为城市设计的实践领域拓展了空间。例如，清华大学[5]、天津大学、同济大学、华南工学院、广西大学等均组织师生赴人民公社进行城市规划与设计、建筑设计和考察研究工作，形成了细致的、踏实的工作成果（图 3-11）。

"农业学大寨"之后，村镇规划和设计获得了一次史无前例且至今看来也极其难得的机会。不少村镇在整体上对农业用地、基础设施、教育、卫生、医疗、居住等进行了崭新的设计工作。一些先进的生产大队、人民公社进行了乡村合并，并在整体空间布局上做了统筹安排。这些安排既重视了农村的生产活动，又合理布局了居住和部分公共服务设施，呈现出一种类似"乡村的城市化"[6] 的典型特征（图 3-12，图 3-13）。

图3-11 乡村设计的部分学术成果 （来源：笔者拍摄）

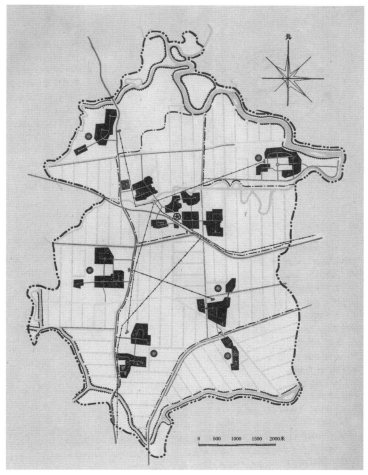

图3-12 南海大沥公社居民点分布规划平面图（包括水利化规划、机械化规划、电气化规划等在内） （来源：华南工学院建筑系．人民公社建筑规划与设计[Z]．广州：华南工学院建筑系，1959：25）

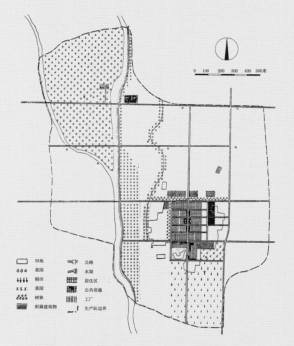

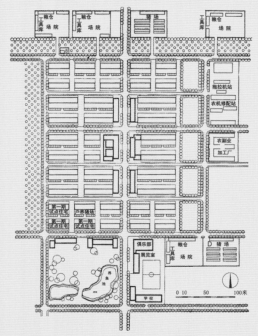

图 3-13 北京某人民公社许家屋生产队规划设计平面图 （来源：华揽洪.重建中国：城市规划 30 年 (1949—1979)[M].李颖，译.北京：三联书店，2006：87）

图 3-14 北京某人民公社许家屋生产队详细规划设计平面图 （来源：华揽洪.重建中国：城市规划 30 年 (1949—1979)[M].李颖，译.北京：三联书店，2006：89）

在城市设计实践活动的同时，出现了针对村镇的城市设计方法。一些调研中含有较为细致的城市设计研究。例如，对村镇当地的居住、医院、学校、会堂等建筑类型进行实地调研，从建筑组合形式、村庄大小、乡办企业规模、村镇与农田的关系、村镇与城市的关系、村镇空间布局等方面都进行了初步但细致的分析（图 3-14，图 3-15），并总结成了不同专题，为之后关于农村规划建设的书籍出版做出了重要的贡献（图 3-16）。

这一时期内，农村的城市设计实践反映出的现实主义和理想主义之调和已颇具设计水平和先进性，以至于我们可以大胆地认为——中国乡村建设中率先出现了独具中国特点的城市设计思想萌芽。

3.3.2 四个城市实践

城市中仍有零星城市设计实践。例如，上海新建的金山

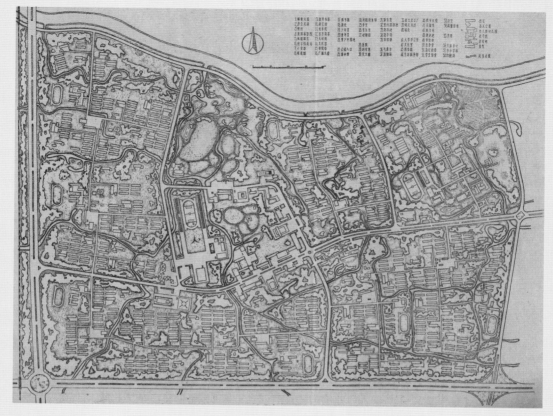

图 3-15 某人民公社居民点规划平面图 （来源：笔者根据《同济大学学报》城乡建设建筑工程版 1959 年第 1 期中的相关资料整理）

卫星城、四川新建的攀枝花工业城市、新疆新建的垦区新城市石河子，以及震后重建的唐山等。

上海新建的金山卫星城，在城市整体空间结构上做出了创新；攀枝花市在整体上呈分散的带状组团式，分布在金沙江两岸，局部（例如炳草岗片区）结合地形进行设计和建设[6]；新疆石河子市的城市设计初步探讨了牧农业区域的城市空间特点。

1976 年唐山大地震后，在当时城市规划设计遭到批判的情况下，国家建委城建局仍组织上海规划室、辽宁沈阳规划院、北京地理研究所、清华大学和河北省各城市的规划专家赶赴唐山，支援当地编制城市规划和设计方案。这个重建总体规划于 1977 年得到中央的电话批准，是"文化大革命"动乱中唯一得到批准的城市规划和城市设计[7]。在唐山的震后重建过程中，城市设计发挥了重大作用。首先，在设计程序上，城市设计在城市总体空间布局层面上即已介入城市规划过程，因此可被视为当代第一次较完整的总体城市设计实

图 3-16 《新村规划》封面 （来源：笔者拍摄）

图 3-17　唐山市总体城市设计重点工程示意图（来源：中国城市规划设计研究院，建设部城乡规划司，上海市城市规划设计研究院．城市规划资料集第 5 分册：城市设计 [M]．北京：中国建筑工业出版社，2005：66）

践；其次，在城市设计理念上，创造性地提出了"绿化带+避难所"模式，将城市公共空间建设与安全避难空间系统结合起来（图 3-17）。

3.3.3　本土城市设计初探

由于苏联专家被骤然撤走，中国城市设计工作只有依靠本土设计人员，迫使他们对一些空间问题进行了思考和探索。

对城市设计的研究工作集中在城市空间形式方面。例如，1963 年，齐康和黄伟康在《南京工学院学报》上就曾发表《建筑群的构图与观赏——初探建筑群构图中的一些问题》，探讨了建筑群的形式问题。1978 年，彭一刚出版了《建筑绘画基本知识》，随后又出版了专著《建筑空间组合论》，涵盖了城市公共空间和城市背景中的建筑设计等一些城市设计问

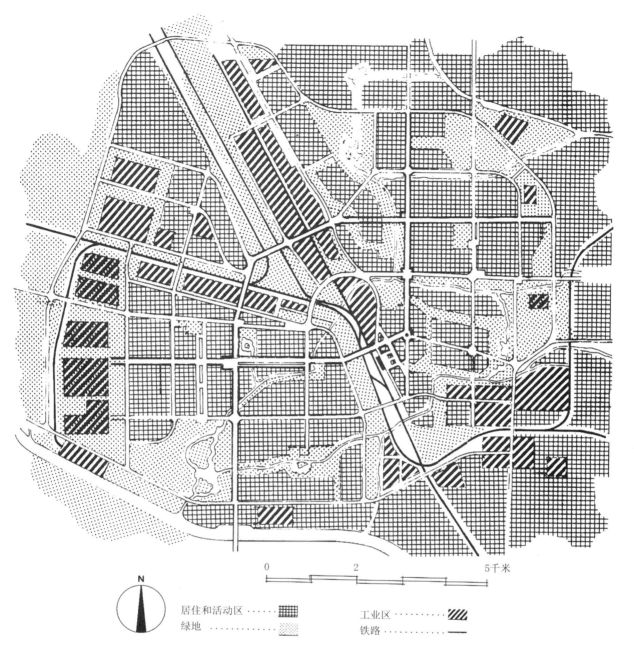

居住和活动区 ······ ▦
绿地 ··········· ▨
工业区 ········· ▨
铁路 ········· ▦

题。在这个风雨飘摇的年代，这些学者初步开拓了城市空间形式的设计研究。

对城市设计实践也有体现。例如，相关工作人员反思了郑州火车站的城市设计问题，认为火车站四周的对称布局与城市干道系统分离，是一种形式主义的做法（图3-18），因此在西安，他们基于现实，对火车站和城市中心用对角线连接的城市设计手法进行了改正，取消了苏联专家的大广场、

图 3-18 郑州城市规划设计图（1954年）（来源：华揽洪．重建中国：城市规划30年（1949—1979）[M]．李颖，译．北京：三联书店，2006：75）

大轴线、对称式布局的宏伟做法，可视为对形式主义的修正。

3.4 西方现代城市设计诞生与繁荣

与国内城市设计思想的混乱、停滞的局面不同，放眼世界，国外城市设计理论正发生着剧烈而深刻的变化。正是在 1960 年代至 1970 年代末期间，现代城市设计经过长期的酝酿、发展而逐步走向成熟，并在城市理论的思想舞台上逐渐占据最重要的位置（表 3-2）。

3.4.1 西方现代城市设计诞生

1）城市美化运动与区划法

现代城市设计理论和实践的萌芽可追溯到 1883 年在美国芝加哥开展的城市美化运动。在该次运动中，芝加哥修建了宏伟的建筑群、林荫大道等。1916 年，区划法在美国纽约诞生，使美化与城市开发联系起来[8]。这一时期的城市设计活动局限于城市更新、土地利用和交通设计等内容。

2）匡溪艺术学院

1932 年，伊利尔·沙里宁（Eliel Saarinen）与美国报业巨头乔治·布什夫妇（George and Ellen Booth）创办了匡溪艺术学院（又称克兰布鲁克艺术学院）（Cranbrook Academy of Art）。沙里宁认为，该学院的建立是"帮助美国的设计和工业创造一个'形式世界'，充分表达日渐形成的现代精神"[9]。1934 年，该学院成立了建筑与城市设计系。1936 年，沙里宁在教学中增加了对城市问题的关注。

3）城市规划与现代主义运动的失落

一方面，1945 年以后，城市规划在不断的反思中开始走向以政策选择、经济分析、社会研究为导向的道路。城市规划关注建成环境的传统虽然没有完全丧失，却基本处于废弛状态，导致城市规划专业与建筑设计专业之间产生了"裂缝"。而另一方面，现代主义运动下的城市发展过于注重效率，注重投资的快速回报，从而造成了城市空间品质的下降。现代城市设计应运而生[10]。

表3-2 1956年之后的美国城市设计思想谱系

	1950—1960年代	1960—1970年代	1970—1980年代
作为思想教育的城市设计	• 城市设计课程开设（哈佛大学） • 城市设计课程开设（华盛顿大学） • 菲利普·蒂尔（Philip Thiel）的建筑和城市空间视觉表达研究（伯克利加州大学）	• 波士顿意向研究生工作室（麻省理工学院） • 洛克菲勒课程开设（耶鲁大学） • 向拉斯维加斯学习（耶鲁大学）	—
作为环境认知的城市设计	—	• 林奇（Lynch）《城市意象》 • 林奇（Lynch）《敷地计划》 • 麦克哈格（McHarg）《设计结合自然》	• 亚历山大（Alexander）《俄勒冈实验》 • 亚历山大（Alexander）《模式语言》 • 约翰·奥姆斯比（John Ormsbee）《大地景观——环境规划指南》 • 吉尔吉（Gyorgy）《环境的艺术》 • 纽曼（O. Newman）《防御的空间》
作为社会系统的城市设计	• 路易斯·康（Louis Kahn）费城中心区规划 • 克拉伦斯·斯坦因（Clarence Stein）《走向美国新城市》	• 雅各布斯（Jacobs）《美国大城市的死与生》 • 亚历山大（Alexander）《城市并非树形》 • 亚历山大（Alexander）《形态的综合纪录》 • 艾莉森·史密森（Alison Smithson）《十人小组初级读本》 • 区域/城市设计援助小组（R/UDAT）社区援助的研究	• 哈布瑞肯（Habraken）《变化：系统的支撑设计》 • 《城市设计的社会影响》 • 劳伦斯（Laurence）《为人民的再循环城市：城市设计的过程》 • 乌尔里克（Ulrich）《纽约城市设计》 • 伯恩（Bourne）《城市系统》
作为视觉景观的城市设计	• 滕纳德（Tunnard）《美国的天际线》	• 滕纳德（Tunnard）《人造的美国》 • 林奇（Lynch）《从路上看到的景观》 • 艾克博（G. Eckbo）《城市景观设计》 • 哈尔普林（Halprin）《城市》 • 施普赖雷根（Spreiregen）《城市设计》	• 哈尔普林（Halprin）《哈尔普林的笔记》
作为公共干预的城市设计	—	• 迈耶（L. R. Meier）《中西部巨型城市的形成》 • 格伦（V. Gruen）《城市的核心》 • 冈本（R. Y. Okamoto）《曼哈顿的城市设计》	• 巴奈特（Barnett）《作为公共政策的城市设计》 • 约瑟夫·德·契拉（Joscph De Chiara）《城市规划和设计标准》 • 肯尼斯（Kennth）《美国的城市中心》旧金山城市设计报告 • 波特曼（Portman）《建筑师作为开发商》
作为历史参考的城市设计	• 保罗·朱克（Paul Zucker）《城镇与广场：从集市到社区绿地》	• 刘易斯（Lewis）《城市结构》	• 埃德蒙（Edmond）《城市设计》 • 布鲁门菲尔德（Blumenfeld）《现代大都市》 • 柯林·罗（Colin Rowe）《拼贴城市》 • 格拉夫（Graves）罗马竞赛
作为乌托邦的城市设计	—	• 富勒（Fuller）《遗忘的乌托邦：人类的前景》 • 艾克森地（Arcosanti） • 降落城市（Drop City） • 迪斯尼乐园	• 查尔斯（Charles）《后现代建筑语言》 • 查尔斯（Charles）《2000年建筑：预测和方法》 • 内格罗蓬特（Negroponte）《软建筑机器》 • 班翰（Banham）《复合体建筑》 • 亚瑟（Arthur）《2001：一个空间奥德赛》

来源：杨涛. 美国城市设计思想谱系索引：1956年之后[J]. 国际城市规划，2009(4)：80-84.

图 3-19　Team 10 参与 1959 年 CIAM 的场景（来源：维基百科）

图 3-19　Team 10 参与 1959 年 CIAM 的场景（来源：维基百科）

4）第十小组

1954 年，国际现代建筑师协会（CIAM）第十小组（TEAM 10）⑦中的最初成员［雅各·巴克马（Jacob B.Bakema）、阿尔多·凡·艾克（Aldo van Eyck）、艾莉森和彼得·史密林夫妇（Alison and Peter Smithson）、乔治·坎迪利斯（Georges Candilis）、沙德里奇·伍滋（Shadrach Woods）、吉安卡罗·德卡罗（Giancarlo De Carlo）］为了解决人的居住生活问题、城市规划和设计中的反人性倾向等现象，结合西方出现的严重社会问题，提出建筑学和城市设计的基本出发点是对人的关怀和对社会的关怀。他们在荷兰杜恩发表了《杜恩宣言》，提出以人为核心的"人际结合"思想（即"人 + 自然 + 人对自然的观念"），逐渐成为现代城市设计的思想基础[11]。第十小组 同时主张，对建筑的研究应该围绕独立住宅、村落、城镇和城市这几个层面展开。另外，城市设计的理论从原先比较局限于物质形态、视觉艺术研究的范畴得到拓展，开始引入行为、心理、社会、生态等多学科理论，将目标提高到优化综合环境质量的高度（图 3-19）。

5）哈佛设计学院

图 3-20　创立哈佛大学城市设计学科的约瑟普·赛尔特　（来源：维基百科）

1936 年，哈佛大学将建筑、景观建筑、城市规划这三个学院整合在一个新的学院之下，命名为哈佛设计学院（GSD）[12]。1953 年，约瑟普·赛尔特（Josep Lluís Sert）掌管哈佛设计学院，并在教育中强调建筑与城市的和谐（图 3-20）。1956 年，哈佛大学研究生院召开了首届城市设计会议，这次会议被视作美国城市设计作为一个独立学科的开端，同时也被认为是现代意义上的城市设计与传统意义上的城市设计之间的分水岭。1960 年，哈佛设计学院开设"城市设计"学位教育，一般被视为现代城市设计作为一门独立学科，从规划与建筑学中独立出来的标志⑧。

3.4.2　西方现代城市设计发展中的大事件

1960 年代，现代城市设计对人的生存环境的关注逐渐走向主流，以人为本成为共识。例如，"步行化"已成为国际上复兴城市中心、改善城市环境、提高城市社会价值的重要手段。

1960 年，凯文·林奇（Kevin Andrew Lynch）发表《城市意象》（*The Image of the City*），认为人们对城市的认识是通过对城市物质形体的观察实现的，各种标志是供人们识别城市的符号，人们借此形成城市意象，并认识城市的本质。

1961 年，纽约市实施分区奖励政策（Incentive Zoning），用面积奖励鼓励开发商提供公共空间，从而在政策运作层面上使城市开发与城市空间设计联系起来。

1962 年，简·雅各布斯（Jane Jacobs）发表《美国大城市的死与生》（*The Death and Life of Great American Cities*），批判了现代城市规划和现代城市设计思想。

1965 年，美国建筑师协会组织编写《城市设计：城镇的建筑学》。

1967 年，乔纳森·巴奈特（Jonathan Barnett）在纽约市规划局的组织下首先设立城市设计小组，其后研究和管理纽约市的城市设计。

至 1960 年代后期，美国已有 70 多所高等学校开设城市设计课和设置学位。联邦和地方政府认识到城市设计对改善城市环境的重要性，开始在该学科的研究和教育方面增加投资。

1974 年，乔纳森·巴奈特在其著作《城市设计导引》（*An Introduction to Urban Design*）中提出了"设计城市而不是设计建筑"的思想。他认为一个城市环境受到社会、政治、文化、技术等各种因素的影响和制约，社会文化背景、经济情

图 3-21 《作为公共政策的城市设计》英文版封面 （来源：笔者拍摄）

况、时间的连续、政策的决定与执行、各阶层的合作与协调的过程都是决定城市设计成功与否的重要因素，因此城市的设计不只是形体空间的设计，而且是一个城市的塑造过程，它不是为建立完美的终极环境提供一个理想的蓝图。同年，他又发表《作为公共政策的城市设计》（*Urban Design as Public Policy*）（图 3-21），强调城市设计的公共政策属性。

1978 年，美国召开了第一届全国城市设计学术会议[8]。

同时，在这一历史时期，英国也已兴起城市设计。1953 年，F. 吉伯特发表《市镇设计》（*Town Design*）一书，对英国新城设计实践进行了总结。1979 年，英国皇家规划师协会组织成立城市设计小组（UDG），致力于城市设计的研究和实践。

1959 年左右，城市设计理论传入日本。1968 年，针对原城市规划与管理中的缺陷，日本产生了"城市创造"理论[13]，认为城市是由"物质空间、社会组织系统和市民生活系统"三部分组成。1971 年，日本成立了第一个专门的城市设计组织，为横滨城市空间品质的改善开展了一系列活动。1975 年，日本建筑师芦原义信的著作《外部空间设计》出版。

特殊的时代，形成了国内外城市设计在理论与实践方面的巨大差距，国门打开后，一股学习西方城市设计的浪潮席卷了中国。

第 3 章专栏　1950 年代末—1970 年代末大事年表

1958 年 1 月，毛泽东在南宁会议上号召全国城市拆城墙。

1958 年 3 月，成都会议上毛泽东提出，"拆除城墙，北京应当向天津和上海看齐"。

1958 年 9 月 6 日，时任北京市副市长的万里作了关于"国庆工程"的动员报告。1959 年 2 月，当时的"十大国庆工程项目"最后确定。之后，全国的建筑界精英采用非常规的"三边"工作法（边设计、边备料、边施工），在 10 个月内高质量地完成了从设计到竣工的全过程。

1959 年，合肥市编制《合肥城市总体规划》，确定了"三翼伸展、田园楔入"的整体机构，被称为"合肥方式"。

1960 年，中国建工部在桂林召开第二次全国城市规划工作座谈会，一般被称为"桂林会议"。

1960 年，同济大学出版《城乡规划原理》。

1960 年，凯文·林奇（Kevin Andrew Lynch）发表《城市意象》（*The Image of the City*）。李富春在 1960 年 7—8 月的中央工作会议上提出"整顿、巩固、提高"的建议，会后周恩来听取汇报并加以完善，形成了"调整、巩固、充实、提高"的方针。

1960 年 11 月，为扭转经济工作盲目冒进的局面，李富春在第九次全国计划会议上提出"三年不搞城市规划"。

1961 年，纽约市实施分区奖励政策（Incentive Zoning）。

1962 年 8 月和 1963 年 10 月，中共中央、国务院先后召开全国第一次和第二次全国城市工作会议。

1962 年，李富春批准"城市规划设计院"更名为"城市规划设计研究院"。

1962 年，简·雅各布斯（Jane Jacobs）发表《美国大城市的死与生》（*The Death and Life of Great American Cities*）

1963 年 12 月，中共中央、国务院发布了《关于调整市镇建制、缩小城市郊区的指示》，提出要压缩城镇人口，减小农业压力。

1964 年 4 月，"城市局"改称"国家经委城市规划局"，同时撤销中国城市规划设计研究院。

1964 年 11 月 12 日，建工部发出《关于开展设计革命运动的指示和规划》，其后召开勘察设计院院长座谈会，初步揭发了城市规划和设计中的"大而全""洋而新""高标准"的做法。

1964 年 12 月，建工部发出《关于设计革命运动的指示》，短暂恢复了城市规划和设计工作。

1965 年，美国建筑师协会组织编写《城市设计：城镇的建筑学》。

1966 年 3 月，中国建筑学会第四届代表大会及学术会议在延安召开，提出"通过技术革新，实现建筑上的节约"。

1966 年至 1976 年的 10 年间，中国发生了"文化大革命"，全国各地修建了大量的"万岁馆"（原名通常为"毛泽东思想胜利万岁展览馆"）、"红太阳广场"。

1967 年，乔纳森·巴奈特在纽约市规划局的组织下首先设立城市设计小组，其后研究和管理纽约市的城市设计。

1968 年，针对原城市规划与管理中的缺陷，日本产生了"城市创造"理论。

1971 年，日本成立了第一个专门的城市设计组织。

1971 年 11 月，国家建委召开城市建设座谈会，对国家建委放松城建工作提出了批评，并要求设置机构，加强城市规划。

1972 年 12 月，国家建委设立城建局，统一指导和管理城市规划、城市建设旳工作。

1973 年 6 月，国家建委在建筑科学研究院设立城市建设研究所，开展城市规划、城市给排水和道路交通的科学研究。全国开始恢复城市规划和设计工作，一些下放的城市规划技术人员也由"五七干校"回到工作岗位，重新恢复工作。

1974 年 5 月，国家建委颁布《关于城市规划编制和审批意见》和《城市规划居住区用地控制指标（试行）》两个文件，使城市规划与设计工作重新获得规范性的依据。

1974 年，乔纳森·巴奈特著《城市设计导引》（*An Introduction to Urban Design*）、《作为公共政策的城市设计》（*Urban Design as Public Policy*）。

1975 年，日本建筑师芦原义信的著作《外部空间设计》出版。

1976 年，北京大学地质地理系编著的《城镇总体规划》出版。

1976 年 7 月，中国河北省唐山、丰南一带发生了强度里氏 7.8 级的地震。次年 5 月，《唐山市城市总体规划》通过了国务院的批准。

1977 年，大多数原设有城市规划专业的院校都开始恢复招收本科生，为改革开放后的城市设计工作提供了一定的技术基础，在一定程度上弥补了"文化大革命"期间的人才损失。

1977 年 9 月，国家建委党组向全国发出《关于积极开展建筑学会工作的通知》。随后，中国建筑学会决定恢复包括城市规划学术委员会在内的 13 个专业学术委员会。

1977 年，《城市规划》杂志创刊，作为内部资料试发行。

第 3 章注释

① 我们的这一说法引用了华揽洪先生对这一阶段城乡建设状况的概括。
② 参见 1912 年 1 月 15 日《时报》。
③ 参见《梁思成的山河岁月》（林与舟著）、《城记》（王军著）、广州日报大洋网。
④ 有学者对李富春的这一提议进行了详细的解读，认为李富春的这一提议隐含了中国城市规划设计发展的战略意图，即加强城市规划设计理论的研究，转变城市发展方针，促进城市科学发展，其佐证是 1962 年，李富春批准"城市规划设计院"更名为"城市规划设计研究院"，并在李富春的授意下中国第一本城乡规划教材《城乡规划》得以编写。
⑤ 参见网易新闻的相关报道。
⑥ 该描述来源于华揽洪对该时期城市规划与设计整体特征的总结。
⑦ 又称"Team X"或"Team Ten"。
⑧ 笔者参考了相关学者的观点，这些学者包括但不限于：庄宇《城市设计的运作》；杨涛《美国城市设计思想谱系索引：1956 年之后》；高源《美国现代城市设计运作的研究》。

第 3 章文献

[1] 杨早. 民国拆城运动：时新之士看城池不顺眼 [N]. 南方都市报，2012-06-18.
[2] 刘雅媛. 清末以来城墙拆除的阶段、动因与地区差异 [J]. 历史地理，2015(1)：264-281.
[3] 林与舟. 梁思成的山河岁月 [M]. 北京：东方出版社，2005：8.
[4] 李国芳. 变消费城市为生产城市——1949 年前后中国共产党关于城市建设方针的提出过程及原因 [J]. 城市史研究，2014(2)：1-11，244.
[5] 清华大学建筑系徐水人民公社规划设计工作组. 徐水人民公社大寺各庄居民点规划及建筑设计 [J]. 建筑学报，1960（4）：6-8.
[6] 鲍世行. 攀枝花城市规划的历史印记 [M]// 中国城市规划学会. 五十年回眸——新中国的城市规划. 北京：商务印书馆，1999：384.
[7] 李亮. 中国城市规划变革背景下的城市设计研究 [D]. 北京：清华大学，2006：15.
[8] 庄宇. 城市设计的运作 [M]. 上海：同济大学出版社，2004：23，28.
[9] 胡恒. 观念的意义——里伯斯金在匡溪的几个教学案例 [J]. 建筑师，2005(6)：65-77.
[10] 戴冬晖. 试论城市设计的设计特征与管理特征 [J]. 华中建筑，2009(5)：133-135，139.
[11] 程里尧. TEAM 10 的城市设计思想 [J]. 世界建筑，1983(3)：78-82.
[12] 张悦. 哈佛大学设计学院的百年历程 [J]. 世界建筑，2008(10)：92-93.
[13] 《国外城市规划》编辑部. 关于美国的"城市设计"、日本的"城市创造"和中国的"城市规划设计"的探索 [J]. 国外城市规划，1993(4)：51-56.

4 欧美现代城市设计引介与先行探索

（1970 年代末至 1980 年代）

1970 年代末到 1980 年代，中国纠正了 1958 年以来错误的城市建设思想，建立并逐渐恢复和健全了城市建设法规体系，为城市设计提供了良好的制度背景。1980 年代初期，苏联规划体系下的城市总体规划中的一部分以及详细规划的大部分实际承担了城市设计的角色，例如上海市宝山居住区中心设计[①]、南京夫子庙文化商业中心规划设计（1984 年）等。当现代城市设计从欧美引入中国之后，苏联模式的城市设计思想和实践也并未消失，从而使 1980 年代中国城市设计呈现出"苏联模式"与"欧美模式"共存的"双模式"状态。

鉴于中国传统建筑和街区破坏严重，"历史文化名城"的概念提出并逐步受到重视，从此，历史保护和城市更新成为中国城市设计中的一项实践工作。除此之外，出现了以扩张为基本特征的、影响深远的城市设计实践，部分高校开始开展城市设计教育。

4.1 学术交流与引介的前奏

1977 年 9 月，国家建委党组向全国发出《关于积极开展建筑学会工作的通知》。随后，中国建筑学会决定恢复包括城市规划学术委员会在内的 13 个专业学术委员会，并确定了各筹备组的负责人，开始开展学术活动。1978 年 12 月，"改革开放"的政策推行,中国封闭的国门逐渐打开,科技、教育、文化等各个领域的改革启动。由于社会生活、管理秩序得以恢复正常,中国城市建设的管理、研究工作也逐步展开。1978年,第三次"全国城市工作会议"在北京召开。会后,中共中央下发了《关于加强城市建设工作的意见》(即中共中央〔1978〕13号文件)。该文件提出控制大城市规模、发展中小城镇的城市工作基本思路,并首次将城市发展规划定义为刚性规划,建立了此后30多年内城市规划的基本架构。同时,该文件还提出了一系列解决城市建设资金来源的办法,为重新恢复城市建设秩序提供了保障,从而为中国改革开放早期的城市设计活动奠定了基础。例如,该文件规定,在全国47个城市试行从上年工商利润中提取5%,作为城市维护和建设资金[②]。

1979年3月12日,中共中央批准成立"国家城市建设总局",直属国务院,并编写了《1979年城市建设统计年报》,城市建设组织工作得以重新启动。1979年,陈占祥先生介绍了《马丘比丘宪章》[③],杨运熙引介了苏联的城市设计工作[④]。这些文献表明历经"文化大革命"的浩劫,国际城市设计逐步引起学者们的重视。此时,国内的许多城市设计思想虽然还略显保守,但是在城市与自然的关系、城市整体空间格局的保护等方面已经略有创新[⑤]。

1970年代末,中国当代城市发展需求形成了对欧美现代城市设计思想进行引介的基础。

首先,在建设需求方面,中西城市设计理论发展之初的背景非常相似。1945年至1960年代,西方国家经过恢复、重建,经济相继出现飞跃,积累了足够的财力、物力用于城市建设。而中国结束"文化大革命",经济已初步复苏,人口的急剧增长使城市政府直面城市建设问题。同时,城市规划理论与社会系统设计关联更紧密,相对轻视城市空间设计,而建筑师们又偏重于建筑单体创作,忽视城市整体环境,从而使城市设计获得了生长空间。

其次,中国城市建设面临城市空间设计的大量问题,需要城市设计工作。1970年代末期,中国城市建设面临巨大动力,但是缺少建设理念和有效的管理机制,新建的城市环境缺乏美感,旧存的历史文化遗产不断遭到破坏。不仅如此,城市建设过程中经济利益因素逐渐上升,导致既有的公共空间和公共利益的形成机制受到破坏。

再者，中国现代城市设计理论研究仍是空白。虽然中国传统城市设计思想基础仍然存在，"苏联模式"仍然残存，但它们均不能完全适用现代城市理论体系。中国学者们普遍渴望国际学术交流，以促进中国城市综合环境质量的提升。

最后，中外学术交流活动的环境逐渐宽松。"文化大革命"之后，阶级斗争之说在城市设计界基本消失，宽松、开放的学术气氛在一定程度上为城市设计进入中国创造了条件。

4.2　四次专业会议

属于城市设计的时代拉开了帷幕，而 1980 年代中国城市规划和建筑学领域召开的四次会议，则成为城市设计发展的重要推动力量。

1）1980 年 10 月，北京，全国城市规划工作会议

1980 年 10 月，全国城市规划工作会议在北京召开，讨论修改了《城市规划定额指标暂行规定》，明确了城市规划工作的重要性（图4-1）。1980 年 12 月 9 日，国务院批转《全国城市规划工作会议纪要》。该次会议反思了 1980 年以前中国城市规划建设工作，提出：

  a) 正确认识城市规划的地位和作用；b) 明确城市发展的指
  导方针；c) 根据城市特点确定城市性质；d) 尽快建立我国的城

图 4-1　赵瑾关于 1980 年全国城市规划工作会议的笔记　（来源：李浩 . 八大重点城市规划——新中国成立初期的城市规划历史研究（上下）[M]. 北京：中国建筑工业出版社，2016：572）

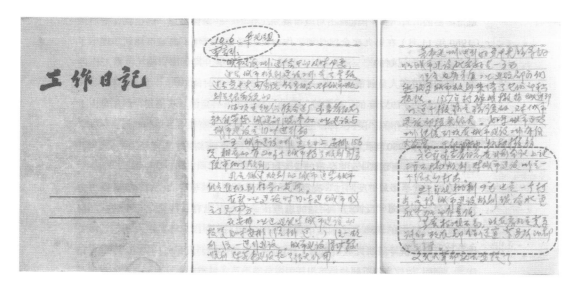

市规划法制；e) 加强城市规划的编制审批和管理工作；f) 搞好居住区规划，加快住宅建设；g) 城市各项建设应根据城市规划统一安排；h) 关于综合开发和征收土地使用费的问题；i) 大力加强队伍建设和人才培养；j) 加强对城市规划工作的领导。

城市规划工作和城市设计工作重新得到重视，城市设计的制度背景正式确立。

2）1980 年 10 月，北京，中国建筑学会第五次大会

1980 年 10 月，中国建筑学会第五次大会在北京召开。周干峙作了"发展综合性的城市设计工作"报告，认为中国城市建设水平低下的问题要归咎于城市规划的"粗线条"[1]，"总体规划正确但缺乏详细规划和细部设计"。对此，他提出用城市设计的方法来改变这种粗线条的状况，并系统地描述了城市设计的大致轮廓：

> a) 从专业体系上，城市设计与城市规划的结合是现代城市规划设计工作的趋势；b) 从管理体制上，我国特色的政治体制，有条件发展高度综合性的城市设计工作；c) 从实践工作中，现行的城市建设和建筑工程体制应当改革，建筑师、工程师和城市规划工作者应当密切合作⑥。

由于青岛会议之后的"城市规划设计"中取消了城市设计，因此周干峙提出了"现代城市规划设计"这一名称，旨在提倡一种新的城市规划思路，恢复青岛会议之前城市设计与城市规划相结合的模式。1980 年以来城市设计的制度化历程证明，这一判断是准确的。

3）1984 年 6 月 4 日，北京，"城市与建筑设计学术讲座"

1984 年 6 月 4 日，中国建筑学会与城乡建设环境保护部城市规划局、设计局联合举办的"城市与建筑设计学术讲座"在北京举行。国内外学者⑦交流了城市设计发展和建筑设计思想。该次会议明确了城市设计在城市建设体系中的位置，在之后的一段时间内，吴良镛的观点——"城市设计的工作是承上启下的……因此它是提高城市规划与建筑设计质量的重要环节……在实际工作中，必须填补城市规划与建筑设计之间的这一中间环节的真空"[2] 一度成为中国学者的共识。

4）1987 年，北京，"城市与建筑设计"讨论会

1987 年，城乡建设环境保护部设计局举办"城市与建筑

设计"讨论会，会议再次确认城市设计可以作为提高城市规划和建筑设计质量的重要途径[3]，促进了现代城市设计在中国的传播。

4.3 考察与引介

4.3.1 两赴美国考察

1981 年 11 月，应"美中关系全国委员会"⑧的邀请，中国城市规划设计考察团访问了美国中部的芝加哥、明尼亚波利斯和西部的丹佛、旧金山四个城市，其主要目的之一即考察城市设计和城市规划两者内容的区别。1982 年，考察成果被系统整理并发表。成果指出，美国总体规划已经发展到综合规划阶段，涵盖了比原有总体规划更多的领域，而城市设计则在详细规划阶段体现出来，它既可以是客观的工作，又可以是高度主观的评价。另外，考察成果从中美城市规划内容之不同的维度上描述了美国城市设计的一些具体控制引导类型，例如控制建筑高度、城市眺望景观规划、城市更新与历史保护、空间环境协调等，并指出中国应当借鉴的成分，认为中国应当把"个体建筑的规划扩大到建筑群体和城市整体范围内加以推敲"[4]。

在引介现代城市设计进入中国的过程中，这一思想得到广泛的传播。由此，它首先确立了其"建筑的扩大化"的角色，从而引发了我们后文将提及的"形体的设计"思潮的壮大。

在 1981 年第一次赴美考察之后，1986 年部分学者⑨再次赴美考察学习，并系统引介了美国城市设计的基本特征、设计类型、设计元素、发展趋向、成果形式等内容⑩。这次考察得到不少新的认识，例如：

a) 现代城市设计是以提高城市环境质量为目标的综合性城市环境设计，其理论基础是环境视觉理论和环境行为心理学；b) 现代城市设计属于应用性学科，是城市相关学科在物质环境设置、使用和体验这一结合点的综合体现；c) 现代城市设计也是一种社会干预和行政管理手段，具有很强的政策性。

这次赴美考察又促发了中国当代城市设计"设计的综合""设计的控制""政策的设计"等思潮的萌芽。两次赴美考察成为中国现代城市设计理论发展中的重要发端，成为中国城市建设计划体系由"苏联模式"向"欧美模式"变迁的思想先导。

4.3.2 学术交流与引介

1983 年，英国《大不列颠百科全书》中"Urban Design"的一个章节被翻译为《城市设计》在中国发表，城市设计第一次被系统地作为一个整体的学术研究对象和实践应用对象引入中国的城市建设教育、研究和应用视野中[11]。文中系统而整体地详述了城市设计的对象、元素与素材、评价标准、工作的社会背景、特殊类型和成果表现形式等，是 1980 年代早期第一次较为系统和完整地介绍西方城市设计的文献。1980 年代，《大不列颠百科全书》在中国风行一时，戏剧性地为现代城市设计思想的引介添加了一把火。其后，又经多位学者介绍，现代城市设计思想在中国逐渐广为传播（表 4-1）。

这一时期，中国大部分学者均在建筑层面认识城市设计[12]。直到 1989 年，有学者才总结了这些引介活动，从思想、理论层面进行了批判，提出现代城市设计的价值取向是过程趋向的[5]，并精彩地论述了这种过程思想的具体表现：

> a) 城市设计的范畴并不以城市物质环境设计为终极，而是包括从总体发展、规划设计、建筑实施、使用管理直至更新改造的全过程。"城市设计是真实的生活问题。"它起始于一连串的决策过程，最终落实为城市社会生活质量的改善。b) 城市设计的考察对象不仅是城市所处的现时状况，更重要的是它过去—现状—未来演进变化的整个过程以及由此过程所反映的发展规律和社会"沉淀"……现代城市设计目标已不在意发展一个静态的模式，而是追求一个可以发展变化的"型"……c) 城市设计包含着物质环境设计和社会环境设计双重层面。……过程的属性，使得城市设计自身的组织程度亦成为其核心内容之一。d) 城市设计的最终实现是人对城市环境的感知体验过程，成功与否也就在于此种感知体验与当地社会文化的吻合性。

我们认为，以上事件表明中国对现代城市设计的讨论逐渐摆脱了以纯粹物质形态为中心的观念，思想体系逐渐成长，尤其是对欧洲国家和美国、日本等国的现代城市设计思想和实践经验的认识已逐步全面、深入。这一状况不仅为 1990 年代以来尤其是 2000 年代的实践高峰打下了良好的思想基础，而且也促生了"设计的控制""政策的设计"等思潮萌芽。

表 4-1　1980 年代城市设计引介活动总表

国别	年份	内容
美国	1982	第一次赴美考察城市设计的成果（白德懋、平永泉、董光器等）
	1983	第一次向中国介绍了 TEAM 10 的城市设计思想（程里尧）
	1987	从历史、文化、时代特征方面，对北京和华盛顿各自的特点、体现的主题思想及演变过程做了比较研究（侯仁之[6]）
	1987	介绍欧美城市设计历史，辨析了传统城市设计与现代城市设计的分野，系统地描述了现代城市设计的基础理论、工作重点和工作对象，明确地提出了现代城市设计与建筑学和城市规划学的关系之争（张明[7]）
	1988	美国运用系统方法设计新城市的思路（陈佳骆、郑杰）
	1988	美国城市步行系统的设计（赵和生[8]）
	1988	介绍美国的城市设计、历史保护、城市景观（金广君、张伶伶等）
	1986—1989	第二次赴美考察的成果，详细论述了美国现代城市设计的理论和实践（郭恩章⑬）
英国	1983	将英国《大不列颠百科全书》中"Urban Design"的一个章节翻译为《城市设计》发表，第一次系统地将城市设计作为一个整体的学术研究对象和实践应用对象引入中国的城市建设教育和研究、应用视野中（陈占祥[9]）
	1985	考文垂与朗科恩：英国战后城市设计（李道增）
	1987	介绍了英国的城市规划设计，尤其是英国的新城建设（仲德崑）
	1988	英国城市规划见闻（王健平）
加拿大	1985	加拿大的城市设计实践活动（陈光贤）
	1989	美国和加拿大的城市历史保护（金广君）
法国	1985	城市建筑学和城市设计的理论（林夏[10]）
澳大利亚	1987	将 1983 年版《堪培拉的城市设计》编译，梳理了现代城市设计的概念和起源（恩其[11]）
日本	1985	城市设计实践（朱自煊[12]）
	1987	关注建筑问题（鄢一婷[13]）
	1987	"中日城市问题学术研讨会"⑭围绕中、日两国在城市发展建设中的经济、人口、土地利用、交通、住宅、环境等问题，从政策方针、规划思想和规划方法等方面介绍了各自的经验
	1987	编译了日本筑波大学教授土肥博至的讲座及相关资料，将日本城市设计实践整体、清晰地介绍到中国（吴纯⑮）
	1987	在对日本高山市历史地段保护与城市设计的描述中，介绍了街角设计理论，认为环境设计是城市设计的精髓（朱自煊）
	1989	日本横滨市城市设计国际竞赛（薄贵培）
巴格达	1985	城市设计实践活动（朱自煊[14]）
新加坡	1988	城市设计实践活动（司徒忠义[15]）

来源：笔者整理。

图 4-2 《城市的发展过程》（1981 年版）封面 （来源：笔者拍摄）

图 4-3 《市镇设计》（1983 年版）封面 （来源：笔者拍摄）

图 4-4 《外部空间设计》（1985 年版）封面 （来源：笔者拍摄）

4.4　四本译著

1980 年代出现了四本重要的译著，对推动中国城市设计的再次振兴起到关键作用。

第一本是乔治·鲍尔（Walter George Bor）的《城市的发展过程》（*The Making of Cities*），于 1981 年 4 月出版（图 4-2）。该书详细地介绍了二战之后的 30 年间英国和美国城市规划的发展。这是我们所知的 1978 年后第一本引介西方意识形态下城市设计发展的书籍。在该书中，"城市设计"再次作为一个单独的章节出现[16]，并介绍了城市设计师的作用、城市设计的元素、城市规划和城市设计的尺度问题等。

第二本是《市镇设计》（*Town Design*），于 1983 年 7 月在中国出版（图 4-3）。该书原由英国吉伯德（Frederick Ernest Gibberd）于 1959 年著，在英国多次出版，影响极为广泛。该书主要阐述了城市设计的原理和方法，对历史和视觉的美学理论、总平面图、城市中心等进行了论述。

第三本是《外部空间设计》（图 4-4）。1980 年代初，日本建筑师芦原义信所著的《外部空间设计》被分成几个部分在《建筑师》丛刊上发表，受到读者的欢迎，后于 1985 年 3 月在中国发行。该书分析了意大利和日本的城市空间，提出了积极空间、消极空间、加法空间、减法空间等一系列概念，对城市空间的要素、尺度、布局和设计手法等进行了详尽的论述。同时，《街道的美学》一书，分 11 篇于 1984 年 7 月至 1987 年 12 月在《新建筑》上连载[17]。该系列文章探讨了城市公共空间——街道的城市设计问题。

第四本是 1989 年版的《城市设计》（图 4-5）。这是中国第一本系统介绍城市设计的书籍，也是影响最大的一本译著。它以培根（Edmund Bacon）原著 *Design of Cities*（1978 年版）为基础，同时从保罗·斯普瑞艾格（Paul Spreiregen）的《城市设计：城镇的建筑学》（*Urban Design: The Architecture of Towns and Cities*）（1981 年版）中选译了"城市设计研究的范围及其案例"及"管理与规章"两个章节，从《旧金山综合发展计划中的城市设计计划》（*The Urban Design Plan for the Comprehensive Plan of San Francisco*）（1971 年版）中选译了关于"城市格局和城市保护"及"城市主要新建筑开发和邻里环境"等四部分作为两章，以及从《堪培拉的城市设计》（*Canberra's Urban Design*）（1983年版）中节译部分段落，从而对城市设计学科发展的历史过程、基本理论、实践运用、管理与控制等方面进行了全面的论述。由于该书翻译准确、信息丰富、立论统一、理论与实践并重，出版后影响力很大，并再版多次，成为最重要的专业参考书目之一。

图4-5 《城市设计》（1989年版）封面 （来源：笔者拍摄）

我们同样注意到，除了以上四本译著之外，1987年4月，东北城市规划信息中心出版了《城市景观美学》（图4-6），从空间美学的角度论述了城市中心、广场、街道以及综合环境的建设原则，之后不久（1990年6月），描述同类内容的卡米诺·西特的《城市建设艺术》（图4-7）也出版了。这两本书对于推广城市设计思维也起到了一定的作用。

4.5 一批学者和新的定义

4.5.1 一批学者

1980年，南京工学院（今东南大学）建筑系刘光华在《南京工学院学报》上发表了《建筑群、空间和序列》一文[18]。刘光华主要从物质空间环境出发，论述了城市空间组织中建筑群设计的手法。他认为，城市空间是社会活动的中心，"必须根据居住在该城的人的意志及其行为模式来设计"。他对当时的一些城市现象批判道："目前，许多行为环境只是根据某些人的想象，或仅仅从纯建筑艺术上……考虑，甚至采用僵化的古典形式去设计，这样，也就产生了非人民的行为环境。"时至今日，这些批评仍有价值[16]。

图4-6 《城市景观美学》（1987年版）封面 （来源：笔者拍摄）

同时，高等学校中相继展开了对城市设计进行较为系统的研究，例如清华大学吴良镛、南京工学院（今东南大学）齐康、哈尔滨工业大学郭恩章等。

1987年8月，吴良镛因思考拓展建筑学的深度和广度，创造性地提出"广义建筑学"的构想[17]。1989年9月，其著作《广义建筑学》出版。在此书中，吴良镛对此概念做了初步定义：

> 对一些问题做较深入的探索，都不可避免地涉及众多互相联系的学科群……同时，从这些有学科群组成的集合科学回过

图4-7 《城市建设艺术》（1990年版）封面 （来源：笔者拍摄）

头来看，又可以使我们在所掌握的现有知识基础上开阔和丰富建筑学的思路，使我们有可能从其内部诸要素的相互作用、序列、层次、秩序和整体组合方式来考虑学科的结构和功能。对建筑学方面的这一工作的尝试，初步称之为"广义建筑学"……目的在于进一步认识建筑学科的重要性和科学性，提示它的内容之广泛性和错综复杂性[17]。"广义建筑学"……是抓住以"良好的居住环境的创造"为核心，"向各方面汲取营养的融贯学科"为模式，进行整体思维，逐步形成的学术框架[17]。

通过"广义建筑学"，吴良镛把建筑学的工作对象从传统的微观尺度拓展到城市聚落，提倡"以城市设计为基点，发挥建筑艺术创造"[17]。因此，广义建筑学是通过城市设计的桥梁和沟通作用，从观念和理论基础上把建筑学、地景学、城乡规划学整合为一[18]（图4-8，图4-9）。

齐康延续并深化了他在1960年代即已展开的思考和研究。1982年，他发表《城市的形态（研究提纲初稿）》，说明了开展城市形态研究的目的、意义和方法等，触发了许多学者对城市空间形态的兴趣和探索，从而使他们走上城市设计研究的道路。例如，王建国系统地深化了这一研究领域，于1991年编著了《现代城市设计理论和方法》（图4-10）一书，在国内形成了广泛的影响力。

除此之外，一些学者在1980年代的城市设计理论探索中承担了非常重要的角色。1979年至1989年间，陈占祥、周干峙、白德懋、朱自煊、夏祖华、郭恩章、孙骅声、洪亮平、邹德慈、黄富厢、汪定曾、金广君等在《城市规划》《建筑学报》《世界建筑》《华中建筑》等杂志上发表文章，从城市设计的内容、角色、运作体制、人才培养等方面进行了结构性的表述，他们所讨论的一系列问题成为之后30多年中国城市设计发展的基础性问题，奠定了中国当代城市设计的基本框架[19]。

4.5.2 对城市设计内涵的探索

1980年代末，城市设计的概念开始得到重新解读。例如：

•"城市设计是一个正在形成之中的学科，人们对其内涵、机制和工作方法还没有形成统一的认识。"[20]

•"城市设计是一种以满足城市人的生理、心理要求为根本出发点，以提高城市生活的环境质量为最高目的，对城

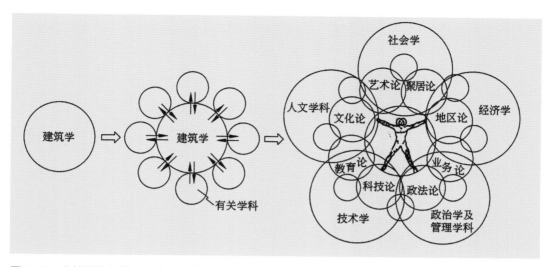

图 4-8 建筑学的拓展——广义建筑学 （来源：吴良镛．广义建筑学 [M]. 北京：清华大学出版社，2011：161）

图 4-9 《广义建筑学》（1990 年版）封面 （来源：笔者拍摄）

图 4-10 《现代城市设计理论和方法》封面 （来源：笔者拍摄）

市的营造巨细皆兼的整体性创造活动。"[21]

• 《中国大百科全书·建筑 园林 城市规划》出版，城市设计被定义为对体型环境的综合设计。"城市设计是对城市形体环境所进行的设计，一般是在城市总体规划的指导下，为近期开发地段的建设而进行的详细规划和具体设计。"[22]该定义由陈占祥所拟。

• "现代城市设计是以提高城市环境质量为目标的综合性城市环境设计"，是城市相关学科在物质环境设置、使用和体验这一结合点的综合体现，同时也是一种社会干预和行政管理手段，具有很强的政策性^[19]。

- ·"为市民创造高质量的综合环境所做的设计。"^[20]

……

如果说现代城市设计是完全的舶来品，则对其重新定义就未免画蛇添足——我们只需要对他国的城市设计概念进行毫无保留地引入即可，就像引介其他科学技术一样。然而，现实并不是这么简单，既有的苏联模式中早已有了城市设计的思想和内容。所以我们认为，对城市设计的重新定义反映了中国当代城市设计研究的进步，也反映了它在中国实践背景下的复杂性。

4.6　历史文化名城的设立

1982 年 2 月 8 日，为了保护曾是古代政治、经济、文化中心或近代革命运动和重大历史事件发生地的重要城市及其文物古迹免受破坏，一种文物保护机制——"历史文化名城"^㉓的概念被正式提出。1983 年，城乡建设环境保护部发布《关于加强历史文化名城规划工作的通知》；1984 年，历史文化名城学术委员会成立。从此，中国城市历史文化遗产保护的模式由以历史文化保护单位为主要对象的保护模式，转变为以名城整体

历史文化名城的审定原则

根据《中华人民共和国文物保护法》的规定，历史文化名城应是"保存文物特别丰富并且具有重大历史价值或者革命意义的城市"。最初，其审定原则包括：

第一，当前是否保存有较为丰富、完好的文物古迹和具有重大的历史、科学、艺术价值；第二，历史文化名城的现状格局和风貌应保留着历史特色，并具有一定的代表城市传统风貌的街区；第三，文物古迹主要分布在城市市区或郊区，保护和合理使用这些历史文化遗产对该城市的性质、布局、建设方针有重要影响。

之后，2008 年 4 月国务院公布的《历史文化名城名镇名村保护条例》明确提出了申报国家历史文化名城的五项条件：

第一，保存文物特别丰富；第二，历史建筑集中成片；第三，保留着传统格局和历史风貌；第四，历史上曾经作为政治、经济、文化、交通中心或军事要地，或者发生过重要历史事件，或者其传统产业、历史上建设的重大工程对本地区的发展产生过重要影响，或者能够集中反映本地区建筑的文化特色、民族特色；第五，在所申报的历史文化名城保护范围内还应当有两个以上的历史文化街区。

为主要对象的模式，城市设计成为其中重要的内容和方法。

历次国家历史文化名城和国家历史文化名城特点类别见表 4-2 和表 4-3。

历史文化名城的评定强调物质文化遗产的数量和品位，在后续的维护和建设实践过程中又重视专业技术和形态保护，加之当时兴起的旅游开发热潮[㉓]，促使其设立，从侧面推动了城市设计的发展，并在正面拓宽了城市设计的实践边界[㉕]。1983 年，中国建筑学会 30 周年纪念会对城市设计在建设和维护历史文化名城方面的重要性提出了明确的看法，认为城

表 4-2　历次国家历史文化名城

批次	城市
第一批 24 个国家历史文化名城（1982 年 2 月 8 日）	北京、承德、杭州、大同、开封、南京、苏州、扬州、绍兴、遵义、泉州、洛阳、延安、成都、江陵（今荆州）、昆明、长沙、大理、景德镇、广州、拉萨、曲阜、桂林、西安
第二批 38 个国家历史文化名城（1986 年 12 月 8 日）	天津、阆中、敦煌、淮安、保定、宜宾、银川、宁波、济南、自贡、喀什、歙县、安阳、镇远、呼和浩特、寿县、南阳、丽江、上海、亳州、商丘、日喀则（今桑珠孜区）、徐州、福州、武汉、韩城、平遥、漳州、襄樊（今襄阳）、榆林、沈阳、南昌、潮州、武威、镇江、重庆、张掖、常熟
第三批 37 个国家历史文化名城（1994 年 1 月 4 日）	正定、长汀、岳阳、建水、邯郸、赣州、肇庆、巍山、新绛、青岛、佛山、江孜、代县、聊城、梅州、咸阳、祁县、邹城、海康（今雷州）、汉中、哈尔滨、临淄、柳州、天水、吉林、郑州、琼山、铜仁、集安、浚县、乐山、衢州、随州、都江堰、临海、钟祥、泸州

来源：笔者经查阅相关资料整理。

表 4-3　国家历史文化名城特点类别

类型	特点	典型案例
历史古都型	以都城时代的历史遗存物、古都的风貌为特点的城市	洛阳、北京、西安
传统风貌型	保留了一个或几个历史时期积淀的完整建筑群的城市	商丘、大理、平遥
一般史迹型	分散在全城各处的文物古迹为历史传统主要体现方式的城市	开封、济南
风景名胜型	建筑与山水环境的叠加而显示出鲜明个性特征的城市	桂林、苏州
地域特色型	地域特色或独自的个性特征、民族风情、地方文化构成城市风貌主体的城市	丽江、拉萨
近代史迹型	反映历史上某一事件或某个阶段的建筑物或建筑群为其显著特色的城市	上海、重庆
特殊职能型	某种职能在历史上占有极突出地位的城市	"瓷都"景德镇、"盐城"自贡

来源：笔者根据相关材料整理。

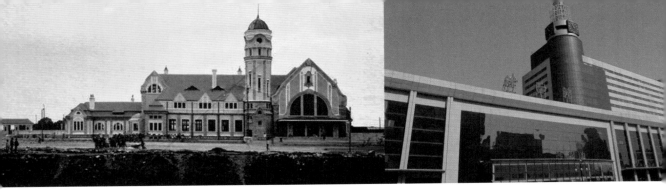

图 4-11　老济南火车站照片　（来源：齐鲁网）　　　图 4-12　新济南火车站照片　（来源：笔者拍摄）

市设计是历史文化名城保护的重要技术手段，是"做好历史名城具体建设工作不可缺少的重要环节……有了合理的规划结构，有了改建与更新的规划方案之后，还必须通过综合的、细致的城市设计，才有实现的可能"[25]。

历史文化名城的设置是有历史标志性的，但争议也相伴而生。

在概念界定方面，历史文化街区和构成其主体的历史建筑等概念模糊不清，至今行政法规、部门规章和技术规范都未能给出答案。再如"保存文物相当丰富"这一笼统的描述方式给城市设计实践造成了困扰。2006年至2009年，各界专家学者为南京老城南拆迁改造两次上书国务院，以及2012年发生在北京的梁思成、林徽因旧居保拆之争，就是两个典型的实例。

在具体执行层面，因决策机制不完善，"拆城"现象仍在断断续续发生着。例如，在1986年济南被评定为历史文化名城之后的第六年，由德国建筑师赫尔曼菲舍尔设计的济南火车站（图4-11，建成于1911年，被誉为"远东地区最著名火车站"）被拆除，新建的济南火车站片区中的城市空间体验却差强人意（图4-12），不得不说是对历史文化名城这一概念的讽刺，也是对中国当代城市设计的一次质问。

4.7　四个早期实践与一份研究报告

1980年代末期，中国已经出现了实质意义上的城市设计实践，不过大多被冠以"规划"之名，一般来说都是以"详细规划"的名义出现，例如"黄山屯溪老街设计"（图4-13）、"华侨城第一期详细规划""天津古文化街规划""南京市中心综合改建规划"（图4-14，图4-15），其中有四个典型的案

图 4-13　黄山屯溪老街　（来源：中国城市规划设计研究院，建设部城乡规划司，上海市城市规划设计研究院．城市规划资料集第 5 分册：城市设计 [M]．北京：中国建筑工业出版社，2005：8）

例——上海虹桥新区规划（北京城市规划设计研究院等多家单位）、北京望京片区规划设计（上海城市规划设计研究院）、南京新街口地区城市设计（东南大学建筑系）、山东曲阜五马祠街规划设计（东南大学建筑系）。

1987 年，深圳市规划土地管理局与英国卢埃林·戴维斯规划设计公司（Llewelyn Davies）[20]共同制定中国第一份城市设计研究报告——《深圳城市设计研究报告》，是中国当代最早引进境外思想进行城市设计研究的案例。

4.7.1　上海虹桥新区规划和北京望京片区规划设计

1984 年，上海市城市规划设计研究院编制了《上海虹桥新区规划》，运用了城市设计。虹桥新区是上海市新辟的一个以对外政治活动为主的综合新区。该设计方案划定 34 块基地及其坐标，也根据"国际通行做法"，对每块基地的使用性质、面积、建筑后退、建筑面积密度、高度限制、出入口方位、停车车位数等具有立法性质的八项要素做定性、定量的规定。同时，该规划阐明城市设计对建筑设计的要求和建筑群体布局的意图，作为单项开发设计的约束性依据（图 4-16，图 4-17）。

这一方案吸收、运用了空间序列、景观、视线、焦点等城市设计范畴的概念，并要求在后续建设中应参考它们、完善它们。虹桥新区规划中的城市设计配合实施新的规划管理和规划设计方法，在国内具有一定的领先性。

之后，上海市城市规划设计研究院在北京望京新区详细

图4-14 南京市中心综合改建规划平面图 （来源：汪德华，等. 全国城市规划获奖作品集：1989[M]. 北京：学术书刊出版社，1990：8）

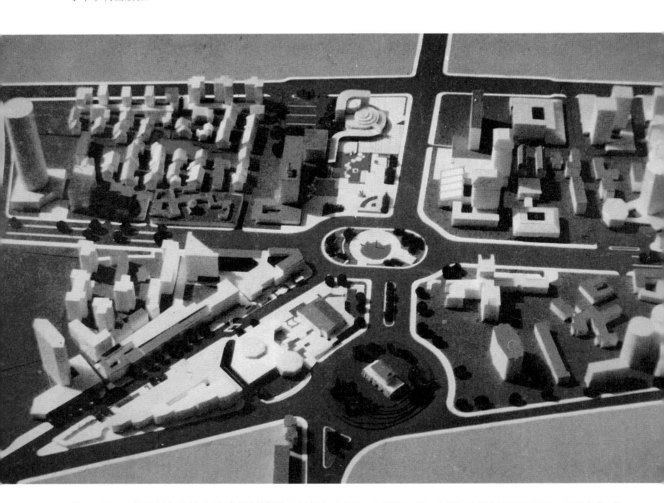

图4-15 南京市中心综合改建规划模型（局部）（来源：汪德华，等. 全国城市规划获奖作品集：1989[M]. 北京：学术书刊出版社，1990：8）

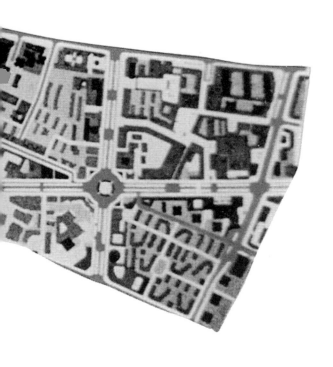

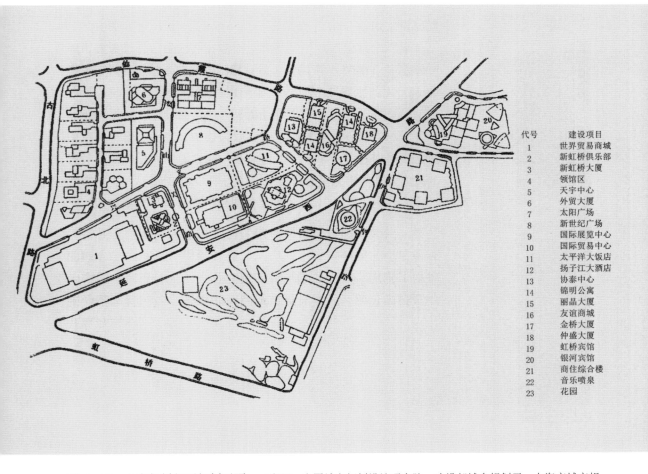

代号	建设项目
1	世界贸易商城
2	新虹桥俱乐部
3	新虹桥大厦
4	领馆区
5	天宇中心
6	外贸大厦
7	太阳广场
8	新世纪广场
9	国际展览中心
10	国际贸易中心
11	太平洋大饭店
12	扬子江大酒店
13	协泰中心
14	锦明公寓
15	丽晶大厦
16	友谊商城
17	金桥大厦
18	仲盛大厦
19	虹桥宾馆
20	银河宾馆
21	商住综合楼
22	音乐喷泉
23	花园

图 4-16 上海虹桥新区规划平面 （来源：中国城市规划设计研究院，建设部城乡规划司，上海市城市规划设计研究院．城市规划资料集第 5 分册：城市设计 [M]．北京：中国建筑工业出版社，2005：95）

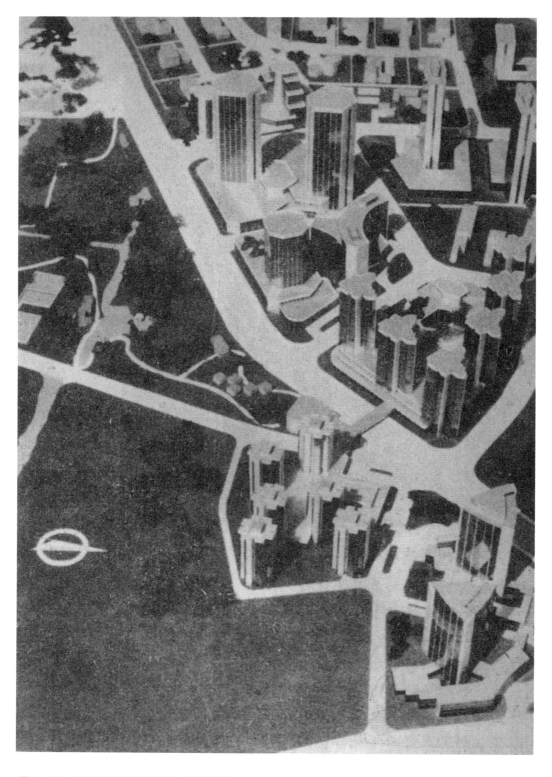

图 4-17　上海虹桥新区规划的实体模型　（来源：张皆正．上海虹桥新区城市设计初析 [J]．建筑学报，
1988(10)：35-38）

规划设计竞赛中获得二等奖。在该次竞赛中，该院城市设计手法已较为娴熟。在对城市空间结构进行设计的时候，该院在国内首次应用了凯文·林奇的"城市设计五要素"理论（图4-18）。

4.7.2 南京新街口地区城市设计

1980年代开始，南京工学院建筑系（今东南大学建筑学院）研究团队⑧对南京市新街口地区进行了长时间的跟踪研究并于1988年编制了《南京市新街口地区城市设计》[21]。该方案对城市步行空间进行了重点设计，在城市中心区开辟广场和步行体系，并结合周边建筑的高度进行广场的尺度控制（图4-19，图4-20）。这一方案的意图得到了良好的贯彻，为其后南京新街口近30年的良性发展奠定了重要的空间骨架（图4-21）。

4.7.3 山东曲阜五马祠街规划设计

1988年，南京工学院建筑系（今东南大学建筑学院）编制了《山东曲阜五马祠街规划设计》，运用了城市设计方法，结合曲阜的历史文化、文物古迹、城市格局和建筑风貌，对五马祠街进行了整体、有机的设计。

该设计摒弃了"一条街、两层皮"的做法，街区结合，构成了完整的统一体（图4-22）。在具体设计方面，对街道空间和建筑设计进行了详细的考虑。例如，主要街道宽度为9—12米，高宽比约为1：1.5，与传统街道空间保持尺度一致[22]。五马祠街的建筑设计本着继承传统、开拓创新、追求文脉的精神，进行了一定的探索（图4-23，图4-24）。

作为对传统商业街的一次冷静思考、初步尝试和优秀探索，该设计获得1991年建设部优秀规划设计二等奖，并获得国家优秀建设工程银质奖。

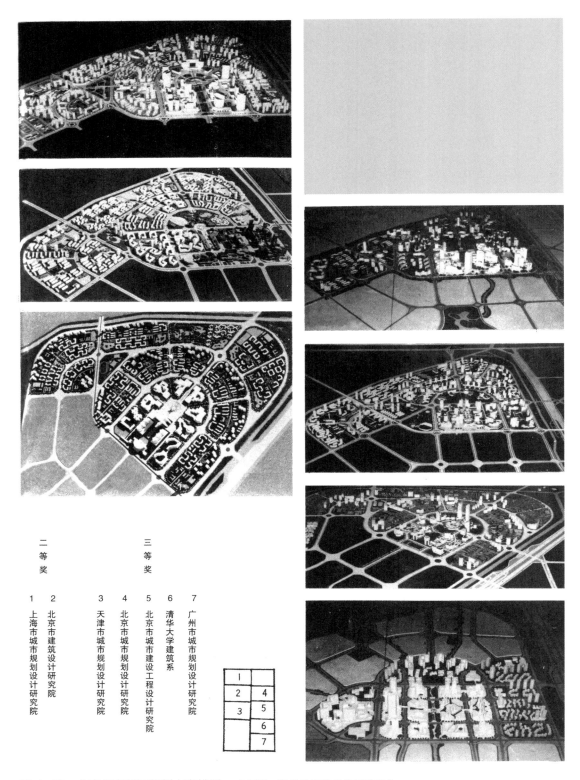

图 4-18 北京望京新区规划方案模型 （来源：笔者根据相关资料整理）

图 4-19 1988 年版《南京市新街口地区城市设计》之南京新街口用地现状图 （来源：仲德崑.南京市新街口地区城市设计 [J]. 城市规划，1989(1)：3-7）

图 4-20 1988 年版《南京市新街口地区城市设计》之新街口地区用地规划图 （来源：仲德崑.南京市新街口地区城市设计 [J]. 城市规划，1989(1)：3-7）

图 4-21 1988 年版《南京市新街口地区城市设计》之南京新街口模型 （来源：仲德崑.南京市新街口地区城市设计 [J]. 城市规划，1989(1)：3-7）

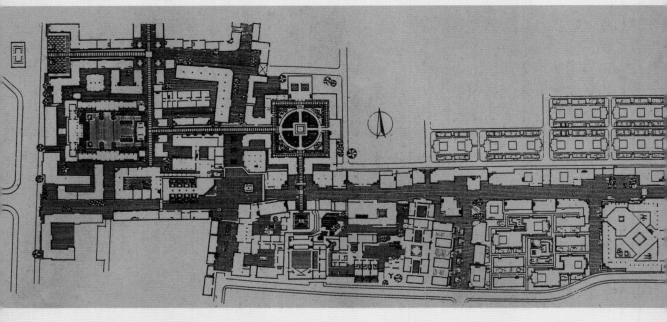

图 4-22 曲阜五马祠街规划设计之平面图 （来源：吴明伟，薛平. 认识、探索与实践——曲阜五马祠街规划设计浅析 [J]. 建筑学报，1988(3)：26-32)

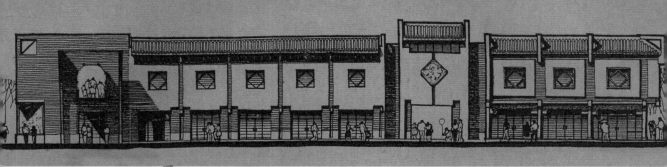

图 4-23 曲阜五马祠街东段南侧商场北立面设计 （来源：吴明伟，薛平. 认识、探索与实践——曲阜五马祠街规划设计浅析 [J]. 建筑学报，1988(3)：26-32)

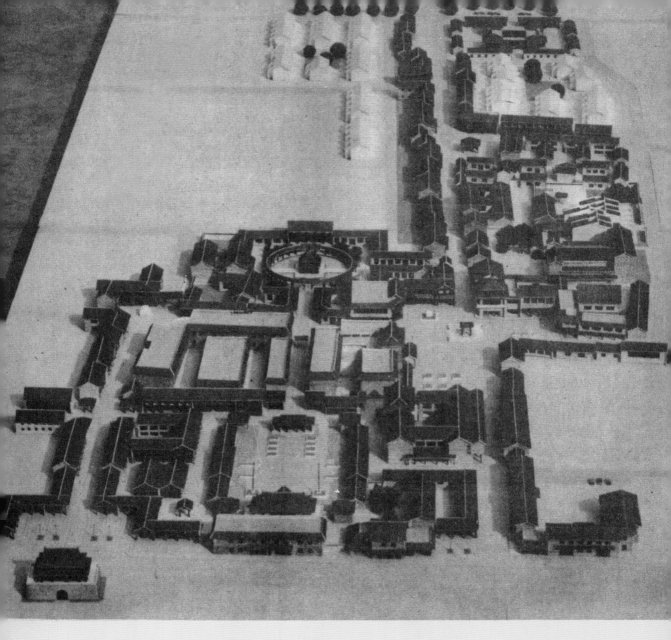

图 4-24 曲阜五马祠街规划设计之模型照片 （来源：吴明伟，薛平. 认识、探索与实践——曲阜五马祠街规划设计浅析 [J]. 建筑学报，1988(3)：26-32)

第 4 章专栏　1970 年代末至 1980 年代大事年表

1978 年 3 月，国务院召开了第三次全国城市工作会议，中共中央批准下发执行会议制定的《关于加强城市建设工作的意见》，提出"全国各城市包括新建城镇都要根据国民经济发展计划和各地区的具体条件，认真编制修订城市总体规划、近期规划和详细规划"。

1979 年 3 月，国务院成立城市建设总局，开始起草《城市规划法》。

1980 年 10 月，国家建委召开全国城市规划工作会议，同年 12 月，国务院批转《全国城市规划工作会议纪要》下发全国实施。

1980 年 12 月，国家建委正式颁发了《城市规划编制审批暂行办法》和《城市规划定额指标暂行规定》两个部门规章。

1981 年 11 月，应"美中关系全国委员会"的邀请，白德懋等人随中国城市规划设计考察团访问了美国中部的芝加哥、明尼亚波利斯和西部的丹佛、旧金山四个城市。其主要目的之一是考察城市设计和城市规划两者内容的区别。

1983 年 10 月，吴良镛为中国建筑学会 30 周年纪念会作《历史文化名城的规划结构、旧城更新与城市设计》。

1984 年 6 月，中国建筑学会与城乡建设环境保护部城市规划局、设计局联合举办"城市与建筑设计学术讲座"，吴良镛作"城市设计是提高城市规划与建筑设计质量的重要途径"报告。

1984 年 1 月，国务院发布《城市规划条例》。

1983 年至 1984 年，上海市城市规划设计研究院与上海市民用建筑设计院编制《上海虹桥新区规划》，全面运用了城市设计的理论。

1985 年，清华大学、同济大学、南京工学院（今东南大学）等高校开设城市设计研究生课程。1986 年，同济大学建筑与城市规划学院成立了中国最早的"城市设计教研室"。

1985 年 8 月，在银川市召开改进城市风貌座谈会。

1986 年，郭恩章、林京、刘德明、金广君等赴美国对城市设计进行考察学习。

1986 年，全国城市规划座谈会把提高城市规划设计水平作为"七五"规划设想的第一条任务提出。

1986 年，国家建设部委托南京工学院（今东南大学）齐康团队对"城镇建筑环境设计"（主要内容为城市设计）课题立项进行研究，并针对南京、常熟等城市开展实践试点研究。

1987 年，深圳市规划土地管理局与英国卢埃林·戴维斯规划设计公司共同制定《深圳城市设计研究报告》，这是国内最早引进境外思想进行城市设计研究的案例。

1987 年 5 月，国务院颁发《关于加强城市建设工作的通知》。文件提出，"要有计划地搞好旧城改造，重点是基础设施的改善和棚户区、危房区的改建……国家重点风景游览城市和历史文化名城的城市政府，要用一定的精力抓好风景、名胜、古迹的保护和风景区的开发建设，提高城市基础设施水平和环境质量"。这些规定从侧面推动了城市设计实践活动的普及。

1987 年 10 月，建设部在山东省威海市召开了中国首次城市规划管理工作会议。

1988 年，山东聊城编制城市景观风貌规划，其后，山东全省普遍编制该类型的规划，再其后，东北三省也加入这一行列。山东省、黑龙江省还针对这项规划编制了地方统一技术标准。

1988 年，建设部在吉林召开了第一次全国城市规划法规体系研讨会，提出建立中国包括法律、行政法规、部门规章、地方性法规和地方规章在内的城市规划法规体系。

1988 年，建设部规划司制定《城市规划工作纲要》，提出"要普遍开展城市设计工作，在特大城市、重点风貌旅游城市和历史文化名城，按照城市设计建设若干反映城市特色的环境舒适优美的街区"的意见。这也拉开了大规模城市设计实践的序幕[23]。

1989 年，黄富厢和朱琪编译了中国第一本系统介绍城市设计的书籍《城市设计》。

1989 年，《中华人民共和国城市规划法》颁布，在体制上初步建构了城市设计的发展范围，成为中国当代城市建设发展历史中的分水岭。

第 4 章注释

① 我们认为，汪定曾先生对宝山生活居住区中心的设计已经可以列入城市设计的范畴。请参阅汪定曾 . 街道、广场与建筑——上海市宝山居住区中心设计札记 [J]. 建筑学报，1982(12)：1-5，81-82。

② 演化为后来的城市维护建设税（简称"城建税"），是中国为了加强城市的维护建设、扩大和稳定城市维护建设资金的来源开征的一税种。城市维护建设税是 1984 年工商税制全面改革中设置的一个新税种。1985 年 2 月 8 日，国务院发布《中华人民共和国城市维护建设税暂行条例》，从 1985 年起施行。1994 年税制改革时，保留了该税种，做了一些调整，并准备适时进一步扩大开征范围和改变计征办法。

③ 参见陈占祥 . 城市规划设计原理的总结——马丘比丘宪章 [J]. 城市规划，1979(6)：75-84。陈占祥翻译了美国住房和城建部出版的《国际评述》第一卷第一期，介绍了《马丘比丘宪章》的内容。

④ 参见杨运熙 . 苏联的城市规划 [J]. 城市规划，1979(6)：23-26。该文中介绍道，苏联的城市建设明确提到城市设计工作——"由企业委托中央城市规划科学研究院或它的一个分支机构来承担城市设计，采用通用的规划定额来安排住宅、公共场地和所有的服务设施"。

⑤ 参见周立菁 . 从北京旧城图小议首都城市建设 [J]. 建筑技术，1979(11)：62-64。该文虽然有"牌楼或门楼……已成为交通障碍……不能适应现代化城市要求"类似的表述，但是对北京旧城的思想态度已经发生了本质的转变，分析研究了历史上北京城的建设，认为应当"继承和发扬我国民族的建筑艺术传统"。

⑥ 参见周干峙 . 发展综合性的城市设计工作 [J]. 建筑学报，1981(2)：13-15。周干峙提出"……在城市规划部门中要做一些细部设计，在单项建筑部门中也做一些总体设计"。

⑦ 国外学者包括长岛孝一（日本建筑师）、J. 泰勒（Jennifer Taylor，澳大利亚建筑评论家和建筑史学家）、P. 汤姆逊、P. 柯克斯（Philip Cox，澳大利亚建筑师）等。

⑧ 即 National Committee on United States-China Relations，由福特基金会和中国对外关系委员会共同发起，1966 年在纽约成立，致力于增进中美两国人民的相互了解。

⑨ 这些学者包括但不限于郭恩章、林京、刘德明、金广君等。

⑩ 参见郭恩章，林京，刘德明，等 . 美国现代城市设计考察 [J]. 城市规划，1989(1)：13-17。该文为 1988 年东北三省第六届城市规划学术交流会获奖论文。

⑪ 陈占祥对设计的定义："设计是在形体方面所做的构思，用以达到人类的某些目标——社会的、经济的、审美的或技术的。"请参阅陈占祥 . 城市设计 [J]. 城市规划研究，1983(1)：4-19。

⑫ 例如：周文华 . 城市设计初探 [J]. 重庆建筑工程学院学报，1987(1)：100-109。

⑬ 在这段时间，郭恩章发表了《美国现代城市设计综述》《浅论美国城市设计的理论与实践》《美国现代城市设计考察》《美国城市公共空间建设的几个问题》等。

⑭ 1987 年 9 月 16 日至 18 日，在北京举行，由中国城市规划学会、中国城市规划设计研究院和日本都市问题学术交流访华团联合举办，出席会议的中日专家、学者有 30 余人。

⑮ 中国城市规划设计研究院工作人员。

⑯ 请读者参考第 1.2.1 节内容，该现象第一次出现是在中华民国时期的《首都计划》中。

⑰ 连载的第一篇文章为：芦原义信，尹培桐 . 街道的美学 [J]. 新建筑，1984(2)：50-58。

⑱ 本书采取的期刊数据来源于中国知网，仅包括截至 2014 年 3 月 1 日该数据库收录的期刊内容；在这些内容中，刘光华最早明确提及了城市设计的基础内容。

⑲ 值得提醒的是，城市设计的引介过程中，大量的学者做出了非常突出的贡献。笔者的这种说法仅针对城市设计诞生的早期阶段中相对而言更具代表性的人物。

⑳ 参见齐康相关文献。

㉑ 孟建民所说。转引自刘宛 . 城市设计概念发展评述 [J]. 城市规划，2000(12)：16-22。

㉒ 陈占祥拟定《中国大百科全书·建筑 园林 城市规划》（1988 年版）的"城市设计"词条。

㉓ 该概念是根据北京大学侯仁之、建设部郑孝燮和故宫博物院单士元三位先生的提议而建立的。侯仁之(1911—2013 年)，1911 年生于河北，1940 年毕业于燕京大学，1949 年获英国利物浦大学博士学位。1952 年任教于北京大学地质地理系。1980 年当选为中国科学院地学部院士。1999 年获何梁何利基金科学与技术成就奖。同年为表彰侯仁之在历史地理学领域的卓越贡献，美国地理学会授予他"乔治·戴维森勋章"，侯仁之成为全世界获此殊荣的第 6 位著名科学家。郑孝燮(xiè)(1916—2017 年)，1916 年生于沈阳，城市规划专家，设置中国历史文化名城主要倡议人之一；对于中国历史文化名城的倡建及其规划和建设做出了突出的贡献。例如，他成功保护了德胜门箭楼，促使平遥古城列入世界文化遗产推荐名单。单士元(1907—1998 年)，北京人，文物专家。1933 年毕业于北京大学研究所国学门，是中国最早的建筑学团体营造学社的早期成员之一。曾任故宫博物院办事员、科员、编纂，中国营造学社编纂兼中法大学教授。1949 年后，历任故宫博物院建筑研究室主任、副院长、研究员，长期致力于文物研究和保护工作。

㉔ 参见 2012 年 7 月 24 日《中国建设报》。

㉕ 截至 2015 年 9 月 24 日，在中国知网，以"旧城更新"并含"历史"搜索结果显示该文被下载 1379 次，在以"城市设计"为主题的期刊论文数量排名中位列第一。

㉖ 参见《历史文化名城的规划结构、旧城更新和城市设计》。

㉗ 卢埃林·戴维斯·耶安格建筑事务所于 1960 年由理查德·卢埃林·戴维斯和约翰·威克斯（John Weeks）创立。请参考公司官方主页：http://www.ldavies.com/home。

㉘ 以吴明伟为主要负责。

第 4 章文献

[1] 周干峙. 发展综合性的城市设计工作 [J]. 建筑学报, 1981(2): 13-15.

[2] 吴良镛, 徐莹光, 尹稚, 等. 对三亚市城市中心地区城市设计的探索 [J]. 城市规划, 1993(2): 53-58, 43.

[3] 吴良镛. 提高城市规划和建筑设计质量的重要途径 [J]. 华中建筑, 1986(4): 21-31.

[4] 白德懋, 平永泉, 董光器. 美国的城市设计 [J]. 建筑学报, 1982(3): 55-61.

[5] 洪亮平. 试论现代城市设计的基本思想 [J]. 土木工程与管理学报, 1989(4): 14-22.

[6] 侯仁之. 从北京到华盛顿——城市设计主题思想试探 [J]. 城市问题, 1987(3): 2-17.

[7] 张明. 欧美城市设计历史简述 [J]. 新建筑, 1987(2): 45-50.

[8] 哈米德·胥瓦尼 (Hamid Shirvani). 城市步行系统的设计 [J]. 赵和生, 译. 国际城市规划, 1988(4): 34-35.

[9] 陈占祥. 城市设计 [J]. 城市规划研究, 1983(1): 4-19.

[10] 克里斯蒂安·德维叶. 城市建筑学及城市设计 [J]. 林夏, 译. 建筑学报, 1985(2): 30-36.

[11] 恩其. 现代城市设计概念的根源 [J]. 国外城市规划, 1987(3): 14-25, 34.

[12] 朱自煊. 他山之石可以攻玉 (二) ——日本高山市历史地段保护与城市设计 [J]. 国外城市规划, 1987(3): 1-10.

[13] 鄢一婷. 从名护市的城市设计看建筑设计中的宏观、中观、微观问题 [J]. 新建筑, 1987(4): 75-77.

[14] 朱自煊. 传统与创新——巴格达的城市设计 [J]. 世界建筑, 1985(6): 20-26, 85.

[15] 司徒忠义. 新加坡河地区规划 [J]. 国外城市规划, 1988(1): 41-46.

[16] 刘光华. 建筑群、空间和序列 [J]. 南京工学院学报, 1980(S1): 23-34.

[17] 吴良镛. 广义建筑学 [M]. 北京: 清华大学出版社, 2011: 5, 33, 146, 179.

[18] 吴良镛. 世纪之交展望建筑学的未来——国际建协第 20 届大会主旨报告 [J]. 建筑学报, 1999(8): 6-11.

[19] 郭恩章, 林京, 刘德明, 等. 美国现代城市设计考察 [J]. 城市规划, 1989(1): 13-17.

[20] 孙骅声. 对城市设计的几点思考 [J]. 城市规划, 1989(1): 18-19.

[21] 仲德崑. 南京市新街口地区城市设计 [J]. 城市规划, 1989(1): 3-7.

[22] 吴明伟, 薛平. 认识、探索与实践——曲阜五马祠街规划设计浅析 [J]. 建筑学报, 1988(3): 26-32.

[23] 李进. 近二十年中国现代城市设计发展背景分析 [D]. 武汉: 华中科技大学, 2004: 88.

5 本土化实践、理论与方法兴起（1990 年代）

从 1990 年代开始，对国外城市设计理论的认知继续深化。"市场经济"和"国家计划"两种组织方式的冲突和协调使中国当代城市设计实践有了真正的条件，尤其在海口城市设计国际研讨会和上海陆家嘴中心区规划设计之后，面向中国本土的城市设计理论和实践兴起。

5.1 认知深化与维度拓展

1990 年代初，中国学者对城市设计的认识已经加深，受到乔纳森·巴奈特、亚历山大（Christopher Wolfgang Alexander）等人的城市设计思想的影响，中国学者逐渐认识到城市的发展是一系列连续的变化过程①。城市设计的过程性的认知，引起了对它的控制作用、运作体系和制度的关注，部分学者开始提倡城市设计的控制由静态转动态，由刚性转弹性②。这些讨论为 2000 年以后中国城市设计导则和实施框架的研究建构做了铺垫。

同时，城市设计研究更多地深入到社会、政治、经济等其他方面。一批学者更加理性地辨析了美国、日本等经济发达国家的城市设计经验③。到 1990 年代中后期，国内学者关注城市设计理论的内容更加多元，拓展到生态 [1]、文化、安全、教育 [2]、技术等，而对城市设计实施则从政治经济体制、规划编制、管理机构、工程类型、设计控制等多角度④进行了深层次研究。

这种多维拓展的倾向在中国当代城市设计的发展过程中越来越明显，体现出研究者们更加理性和务实地看待城市设计的国际经验。但是，身于潮流中的学者们似乎没有来得及分析中国当代城市的特殊背景，便投入到一场轰轰烈烈的"城市设计"浪潮中去，没有及时厘清城市设计的多角度综合与城市规划的多学科综合之间的关系，以至于至今城市设计与城市规划的关系仍然模糊。这最终演变为对城市设计与城市规划的关系的讨论。针对这个问题，自 1990 年代中后期开始，学者们开始了长达 20 年的辨析与争论，为中国当代城市建设学科体系的变革与发展埋下了隐患。

1990 年代部分学者对城市设计发展的认知

1993 年，吴良镛认为"城市设计的发展已从着眼于视觉艺术环境扩展到社会环境的研究；从热衷于自觉设计，到重视不自觉设计的研究和在实践中加以引导；从园林绿化、美化环境到对城市生态的重视和保护'"[3]。

1994 年，王唯山认为城市设计应以有利于经营活动为出发点，设计思想应该使"公共空间资源的创造和维护得到应有的位置"，并通过城市形象的改善，刺激城市经济的进一步发展。他进一步指出，城市设计要关心的是城市空间实体环境的处理问题，创造良好的空间及环境实体是城市设计的首要任务；城市设计必须了解实践的复杂性，设计师应接受广泛教育，如法律、公共行政、房地产、城市社会学、环境心理学等[4]。

1997 年，金广君总结了城市设计的历史过程和中国城市建设的现状，考察了西方城市设计学科演变的经历，认为经济因素和社会因素影响了城市设计的发展[5]。

1997 年，卢济威等通过总结城市设计的发展，认为重视生态与可持续发展、强调综合与交融、建立完善的设计管理程序、与经济发展联系日益密切是现代城市设计发展的趋势[6]。

1998 年，段进提出"空间发展全过程中的城市设计"思想，认为现代城市设计是一个优化空间环境、提高空间整体效率的过程……现代城市设计的对象是与社会、经济、审美或者技术等目标关联的城市空间形体与环境。在城市发展与规划的不同阶段，都应有城市设计内容[7]。段进认为，空间不只是被动适应外部要素的空间容器，它还具有一定的"能动性"——对其容纳的要素进行重塑的作用。然而，若要积极利用该特性，就必须对中国当代的城市设计理论和方法进行范式重建。段进指出，1980—1990 年代中国学者在引介学习现代城市设计的过程中，对城市建设学科体系进行的"城市规划—城市设计—建筑设计"阶段型划分是错误的，是使用"苏联模式"的思维方式来理解现代城市设计理论的结果。他认为，现代城市设计并非仅是"塑造风貌特色""提升综合环境质量"的工具，这是工具理性导向下对它过于简单的理解。现代城市设计是基于多方向的城市研究成果上的系统工程，内在于城市空间发展的全过程之中⑤。因此，应摒弃旧有城市设计范式，充分发挥空间"能动性"，使城乡空间发展的深层结构规律（例如自组织演化）与城乡建设计划行为相耦合，达到城市空间良性发展的目标。

5.2 两个法

整个1990年代是中国城市规划编制研究的最活跃期，既有对1980年代城市规划编制的反思与总结，又有对如何提高城市规划实施效果的探索。这一探索产生了一部法律、一个法规，影响了城市设计的地位。

5.2.1 城市规划法

图 5-1 1989 年版城市规划法施行的主席令（来源：笔者拍摄）

图 5-2 《中华人民共和国城市规划法解说》封面（来源：笔者拍摄）

1990年代，对中国城市设计来说最重大的事件无疑应推在1989年公布的《中华人民共和国城市规划法》（简称《城市规划法》）。该法于1989年12月26日获得通过（图5-1），1990年4月1日起施行，建设部城市规划司予以了详细解说（图5-2）。这是中华人民共和国的第一部城市规划法，其诞生标志着城市规划工作开始踏上"法治"轨道。它第一次确定了"城市规划区"的法律性涵义并赋予城市规划管理上的五种"权"[8]：

> a) 在批准规划区范围内任何建设项目的选址和布局时，必须附有城市规划部门的选址意见书的"参与权"；b) 对任何建设项目用地的地点、占地面积和建设容量的"核定权"；c) 对任何新建、扩建、改建工程开工的"批准权"；d) 根据城市规划改变原有土地使用性质的"调整权"；e) 对一切违章建设的"检查权"。

该法对中国城市设计的积极意义巨大。一方面，该法使城市规划与设计工作在名义上得到了法律的保障，城市规划与设计由原来的决策参考资料变为法定，从而对城市设计工作的开展形成了保障。1990年代，城市设计作为一种方法，被大量运用到城市规划实践中，可以视为该影响的延续。另一方面，该法对城市综合环境非常重视⑥，由于城市设计的主要目标是提升城市综合环境质量，因此该法间接鼓励并肯定了城市设计工作。

但是该法并不成熟。例如，该法第一条就充斥了工程技术思维——"为了确定城市的规模和发展方向，实现城市的经济和社会发展目标，合理地制定城市规划和进行城市建设，适应社会主义现代化建设的需要"⑦。这种写法就产生了一个疑问，城市的规模是否能够被人为确定？制定了城市规划法，并不能确定城市的规模和发展方向，也不能实现城市的经济和社会发展目标，更不能达到"合理"地制定城市规划和进行城市建设的目的——因为法律不是技术工具，不能达成任何技术目的。对该法的更详细深入的批判和解析，可以参见其他文章[9]。

这种缺憾促使在具体的实施时，城市设计的主要内容被包含在"城市详细规划"⑧中。这一事实反映出苏联模式与欧美模式之间的矛盾。

5.2.2　城市规划编制办法

1991 年 10 月，《城市规划编制办法》实施，城市规划的编制首次以法律为依据开展，城市设计借此获得了一定的地位。其中，第一章第八条中提到"在编制城市规划的各个阶段，都应当运用城市设计的方法，综合考虑自然环境、人文因素和居民生产、生活的需要，对城市空间环境做出统一规划,提高城市的环境质量、生活质量和城市景观的艺术水平"。这确定了城市设计作用和在城市规划建设中的重要性。

遗憾的是，由于缺少相关的实施细则，加上学术界对城市设计的认识还未完全统一，这一旨在加强城市规划编制的科学性、可行性、可操作性的规定未能得到充分执行。城市设计应由哪些部门、人员负责编制、审批和管理实施，城市设计应分哪几个阶段、各阶段的设计内容和成果编制等，均未形成规定[10]。

5.3　海口研讨会

法律对城市规划设计的鼓励，使城市设计的影响力得到加强。1990 年代初，海口、三亚出现了不少实践活动⑨，也成立了相关的设计机构。1993 年 4 月 20 日至 22 日，"城市设计国际研讨会"在海口市举行。这次学术会议以"热带滨海城市的塑造"为主题，讨论内容广泛，涉及规划、建筑、环境、美学、能源利用等诸多方面，应邀参加会议的有专家学者近百名⑩，会上多名中外规划师、建筑师作了学术报告。

报告内容涉及以下几个主要方面：

① 城市设计应考虑城市经济、历史、文化的影响，注重环境和生态因素。

② 城市设计必须以明确的城市发展目标为前提，并具备实施成功的要素。

③ 热带城市的建筑和空间布局要适应当地气候条件，在绿化、通风、建筑密度、建筑色彩、公共活动场所布置等方面要为形成良好的小气候及优美的城市环境创造条件，避免城市"热岛"的形成，建筑体量不宜过分高大，应避免高层、高密度所带来的弊病。

④ 在城市的发展和塑造过程中应注意文化脉络的连续性，具体到海口市应对老区中具有欧亚混交文化特征的"南洋风格"低层商住建筑加以研究，提出保护、复原、利用措施。

⑤ 为体现滨海城市特色，应充分利用其自然风光（阳光、海水和清新的空气），增加城市魅力，为城市旅游事业的发展提供最佳观赏点和旅游路线。

⑥ 在热带城市建设中应引入"低能源战略"概念，即在建筑设计中采用"被动节能措施"，而不是一味依赖人工手段，应采取各种途径实施自然采光、自然通风、自然降温，以节省能源。

与会的中外代表共同起草了《海口城市设计国际研讨会宣言》（简称"宣言"）。"宣言"对海口城市设计和建设提出了两点意见：

① 避免不加选择地采用高能耗的建筑形态，避免西方国家城市建设走过的弯路。

② 避免破坏历史和文化的延续性，避免建筑形态与人们生活方式的脱节。

"宣言"同时认为，海口市如果要成为一个世界级的热带滨海城市就应该：

① 为城市提供一个高效、科学而灵活的规划和城市设计调控机制。规划和城市设计必须先行，并给予法律保证。

② 政府、开发商和城市设计工作者的合作以及公众参与，是城市设计得以顺利实施并取得成功的重要保证。

③ 政府相关部门的合作与协调有助于城市设计的实施和

城市的发展。

④ 应当采用尊重自然（生态）环境的规划和城市设计，并对其建立信息系统和足以支撑的指标体系。

⑤ 强化城市的自然特征（海滨、河流等）和场所精神（特定的地方特色）。

⑥ 通过城市景观法规、规划控制以及各种鼓励手段，热带滨海城市得以有序增长和开发。

⑦ 重新塑造城市与建筑历史和文化脉络的连续性。

⑧ 城市形态的选择，应有助于城市社会经济发展，并使土地使用模式能为投资者提供投资机会。

⑨ 城市设计应注意城市的步行系统、公共交通系统、公共空间、公共绿地、城市街景的形成，并提供一个协调的城市交通。

⑩ 通过建筑立法、规划控制和奖励机制，鼓励被动式的、低能耗的建筑和城市设计，尤其应鼓励和要求骑楼在热带滨海城市建筑中的广泛应用[11]。

从会议的规模和议题的内容来说，这的确是一次关于城市设计的全球性研讨会。从"宣言"来看，本次会议归纳了中国 1990 年之前的城市设计主要思想，在真正意义上形成并夯实了 1990 年代城市设计继续向前发展的思想基础，对中国沿海热带地区城镇、开发区、特区建设的建设开发产生了积极的影响[12]。

5.4 首都风貌

1980 年代初，针对首都城市风貌问题，北京的住宅建设曾有过"以多层为主"还是"以高层为主"的激烈争论，专家和学者一方面支持城市和人的现代化，另一方面又要维护历史文化保护，对商业发展、高层建筑等建筑形式持消极态度①（图 5-3）。自从 1983 年首都规划建设委员会成立以来，针对首都城市风貌问题，北京城市建设领域召开了多次专题研讨会[13]。1990 年代初期，历史文化建筑保护和城市风貌建设工作受到广泛关注，首都风貌仍是重要议题。1995 年，北京市城市规划学会组织了不少学术活动，例如：

• 组织"城市景观艺术"为主题的专家座谈会，强调北

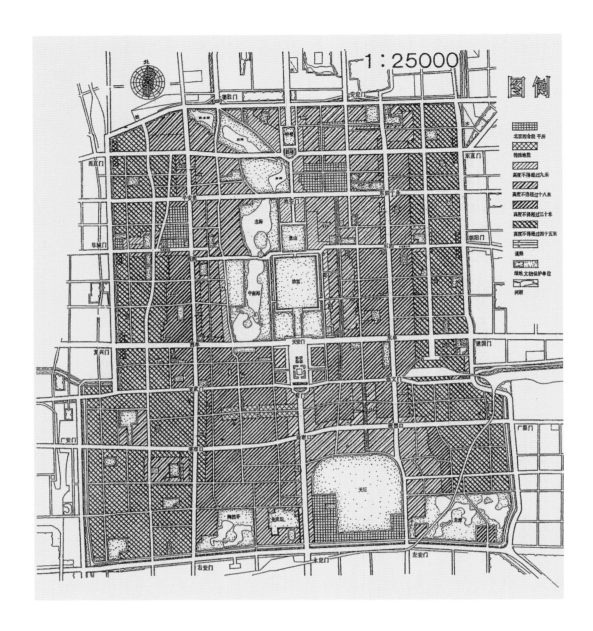

图 5-3 北京市城区建筑高度控制方案（1985年）（来源：董光器. 古都北京五十年演变录[M]. 南京：东南大学出版社，2006：48）

京在进行现代化改造时应当保护好历史传统风貌[14]。

· 联合北京的城市设计学者，召开北京"国子监街历史文化保护区整治规划工作研讨会"。

· 考察北京三环路，探讨其城市设计问题。

· 与北京城市科学研究会联合召开了城市设计研讨会，通过《关于加强首都城市设计工作的建议书（草案）》。建议书提出，城市设计要实行"抓住要害，确保重点，不断实践，逐步推广"的方针，并建议在北京市区内划出六类城市设计重点地区，提出了四项基本要求及其他特殊要求。此外，建议书还就如何加强城市设计组织、实施、管理以及学会应起的作用等提出了建议：

——加强城市设计的管理工作。

——在市区六类重点地区内的重点地面建设工程（包括交通设施工程），其规划设计方案和城市设计方案均应报首都建筑艺术委员会统一审查批准。

——要加强城市规划管理部门对城市设计的管理权限。城市规划管理部门在向建设单位提出规划设计条件以及向首都建筑艺术委员会报批重要的详细规划和设计方案时，均应提出城市设计要求，并认真做好方案审查。

——要着手城市设计的法制建设，逐步形成"城市设计暂行规范"，作为试行性法规文件……有针对性地先着手研究制订一些急需的具体规定，如《长安街建设工程的城市设计暂行规定》《历史文化保护区保护范围和保护要求的暂行规定》《城市设计方案审批程序暂行办法》等。

1998年，针对首都风貌和北京旧城保护问题，有学者提出在做好城市设计和多方案比较的基础上确定控制性详细规划[15]，体现出城市设计与城市规划体系相融合的思想，这种思想对一些实践起到促进作用，一些城市做出了城市设计政策引导尝试⑫。

城市形象要在总体上表现唯一的、完整的风貌特征已不可能（图5-4，图5-5），也不必要，城市宏观上应是具有不同特征的许多风貌特色区的统一体[16]。北京市城市风貌建设也不可能呈现出一个唯一的结果，其根本问题是现代化建设与历史文化保护的矛盾。这种矛盾在中国改革开放取得初步成果的1990年代尤其突出，因此也是全国城市和建筑学界的讨论热点。

图5-4 1990年代北京饱受争议的"中国屋顶、大帽子、高层加亭子"等设计行为 （来源：董光器. 古都北京五十年演变录[M]. 南京：东南大学出版社，2006：255）

图 5-5 北京火车站 （来源：笔者根据老照片整理）

北京所遇到的问题只是中国城市的缩影。它一方面引发了对旧城更新和老城风貌的研究，另一方面推动了全国对城市设计的认知和应用⑬（图 5-6）。例如，从 1995 年起，同济大学以上海的旧城改造为题，连续四年与普林斯顿大学和香港大学共同组织了国际联合课程设计[17]。1998 年，意大利帕维亚大学举办了主题为"城市更新与城市设计"的国际研究班，包括中国在内的不同文化背景的学生参与了国际交流。

第 5 章专栏　关注首都风貌建设的期刊论文

我们以主题中含有"北京"并含"城市设计"为搜索条件，对中国知网收录的论文进行了统计。结果显示，1990 年代与北京城市设计相关的文章中，大量集中关注首都风貌建设的问题。相关的期刊论文见下：

(1) 对北京城市规划的几点设想 [J]. 建筑学报，1980(5)：3-4，6-15.

(2) 张复合 . 北京东交民巷使馆区和历史主义 [J]. 建筑学报，1987(3)：49-56.

(3) 侯仁之 . 从北京到华盛顿——城市设计主题思想试探 [J]. 城市问题，1987(3)：2-17.

(4) 吴良镛 . 北京旧城居住区的整治途径——城市细胞的有机更新与"新四合院"的探索 [J]. 建筑学报，1989(7)：11-18.

(5) 马国馨 . 铁路客站新模式的探讨——北京西站构想 [J]. 城市规划，1991(2)：34-37.

(6) 董光器 . 对北京旧城保护和改造的回顾与展望 [J]. 城市规划，1993(5)：14–17.

(7) 吴良镛 . 发展首都壮美秩序　重振北京古都风貌 [J]. 北京规划建设，1994(1)：3–5.

(8) 吴良镛 . 城市设计与建筑创作 [J]. 北京规划建设，1995(2)：2–5.

(9) 佚名 . 首都城市设计研讨会召开 [J]. 北京规划建设，1995(6)：9.

(10) 佚名 . 关于加强首都城市设计工作的建议书 [J]. 北京规划建设，1996(1)：4–5.

(11) 张敬淦 . 对《关于加强首都城市设计工作的建议书》的说明 [J]. 北京规划建设，1996(1)：6–8.

(12) 冯文炯 . 加强首都城市设计工作的良好开端——记首都城市设计研讨会 [J]. 北京规划建设，1996(1)：9–11.

(13) 朱自煊 . 关于北京城市设计的浅见 [J]. 北京规划建设，1996(2)：9–12.

(14) 白德懋 . 多一点城市广场好——兼谈北京玉渊潭公园南门外广场的城市设计 [J]. 北京规划建设，1996(2)：12–15.

(15) 汪安华 . 从城市设计看北京国际金融大厦的建筑创作 [J]. 北京规划建设，1996(2)：41–43.

(16) 佚名 . 北京三环路城市设计工作取得初步成果 [J]. 北京规划建设，1996(3)：6.

(17) 赵峰 . 搞好城市设计，促进"控规"工作深入开展——记北京城市设计研讨会 [J]. 北京规划建设，1996(3)：21–23.

(18) 佚名 . 搞好重点地区的城市设计，加强建设项目的规划审批——北京将加强三环路的控制性详细规划工作 [J]. 城市规划通讯，1996(2)：14.

(19) 瞿政，陈军 . 创造有特色的居住环境——北京北苑北辰居住区城市设计构思 [J]. 北京规划建设，1997(6)：45–48.

(20) 谢远骥 . 百年大计　慎之又慎——谈京城高层住宅的建筑设计 [J]. 建筑学报，1997(3)：4–7，65–66.

(21) 赵知敬 . 统一认识　振奋精神　推动北京城市规划工作再上新水平 [J]. 北京规划建设，1997(1)：1–4.

(22) 黄艳 . 浅论城市设计 [J]. 北京规划建设，1997(1)：28–31.

(23) 吴良镛 . 21 世纪建筑学的展望 [J]. 城市规划，1998(6)：10–21，60.

(24) 王军 . 呼唤城市设计 [J]. 瞭望新闻周刊，1998(7)：22–23.

(25) 王军 . 不负历史使命　繁荣建筑艺术——访首都规划建设委员会副主任宣祥鎏 [J]. 瞭望新闻周刊，1998(14)：34–35.

(26) 程恩健 . 关于搞好北京建筑艺术创作的几点思考 [J]. 北京规划建设，1998(1)：43–45.

(27) 倪岳翰 . 当前北京旧城改造中的问题与机遇——丰盛北地区更新改造研究 [J]. 城市规划，1998(4)：41–45，62.

(28) 郝燕岚 . 北京三环路六里桥——莲花桥城市节点设计 [J]. 北京建筑工程学院学报，1998(1)：28–34.

(29) 郑光中，边兰春，袁牧 . 从城市设计的角度研究北京三环路总体环境 [J]. 北京规划建设，1998(1)：22–26.

(30) 邵韦平 . 面向新世纪的文化广场——北京西单文化广场城市设计 [J]. 北京规划建设，1998(1)：26–29.

(31) 吴良镛 . 北京旧城要审慎保护——关于北京市旧城区控制性详细规划的几点意见 [J]. 北京规划建设，1998(2)：1–5.

(32) 李准 . 历史·形态·共识——谈北京历史文化名城的保护与建设 [J]. 北京规划建设，1998(2)：13–18.

(33) 吴良镛，方可，张悦 . 从城市文化发展的角度，用城市设计的手段看历史文化地段的保护与发展——以北京白塔寺街区的整治与改建为例 [J]. 华中建筑，1998(3)：94–99.

(34) 胡四晓 . 城市与建筑设计在城市建设中协调发展的探索——北京四通桥节点与锡华高科技技术市场设计 [J]. 建筑学报，1998(4)：34–37.

(35) 毛其智 . "他山之石，可以攻玉"否？——外国专家谈北京的城市建设与规划设计 [J]. 城市规划，1999(5)：45–47，52，62.

(36) 西尔维亚·格拉诺 . 现代化北京的城市设计特征——一个西方人眼里的北京城 [J]. 韦遂宇，译 . 建筑学报，1999(4)：11–13.

(37) 佚名 . 金国红 . 北京北中轴线新区城市设计研究 [J]. 北京规划建设，1999(6)：34–37.

(38) 佚名 . 老天桥风貌将再现京城 [J]. 北京规划建设，1994(4)：30–32.

(39) 李准 . "中轴线"赞——旧事新议京城规划之一 [J]. 北京规划建设，1995(3)：13–15.

(40) 佚名 . 专家学者献计献策搞好三环路沿线的规划建设 [J]. 北京规划建设，1995(3)：32.

(41) 高亦兰 . 重视城市设计，保证城市的整体性 [J]. 建筑学报，1996(2)：10–12.

(42) 陈穗 . 抢救北京城之我见——献给 UIA 北京大会 [J]. 规划师，1999(1)：84–86，53.

(43) 张勃 . 当代北京文化名城建设的思考 [J]. 规划师，1999(3)：102–105.

图 5-6 西安钟鼓楼广场 （来源：笔者拍摄）

5.5 四个范例

1990 年代开始，中国城市设计开始走向实践和应用。针对城市中心区、历史街区、商业步行街、城市广场等城市个体要素和局部地段的工程类型从 1990 年代后期开始走向繁荣，出现了一些在思想或技术层面具有创新性、影响力的实践。

5.5.1 一条胡同——北京菊儿胡同

菊儿胡同地区位于北京市东城区西北，整个街坊面积为 8.28 公顷。从 1978 年开始，由吴良镛领导的清华大学城市规划教研组对北京市旧城整治开展了一系列的研究。因该片区浓厚的历史文化色彩和严重的住房问题⑭，1987 年菊儿胡同 41 号院被选定作为旧城整治的试点。

吴良镛否定了新加坡对旧城采取的拆光重建策略，也否定了西欧国家对旧城实行文物保护式的整治[18]，他批判性地继承了"梁陈方案"中对北京传统街区形态的认识，提出"有机更新"和"新四合院体系"构想（图 5-7，图 5-8）：

a) 保留有文化价值和建筑质量比较好的四合院住宅；b) 更新危破旧四合院；c) 修缮一般住宅；d) 探索适应现代化生活和传统城市肌理的新四合院体系[19]。

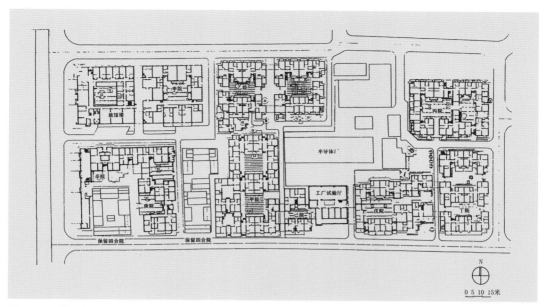

图 5-7 菊儿胡同总平面 （来源：董光器. 古都北京五十年演变录 [M]. 南京：东南大学出版社，2006：204）

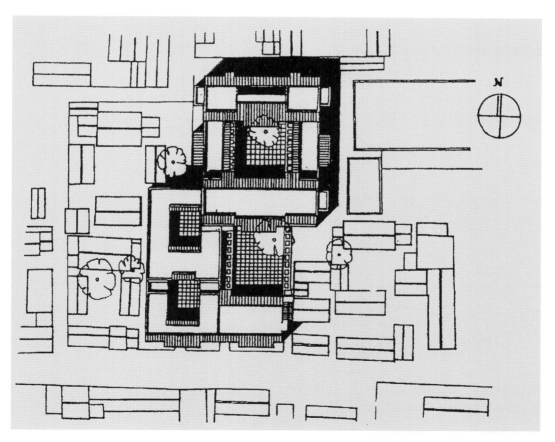

图 5-8 菊儿胡同局部总平面图 （来源：董光器. 古都北京五十年演变录 [M]. 南京：东南大学出版社，2006：204）

图 5-9 建成后的菊儿胡同 （来源：董光器. 古都北京五十年演变录 [M]. 南京：东南大学出版社，2006：205）

该工程得到了国内外学者的高度评价。"吴良镛教授和他的同事们在菊儿胡同工程中所创造的答案是一个人文尺度的答案。尽管它的人口密度与高层住宅相似，但它却创造了一个永恒的人与人交往的社区。……以前很少有城市规划者和决策者采用这条道路进行大规模的城市建设。但这却是普通百姓本能地选择的道路。它能使邻里相遇、聊天、对弈，孩子得以向自然学习、向老人学习，并在社会交往中受益。"[20]1992 年，吴良镛因菊儿胡同新四合院住宅工程荣获当年的世界人居奖（图 5-9）。

我们认为，它的最大价值是为中国本土的现代城市设计理论建设提供了参照系，重新创造了庭院与小巷的美学，并在此基础上创立了中国旧城更新的基本空间语言。菊儿胡同重新发现并"更新"了中国城市传统街区形态的现代价值，从而将中国城市空间模式与其他国家的经典街区模式联系起来[21]。

5.5.2 两个街坊——深圳市中心区 22、23-1 街坊

1990 年代，一些城市针对特定的区域和地段进行了城市设计导则的实践，比较有代表性的有上海静安寺地区城市设计导则、深圳市的城市设计指引等。1998 年，美国 SOM 设计公司对深圳市中央商务区（CBD）的 22、23-1 两个办公街坊

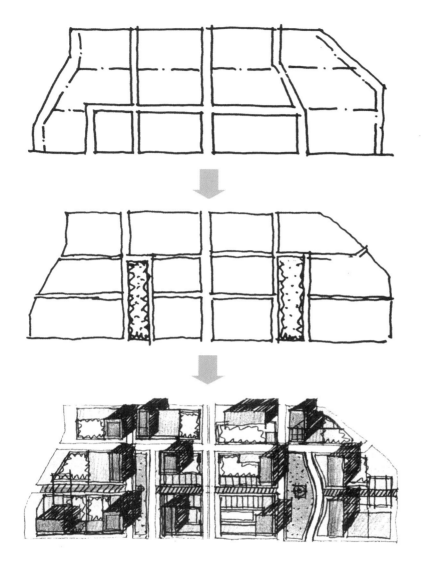

图 5-10 SOM 设计公司关于深圳市中心区 22、23-1 街坊调整的概念过程 （来源：孙骅声，熊松长，陈一新，等. 深圳迈向国际 市中心城市设计的起步 [Z]. 深圳：深圳市规划国土局：81-82）

做了城市设计，并编制了城市设计导则，影响力较大。

深圳福田中心区 22、23-1 街坊的控制性规划，可追溯到 1992 年中国城市规划设计研究院编制的福田中心区控制性详细规划。在此基础上，深圳市规划院于 1995 年编制了中心区城市设计。1996 年规划管理部门组织完成中心区城市设计国际咨询，重新划分出 22、23-1 两个街坊（图 5-10）。1998 年，该方案进一步发展成为该地块的法定图则。当时，在两个街坊所划分的 13 个地块中，大多数地块已经确定了开发商。"当这些项目设想并置在一起时，建筑所构成的空间形态和街道显得杂乱无章，迫使城市规划管理者不得不思考和寻找一种对每个建筑项目进行控制的城市设计条件"[15]。1998 年

图 5-11 SOM 设 计
公司的深圳市中心区
22、23-1 街坊设计效
果 （来源：孙骅声，熊
松长，陈一新，等．深圳
迈向国际 市中心城市设
计的起步 [Z]．深圳：深
圳市规划国土局：83）

10 月委托美国 SOM 设计公司编制 22、23-1 两个街坊的概念
性规划设计方案。

　　SOM 设计公司通过实地调查、细心观察以及令人信服的
城市设计分析，成功调整了现有地块和街道网络，在两个街
坊中间各辟一个小公园，全面改善了各个地块的景观条件和
土地价值。SOM 设计公司通过其制定的城市设计导则对街道
形式和建筑形体进行了控制。设计导则包括环境分析与利用、
各类人员活动及空间组织、城市设计结构、景观设计和条例
说明五部分，注重在控制规划中城市设计思想的完善与发展，
在街道网络与公共空间、街墙界面、过渡空间、高层建筑体
量等方面有独特的要求 [22]。在随后的单体建筑设计招标中，
这些控制要求得到贯彻，从而使深圳市这两个街坊成为一个
极为难得的街坊城市设计及控制实施的范例（图 5-11）。

5.5.3 一个中心区——上海浦东陆家嘴地区城市设计 [16]

陆家嘴地区被定位为上海城市中央商务区（CBD）的核心组成部分，意图建成一个能够与世界主要经济中心城市相媲美的中心商务区。因此，在浦东开发之初就进行了规划设计的国际招标，此后的建设中也始终以伦敦、纽约、巴黎或中国香港地区的中心区为参照。

1990年5月3日，上海市人民政府浦东开发办公室和浦东开发规划研究设计院正式成立。1993年1月1日，中共浦东新区工作委员会和浦东新区管委会成立。中国、法国、日本、意大利、英国参加方案投标。五个国家的设计方案为陆家嘴中心区未来的规划深化提供了极好的借鉴。在此基础上，理查德·罗杰斯（Richard Rogers）的成果成为主要方案，并结合现状确定最终城市设计方案 [17]（图5-12）。

国际城市设计力量的介入，给中国本土城市设计发展带来了新鲜的概念和形式（图5-13）。在面对复杂的交通问题的条件下，塑造了令人振奋的城市形象，向全世界展示了中国社会未来的发展方向。不仅如此，因城市设计的介入 [18]，该地区的建设控制从二维区划（土地细分）控制，转变为三维

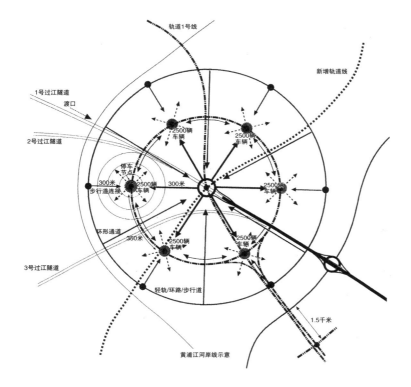

图5-12 罗杰斯的上海陆家嘴城市设计咨询方案概念 （来源：理查德·罗杰斯（Richard Rogers），菲利普·古姆齐德简（Philip Gumuchdjian）.小小地球上的城市[M].仲德崑，译.北京：中国建筑工业出版社，2004：48）

图 5-13 罗杰斯的上海陆家嘴城市设计咨询方案模型（来源：理查德·罗杰斯（Richard Rogers），菲利普·古姆齐德简（Philip Gumuchdjian）．小小地球上的城市 [M]．仲德昆，译．北京：中国建筑工业出版社，2004：47）

形态控制，从而成为中国城市设计空间控制的典范。《上海陆家嘴中心区规划设计》于 1993 年 12 月经上海市政府批准实施。这是在城市设计主导下的一次成功实践，影响了中国其他城市在其现代化建设过程中的决策，"向上海看齐"一时成为众多城市的标语。

5.5.4　一个开发区——苏州工业园区

1994 年 4 月，中新两国政府合作开发建设苏州工业园区的协议签订。在该园区建设中，中国第一次吸收其他国家和地区的城市管理经验，把城市设计管理办法作为城市设计的"软件"[23]。城市设计对该地区的建筑、道路、绿化进行了详尽的规定，其中对建筑的用途控制、界面、体型、有盖走廊、交通开口等都有控制和引导。另外该开发区编制了一套城市规划管理的暂定办法，规定了各项建设的操作程序、审批过程以及违规的处理方法，并通过附件的方式，对许多建筑技术数据做出相对严格的规定。暂定办法除建筑过程的管理之外，还涉及建成后的物业管理、建筑物主广告管理等细节（图 5-14），成为城市设计进入管控体系的范例。

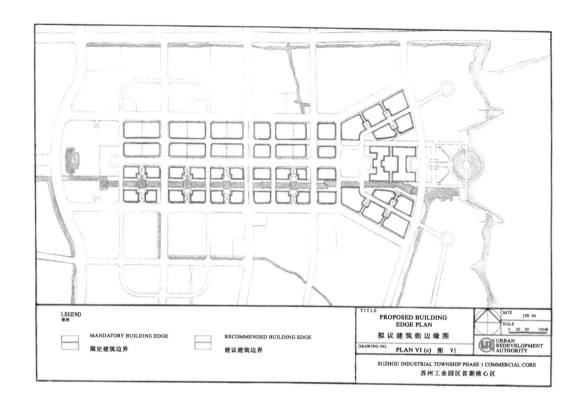

图 5-14 苏州工业园区核心区城市设计拟议建筑街边缘图 （来源：南京东南大学城市规划设计研究院有限公司）

5.6 面向本土的理论与方法

在对现代城市设计理论进行引介、总结和学习之后，中国城市设计取得了长足的进步。1990 年代出现了城市设计实践的小高峰，但实践中出现的照抄发达国家或国内其他城市设计手法的做法，导致了城市空间无序蔓延、缺乏地域特色等问题。在对这类问题的思考过程中，中国学者初步探索了面向本土的理论和方法。

5.6.1 山水城市思想

1984 年，《城市规划》发表了钱学森的文章《园林艺术是我国创立的独特艺术部门》，初步阐述了用中国园林艺术来美化城市的理念。在对中国传统文化独特性思考的基础上，1990 年 7 月 31 日，钱学森给吴良镛写了一封信。信中提到：

> ……能不能把中国的山水诗词、中国古典园林建筑和中国的山水融合在一起，创立"山水城市"的概念？

在钱学森的倡议下，1993 年 2 月 27 日，中国城市规划学会、中国城市科学研究会和中国建设文协环境艺术委员会在北京联合召开了“山水城市讨论会”，宣读了他以“社会主义中国应该建山水城市”为题的发言[24]，认为山水城市应该是“21 世纪的社会主义中国城市构筑的模型”。

“山水城市”这一崭新的概念、理想、模型的提出，是中国本土城市设计思想和理论发展的大事件，直至今日，这一命题仍在被诸多建筑师、城市设计者所继续探索和深化(图 5-15)。

5.6.2 集约型间隙式山水化理念

1998 年，《城市空间发展论》出版（图 5-16），笔者在书中论述了中国城市空间发展的战略——集约型间隙式山水化理念。该书提出，土地国情、城市化发展制约和城市扩张力的限制决定了中国城市必须选择集约型空间发展；控制无序蔓延和改善空间环境的要求决定了中国城市必须进行间隙式空间布局；而中国对人与自然关系的特殊阐释——天人合一，则决定了中国本土的城市设计必然是山水化的空间形态[7]。

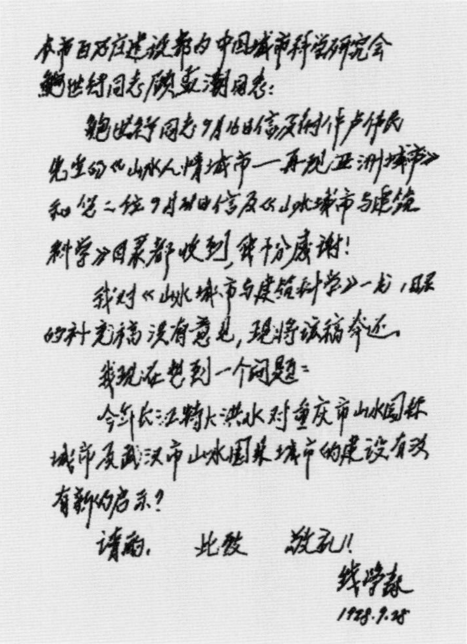

北京百万庄建设部内中国城市科学研究会
鲍世行同志、顾孟潮同志：

鲍世行同志7月16日信及附件卢济民先生的《山水人情城市——再现亚洲城市》和您二位7月24日信及《山水城市与建筑科学》目录都收到，我十分感谢！

我对《山水城市与建筑科学》一书，目录的补充稿没有意见，现将该稿奉还。

我现在想到一个问题：

今年长江特大洪水对重庆市山水园林城市及武汉市山水园林城市的建设有没有新的启示？

请酌。此致
敬礼！

钱学森
1998.9.28

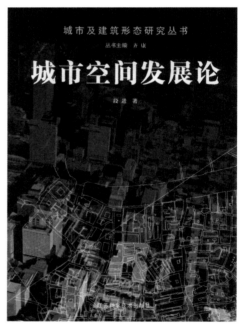

图 5-15　钱学森手迹　（来源：鲍世行，顾孟潮．杰出科学家钱学森论山水城市与建筑科学[M]．北京：中国建筑工业出版社，1999：8）

图 5-16　《城市空间发展论》封面　（来源：笔者拍摄）

笔者在对城市空间发展理论进行全面论述的基础上，提出了这一理念，并在城市设计方法与实现这一理念的城市规划体系方面提出了进行国家空间规划的建言。

5.6.3　中国传统空间体系理念

不少学者从中国传统空间意识和美学出发，提出中国"现代"城市设计的发展方向。例如仲德崑认为，中国城市中现存传统居住区中的主要布局方式是街巷体系，而小区建设中的公寓住宅群体布局方式完全打破了传统的居住空间组织方式和邻里关系[25]。他进而认为，中国现代城市设计应当：

> a) 将空间作为城市设计的根本。空间是主角。现代城市设计的最根本任务是创造适应现代城市生产和生活要求的空间。b) 将运动作为组织空间秩序的根据。城市空间不是一个静态的体验。中国传统建筑和城市设计就是一种将建筑组合成群体并形成空间中运动序列的体验的艺术。c) 与环境的和谐统一。d) 实行开放式的设计体系。现代城市设计应被视为一个演化过程，为满足这一演化过程的要求，设计成果应该是开放式的、可以发展的、逐步完善的。中国传统的空间体系、院落增生的概念和公共空间的连续性为采用这一开放式设计体系提供了良好的背景，可以加以发展。e) 提倡综合的、整体的、全方位的设计。

5.6.4　物我共荣设计观

有学者开始引入社会心理学理论，提出了城市设计的"情境"概念，认为物质环境与社会系统应协调统一，因此应当追求情境同一、"物""我"共荣的设计观[26]，孙洪刚对此描述道：

> "物""我"共荣是人们所追求的生活图式。过去的城市与建筑设计，都过分强调了"物"的创造——实体与空间的创造，而情境观所要求的却是情境空间的设计。……《吾国与吾民》一文中就曾提到"中国人对于'家宅'的概念是指一所住宅，那里要有一口井、一片饲养家禽的场地和几株柿枣之属的树，要可以相当宽舒地互相配列着，因为要使地位宽舒。在中国古时，以及现代的农村里头，房屋的本身在全部家宅庭院配置里，退处于比较次要的地位"。

这一研究方向在 2000 年后又有所拓展和深化，例如肖艳阳等进一步提出了人文特色化的城市设计[27]。"物""我"

共荣设计观能否形成中国特色的城市设计理论，值得期待。

5.6.5　其他设计方法论

除以上理论、理念和设计观念之外，城市设计本土化的方法论探索在此时开始出现创新萌芽。例如，赵万民提出以"簇群"文化基因为内核的中国城市特色形态构想[28]，对中国城镇进行城市形态学的感性认识和朴素抽象，形成了"簇群整体设计"的本土设计方法。时至今日，类似探究方式已渐增多。

中国本土理论的崛起是具有战略意义的。面对西方城市设计的涌入，我们应该做的，或许正是"研究城市设计发达的国家是如何根据自己的实际情况发展了城市设计，即探索城市设计的发展规律及其变化趋势，尔后根据中国的情况和规划学科发展的状况，确定我们自己的努力方向"[29]。

5.7　地方办法

现代城市设计在 1980 年代以"技术的先进性"切入中国城市规划体系，在一定程度上造成了后者的混乱。国家并未赋予它法律地位。然而，对城市设计的高度需求使中国展开了自下而上的城市设计制度化——最具改革动力的地方政府首先对城市设计导则的编制办法展开了探索。

深圳成为第一个把城市设计列入地方城市规划条例的城市。1996 年年底，深圳参考国外的区划法和香港推行法定图则的经验，决定逐步建立法定图则制度。1998 年，《深圳市城市规划条例》《法定图则编制技术规定》《法定图则审批办法》《城市规划标准分区》等一系列法规和办法颁布施行，对城市设计的实施进行了较为详细的规定（图 5-17）。

1998 年 5 月 15 日，深圳通过《深圳市城市规划条例》，将城市设计的概念以单独的一章正式纳入政府的规划条例中，确立了城市设计的法律地位，并明确了城市设计导则的地位与作用。"城市设计分为整体城市设计和局部城市设计。城市设计应贯穿于城市规划各阶段。……整体城市设计的主要成果是城市设计导则，对城市设计各方面提出原则性意见和指导性建议，指导下一层次的城市设计。"1999 年颁发的《深圳市城市设计编制办法》（草案）规定了城市规划各阶段城

市设计的内容。同年，运用城市设计方法研究并制订了《深圳经济特区户外广告设置指引》。

《深圳市城市规划条例》中第五章涉及的城市设计内容：

> 第二十九条 城市设计分为整体城市设计和局部城市设计。城市设计应贯穿于城市规划各阶段。第三十条 整体城市设计结合城市总体规划、次区域规划和分区规划进行，并作为各规划的组成部分。局部城市设计应结合法定图则、详细蓝图的编制进行，是详细蓝图的重要组成部分。城市重点地段应在编制法定图则时单独进行局部城市设计。其他地段在编制法定图则时，应当进行局部城市设计。第三十一条 以下地段应单独进行城市设计：（一）市中心、各区中心、各建制镇商业文化中心；（二）主要生活性干道；（三）口岸及客运交通枢纽；（四）广场及步行街；（五）生活性海岸线；（六）重点旅游区。第三十二条 整体城市设计的主要成果是城市设计导则，对城市设计各方面提出原则性意见和指导性建议，指导下一层次的城市设计。第三十三条 包含在城市规划各阶段中的城市设计成果，随规划一并上报审批。单独编制的重点地段城市设计，由市规划主管部门审查后报市规划委员会审批。

之后，关于实施引导机制的研究与探索也先后在一些省市展开。例如，河北省建设委员会印发了《河北省城市设计编制技术导则》；广州市也颁发了《城市设计导则》。

这些行动受到了中国城市规划学会和国家规划主管部门的注意，引发了 2000 年代国家层面对城市设计实施制度框架的讨论。

1990 年 4 月 1 日，《中华人民共和国城市规划法》开始施行。

1990 年 5 月 10 日至 14 日，城市规划科技情报网、城市规划基金会、中国建筑学会城市规划学术委员会在浙江淳安召开城市特色问题学术讨论会。会议认为，城市特色问题是城市设计的重要组成部分。

1990 年 5 月，城市设计北京学术研讨会提出了城市设计的概念。会议还对城市设计的原则、方法、实施、学术与教育问题提出了建议。

1990 年 7 月 31 日，钱学森致信吴良镛，提出"山水城市"的设想。

1991 年 10 月 1 日，《城市规划编制办法》施行，确定"在编制城市规划的各个阶段，都应当运用城市设计的方法……"

1991 年 10 月，东南大学出版社出版王建国编著的《现代城市设计的理论和方法》，这是第一部由中国学者独立完成的城市设计专著。全书通过理论与案例相结合的方式，系统地定义了现代城市设计的相关领域和概念、设计方法和过程组织，在学术界产生了较大的学术影响。

1991 年 11 月，徐思淑、周文华的《城市设计导论》出版。该书收集了国内外优秀城市设计案例的经验。

1992 年，吴良镛因菊儿胡同新四合院住宅工程荣获当年的世界人居奖。

1992 年 1 月 21 日，国务院批转建设部《关于进一步加强城市规划工作请示的通知》。

1993 年 2 月 27 日，中国城市规划学会、中国城市科学研究会和中国建设文协环境艺术委员会在北京联合召开了"山水城市讨论会"，宣读了钱学森以"社会主义中国应该建山水城市"为题的发言。

1993 年 4 月 20 日，海口市人民政府与联合国地区开发中心主办、中国城市规划学会等单位协办的"海口市城市设计国际研讨会"在海口市举行。

1993 年 10 月 28 日至 31 日，中国城市规划学会国外城市规划学术委员会在北京召开"中外城市与环境研讨会"。

1985 年，中国建筑学会六届四次常务理事会同意学术委员会以"中国城市规划学会"的名义开展活动。1993 年 11 月 6 日至 9 日，中国城市规划学会 1993 年年会在湖北省襄樊市召开，吴良镛任理事长。

1993 年，上海陆家嘴金融贸易区城市设计咨询，罗杰斯事务所中标。

1994 年 1 月 4 日，国务院批准第三批国家历史文化名城。

1994 年 3 月，建设部颁布《城市新建住宅小区管理办法》。

1994 年，专家提交总理报告《城市设计在澳大利亚》。

1994 年 7 月 19 日，中国城市规划协会在北京成立，周干峙任理事长。中国在当时 570 个设市的城市中，有 200 个城市设置了规划局，200 个城市设置了规划处。

1994 年 12 月 24 日至 1995 年 1 月 14 日，"1994 首都建筑设计汇报展"在北京举行，其主体是城市设计的主题，即"繁荣建筑艺术创作，夺回古都风貌"。

1995年，北京市城市规划学会组织了大量的学术活动，例如，以"城市景观艺术"为主题的专家座谈会，强调北京作为著名的古都，在进行现代化改造时应当保护好历史传统风貌。 其下属的城市设计与古都风貌保护规划专业学术委员会与其他部门联合召开北京"国子监街历史文化保护区整治规划工作研讨会"，实地考察北京三环路，探讨其城市设计问题。

1995年12月8日，北京市城市规划学会与北京城市科学研究会联合召开了城市设计研讨会，与会专家学者结合近年来城市设计的实践和经验教训，就如何进一步搞好首都的城市设计进行了研讨。另外，会上讨论并通过《关于加强首都城市设计工作的建议书（草案）》。

1995年6月1日，《开发区规划管理办法》发布，开发区建设浪潮开始。

1995年起，同济大学以上海的旧城改造为题，连续四年与普林斯顿大学和香港大学共同组织了国际联合课程设计。

1995年，大连新市中心区邀请美国RTKL建筑事务所、日本设计株式会社、加拿大谭秉荣事务所参加设计咨询。

1995年，上海市评选出上海1990年代十大新景观。其中包括上海人民广场、东方明珠电视塔和虹桥经济技术开发区。

1996年5月，国务院发出《关于加强城市规划工作的通知》。

1996年5月7日，建设部全国园林城市工作座谈会在安徽省马鞍山市举行，建设部命名马鞍山、威海、中山三个城市为园林城市。

1996年7月，唐山召开"唐山震后恢复重建成就暨抗震技术国际会议"和中国第二次抗震工作会议。会议提出"预防为主，平震结合，常备不懈"的方针。但是汶川地震的惨痛经历告诉我们，这次会议的意义并不大。

1996年，建设部在山东荣成召开了"全国乡村城市化试点县（市）"工作研讨会。

1996年，黑龙江建设委员会颁布《黑龙江城市风貌特色规划编制办法》。

1996年，全国村镇建设工作会议在广东省中山市小榄镇召开。建设部指出，中国的村镇建设进入了新的发展时期。

1997年，齐康出版《城市环境规划设计与方法》一书。

1997年10月，《城市地下空间开发利用管理规定》发布。

1997年11月，《中华人民共和国建筑法》发布。

1997年，中国建筑学会在上海举办以城市设计为主题的学术年会，提出"关于加强城市设计工作的倡议"，十分强调城市设计实践与城市管理职能紧密结合。

1997年11月，继1986年原城乡建设环境保护部批准颁布的《1986—2000年建筑技术政策》后重新修订新的《建筑技术政策（1996—2010）》，指出"建筑创作应……积极做好城市设计，使建筑设计和环境设计有机地结合起来，创造优美的整体环境"。建设部要求：加强城市设计观念，在进行单体建筑设计时，注意与周边地段建筑与环境的协调，从提高城市形体环境质量和城市生活环境质量考虑，配合城市规划，探索有中国特色的城市设计体系。

1997 年 12 月，中国建筑学会邀请国内知名的建筑师、建筑教育家、城市规划师在上海以"城市的公共活动空间设计"为主题召开学术年会，针对 21 世纪城市空间环境的展望以及国内外城市设计的实践探索，提出关于加强城市设计工作的七条倡议。

1998 年 4 月 28 日，中国城市规划协会、中国城市规划设计研究院主办，上海城市规划局协办的"城市设计理论与实践"培训班在上海举行。

1998 年，意大利帕维亚大学举办了主题为"城市更新与城市文化"的国际研究班，包括中国在内的不同文化背景的学生参与了国际交流。

1998 年 3 月，中国城市规划学会特邀新加坡孟大强先生，举行了主题为"城市环境的素质与特色"及"一条街的故事"的小型座谈会。

1998 年 5 月 15 日，深圳市第二届人民代表大会常务委员会第二十二次会议通过的《深圳市城市规划条例》将城市设计的概念以单独的一章正式纳入政府的规划条例中，确立了城市设计的法律地位，并明确了城市设计导则的地位与作用。

1998 年开始，"中国城市规划学会年会——城市设计专题论坛"每年举办一次。

1998 年 8 月，中国城市规划学会在深圳市召开了"全国城市设计学术交流会"。来自全国的专家学者 230 余人参加了会议。交流的内容涉及了城市整体形象设计、居住环境设计、中心区、广场、步行街、滨水地带、旧城更新、历史地段保护等，基本涵盖了中国近年来城市设计的不同层面，反映了国内城市设计的发展水平。

1998 年 8 月，《城市规划》编辑部编辑出版了《城市设计》论文集。

1998 年 8 月，《城市规划基本术语标准》批准发布。

1999 年，东南大学建筑学院王建国编著的《城市设计》出版，形成很大影响力，有力推动了城市设计在中国的发展。

1999 年 6 月，国际建筑师协会第 20 届世界建筑师大会在北京举行，主题为"21 世纪的建筑学"，会议通过了《北京宪章》。

1999 年，深圳市颁发施行的《深圳市城市设计编制办法》（草案）规定了城市规划各阶段城市设计的内容。同年，运用城市设计方法研究并制订了《深圳经济特区户外广告设置指引》。深圳成为中国第一个把城市设计专门列入地方城市规划条例的城市。

1999 年 12 月，建设部召开全国城乡规划工作会议。

第 5 章注释

① 其中比较精彩的文章是 1999 年沈恬的《城市设计理论和方法的新探索——读克里斯托弗·亚历山大的〈城市设计新论〉》，文中说："最大困难是对城市进行重构，既留住历史，又开创未来。"他进一步阐释了亚历山大的城市设计思想——城市设计过程是城市空间形态的具体化过程。亚历山大认为，不能把城市设计简单地"划入审美范畴"，认为它是"在视觉层次上就可以解决"的理论和方法。亚历山大把城市的发展看作有生命物体的生长，认为传统城市所显示出的特有结构和整体魅力是由于它具有生长的整合性，有着其自身内部的生长法则，生长的整合性来自生长过程，这种过程必须保证每一次新的建设活动在深层

次上与以前的建设紧密联系。

② 例如，1992年，薄曦认为"城市设计活动是寻求制定一个政策性的框架，在其中进行创造性的物质设计，这个设计应涉及城市构成中各主要素之间关系的处理，它们在时间和空间两方面同时展开，也就是说城市的诸组成部分在空间进行排列配置，并由不同的人在不同的时间进行建设。在这个意义上，城市设计和城市物质开发管理有关"。1994年，王唯山在《旧区改造中的城市设计理论与方法》中认为，"由于城市的内在需求和外在条件时刻都在变化，城市总是处在不断地生长和发展的变化之中，所以城市设计也是一个受外部世界各种微妙变化着的力所作用的连续过程。城市设计不仅仅是空间实体的设计，更是一个城市的塑造过程，应注意城市连续的变化，使设计更具自由度和弹性，使其成为一个既有创意又富弹性的过程，而不仅是为建立完美的终极环境提供一个理想蓝图"。1998年，杨克伟等学者在《关于乔纳森·巴奈特的城市设计思想》中提出，现代城市设计则应是"目标取向"和"过程取向"的综合，而以后者更为重要，即更应注重它的过程性。

③ 比如赵大壮、金广君、王建国、孙骅声等，1991—1992年期间，赵大壮发表了《了解·辨析·吸收——关于美国的城市设计》《借鉴外国经验——发展完善具有中国特色的城市规划体系》《美国城市设计之启示》等，金广君发表了《美国城市环境设计概述》。

④ 参见金广君，乔恩·朗（Jon Lang）. 美国城市设计的实施：工程类型与方法论含义 [J]. 国外城市规划，1998(4)：16-21；吕斌. 日本幕张新都心"滨城宅区"(Bay Town) 城市设计的实践——以"城市设计准则"(Urban Design Guideline) 为依据 [J]. 国外城市规划，1998(4)：29。

⑤ 需要强调的是，城市设计内在于"城市空间发展"的全过程之中，而非"城市建设"的全过程之中。这是因为，城市建设的结束并不意味着城市空间发展的终结，也不意味着城市设计目标的达成。

⑥ 在该法第六条、第十五条、第二十三条、第二十七条、第三十二条、第三十五条、第三十六条等处均涉及了城市综合环境质量问题。

⑦ 参见《城市规划法》第一章第一条。

⑧ 参见1989年版《城市规划法》第二章第二十条："城市详细规划应当包括：规划地段各项建设的具体用地范围，建筑密度和高度等控制指标，总平面布置、工程管线综合规划和竖向规划。"

⑨ 参见方立. 海口城市设计实践 [J]. 城市规划，1993(2)：27-30；吴良镛，徐莹光，尹稚，等. 对三亚市城市中心地区城市设计的探索 [J]. 城市规划，1993(2)：53-58，43。

⑩ 例如，建筑大师查理斯·柯里亚，新加坡城市再发展委员会总执行官、总规划师刘太格，马来西亚著名建筑师杨经文，英国剑桥大学马丁研究中心主任尼克·巴克，夏威夷大学郭彦弘，澳大利亚柏斯市总规划师罗德·皮塞，阿根廷布宜诺斯艾利斯大学斯尔维亚·得·斯奇勒，同济大学罗小未、陶松龄，清华大学高亦兰，三亚市城市规划局局长马武定等。

⑪ 例如，下面两个文献中所表达的观点：苏则民. 城市环境与城市现代化——以南京为例 [J]. 城市发展研究，1997（2）：57-58；谢远骥. 百年大计 慎之又慎——谈京城高层住宅的建筑设计 [J]. 建筑学报，1997（3）：4-7。

⑫ 例如，温州城市中心区控制性详细规划、深圳保安城市新中心区控制性详细规划。

⑬ 《中国城市规划学会1995年大事记》：扬州成立的三个专业学术委员会之一是"城市设计与环境"，河北省城市规划学会对"小城市的风貌景观"进行了探讨。

⑭ 相关材料表明，改造前，此处有44户138人，人均居住面积为5.3平方米。

⑮ 参见深圳市规划与国土资源局主编的《深圳市中心区22，23-1街坊城市设计及建筑设计》第9页。

⑯ 对上海浦东陆家嘴地区城市设计较为深入的批判研究，可以参见孙施文. 城市中心与城市公共空间——上海浦东陆家嘴地区建设的规划评论 [J]. 城市规划，2006(8)：66-74。

⑰ 因1991—1993年已启动或签约的项目较多（约占总量的40%），因此决策层认为，应当制订出一个中国与外国、浦西与浦东、历史与未来相结合的规划。因此最终没有选择直接运用罗杰斯的方案，而是在此基础上进行了修改。

⑱ 事实上有许多人认为，城市设计是这次城市建设的主题。例如，黄富厢. 上海21世纪CBD与陆家嘴金融贸易中心区规划的构成 [J]. 时代建筑，1998(2)：24-28。

第 5 章文献

[1] 李东. 生态城市设计的理论思考 [J]. 山东教育学院学报, 1996(3)：68-71.

[2] 金广君. 美国的城市设计教育 [J]. 世界建筑, 1991(5)：71-74.

[3] 吴良镛, 徐莹光, 尹稚, 等. 对三亚市城市中心地区城市设计的探索 [J]. 城市规划, 1993(2)：53-58, 43.

[4] 王唯山. 旧区改造中的城市设计理论与方法 [J]. 城市规划, 1994(4)：46-53, 58-65.

[5] 金广君. 试论影响城市设计的经济因素和社会因素 [J]. 哈尔滨建筑大学学报, 1997(5)：90-94.

[6] 卢济威, 郑正. 城市设计及其发展 [J]. 建筑学报, 1997(4)：4-8.

[7] 段进. 城市空间发展论 [M]. 南京：江苏科学技术出版社, 2006：205-219.

[8] 邹德慈. 关于八十年代中国城市规划的回顾和对九十年代的探讨 [J]. 建筑学报, 1991(6)：15-18.

[9] 仇保兴. 从法治的原则来看《城市规划法》的缺陷 [J]. 城市规划, 2002(4)：11-14, 55.

[10] 郑正. 论城市设计的阶段内容和编制 [J]. 城市规划汇刊, 1995(2)：26-31, 45-64.

[11] 佚名. 海口城市设计国际研讨会宣言 [J]. 城市规划, 1993(5)：29.

[12] 叶绪镁. 一次有关城市设计的国际研讨会 [J]. 城市规划, 1993(5)：28.

[13] 侯仁之. 北市旧城城市设计的改造——新中国文化建设的一个具体说明 [J]. 城市问题, 1984(2)：9-21.

[14] 佚名. 中国城市规划学会 1995 年大事记 [J]. 城市规划通讯, 1997(18)：11-13.

[15] 吴良镛. 北京旧城要审慎保护——关于北京市旧城区控制性详细规划的几点意见 [J]. 北京规划建设, 1998(2)：1-5.

[16] 周安伟, 卢洁玉. 变革·观念与方法——谈城市一条街规划设计的发展 [J]. 现代城市研究, 1996(1)：32-34, 38.

[17] 伍江. 追求城市设计的真正意义——从国际联合城市设计得到的启发 [J]. 时代建筑, 1999(2)：35-36.

[18] 袁镔, 邹瑚莹. 理性与创造——评北京菊儿胡同新四合院住宅 [J]. 世界建筑, 1992(3)：65-67.

[19] 吴良镛. 从"有机更新"走向新的"有机秩序"——北京旧城居住区整治途径（二）[J]. 建筑学报, 1991(2)：7-13.

[20] 毛其智. "他山之石, 可以攻玉"否?——外国专家谈北京的城市建设与规划设计 [J]. 城市规划, 1999(5)：45-47, 52, 62.

[21] 吴良镛. 菊儿胡同试验的几个理论性问题——北京危房改造与旧居住区整治（三）[J]. 建筑学报, 1991(12)：2-12.

[22] 孙晖, 栾滨. 如何在控制性详细规划中实行有效的城市设计——深圳福田中心区 22、23-1 街坊控规编制分析 [J]. 国外城市规划, 2006(4)：93-97.

[23] 时匡. 建设有秩序的城市空间——新加坡苏州工业园区 [J]. 建筑学报, 1997(1)：18-20.

[24] 崔镇轩. 山水城市——一个崭新的城市设计命题 [J]. 中国园林, 1996(2)：30-32.

[25] 仲德崑. "中国传统城市设计及其现代化途径"研究提纲 [J]. 新建筑, 1991(1)：9-13.

[26] 孙洪刚. 建立情境统一的城市设计观 [J]. 规划师, 1997(3)：72-74.

[27] 肖艳阳. 论人文特色的现代城市设计 [J]. 城市发展研究, 2004(5)：18-22.

[28] 赵万民. "簇群"文化内因与城市整体设计——三峡库区一种传统的城市设计方法探究 [J]. 建筑学报, 1996(8)：27-30.

[29] 赵大壮. 了解·辨析·吸收——关于美国的城市设计 [J]. 世界建筑, 1991(5)：8-12.

6 繁荣的实践与制度化、系统化建构（2000年代）

2000年代，中国城市设计成为国内外城市规划、建设和研究中备受关注的热点之一，也成为一个正在发展完善、逐渐成熟的学科领域[1]。中国学者编著了多种版本的《城市设计》教材，标志着中国城市设计在其理论化、体系化的道路上迈进。在经历了国家大剧院、北京奥林匹克公园、中央电视台总部大楼、上海世博会等国家工程之后，城市设计理论研究和实践活动呈现出普化特征，成为中国城市建设领域内最常见的研究和实践类型。实践高潮带来了多维度的理论和方法的再次引介和重新建构，也引发了对城市设计从设计到实施的系统框架研究，结合控制性详细规划的城市设计导则研究和实践也相应地成为主流。

6.1 一街两城三区

各类型的城市设计实践工程呈爆发式增长。建筑小品和细部空间设计、广场空间设计、城市道路两侧（或商业街道）城市设计、街道立面改造、旧区改造与保护及更新空间设计、中心区城市设计、居住区城市设计、城市总体空间形象设计、总体城市设计、概念性城市设计等令人眼花缭乱、应接不暇的工程名目，以不同的运作机制参与了城市建设。它们承担了大量基层工作，促使城市规划在建设和管理的实践中实施和升华。

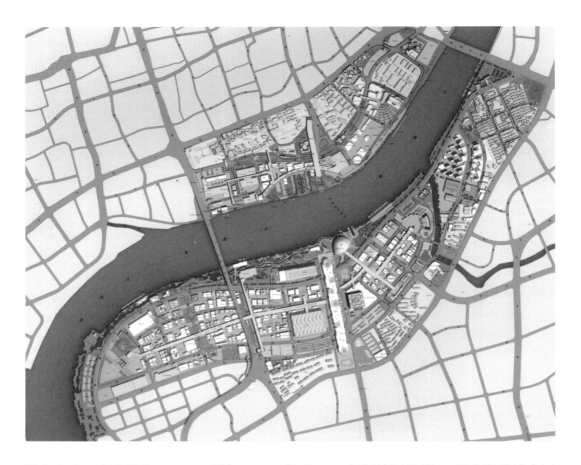

图 6-1 2010 年上海世博会园区城市设计总平面示意图 （来源：上海市黄浦江两岸开发工作领导小组办公室，上海市规划和国土资源管理局，上海市城市规划设计研究院．浦江十年：黄浦江两岸地区城市设计集锦（2002—2012）[M]．上海：上海教育出版社，2012：24)

例如，2005 年至 2006 年间编制的第 41 届上海世博会园区城市设计，对园区建筑群落和空间环境进行了整体安排，与各工程专业技术形成相互支撑，其有效的城市更新计划、优美的景观设计和卓越的运营管理体系设计对其所处城市区域的整体空间环境质量做出了贡献（图 6-1）。2008 年"汶川大地震"后，震区重建工作中，城市设计自始至终作为城市建设和管理的依据，高效率、高质量地辅助了重建工作，为生产、生活活动的恢复起了先导性作用。北川新县城总体城市设计、汶川水磨镇城市设计等工程不仅有力塑造了富有地域特色的城市风貌，而且在重建过程中发挥出综合平台的作用（图 6-2，图 6-3）。

我们通过一街（以商业步行街、城市道路两侧为代表的街道类城市设计）、两城（以大学城、新城为代表的城市设计）、三区（以城市开发区、中央商务区、城市滨水区为代表的城市设计）等城市设计实践类型的概述，来反映 2000 年代繁荣的城市设计实践。

01. 羌族特色商业步行街
02. 抗震纪念园
03. 影剧院、川剧团、文化艺术学校
04. 羌族民俗博物馆、图书馆、文化馆
05. 永昌第二小学
06. 体育中心、青少年活动中心
07. 职业中学、职业教育中心
08. 永昌第一小学
09. 广电中心
10. 北川中学
11. 政务服务中心、惠民大楼
12. 北川县人民医院
13. 办公建筑集群
14. 温泉安居片区
15. 红旗安居片区
16. 白杨坪安居片区

图 6-2 北川新县城重建城市设计风貌控制 （来源：中国城市规划协会．全国优秀城市规划获奖作品集：2011—2012[M]．北京：中国城市出版社，2013：61）

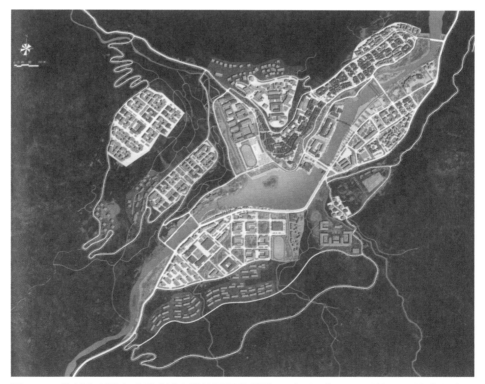

图 6-3 汶川水磨镇灾后重建城市设计平面示意图 （来源：陈可石，阴劼．汶川绿色新城：汶川水磨镇灾后恢复重建城市设计与建筑设计 [M]．北京：北京大学出版社，2010：41）

6.1.1　商业步行街

商业步行街类的城市设计实践自 1990 年代末兴起，到 2000 年代初达到实践高峰。1990 年代末以来，以上海南京路步行街（图 6-4）、北京王府井商业街、南京夫子庙商业街、长沙黄兴路步行街、成都宽窄巷子等为代表的实践项目极大地促进了城市设计在街道领域内的应用。一般来说，这些城市设计特征表现为：

①结合城市商业中心布局，或者结合历史街区设置；②重视公共空间尺度，结合城市广场、绿地和水体等形成公共空间网络；③综合化、立体化、人性化的交通组织；④优化建筑形体的视觉特征；⑤精心设计各环境要素，例如路灯、雕塑、座椅、植物、标识系统、垃圾桶等。

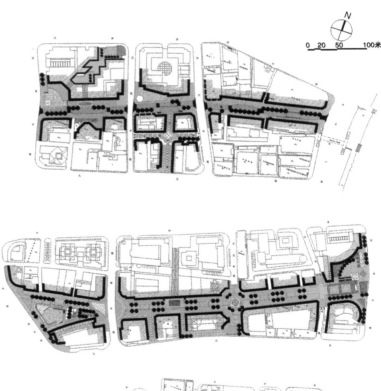

图 6-4　上海南京路商业步行街部分城市设计平面图（来源：中国城市规划设计研究院，建设部城乡规划司，上海市城市规划设计研究院. 城市规划资料集第 5 分册：城市设计 [M]. 北京：中国建筑工业出版社，2005：119）

图 6-5 上海新天地 （来源：中国城市规划设计研究院，建设部城乡规划司，上海市城市规划设计研究院．城市规划资料集第 5 分册：城市设计 [M]．北京：中国建筑工业出版社，2005：239）

这类商业步行街的城市设计逐渐走上实践高潮，并扩展到城市道路两侧的城市设计，例如以深圳深南大道街景城市设计为代表的城市道路两侧的城市设计实践。

与历史保护、城市更新密切相关的项目也逐渐增多，如上海新天地（图 6-5）、南京 1912 街区等。但与此同时，中国一些城市也出现了"仿古风"，力图重新修建和改造一些历史上曾经出现的著名建筑和街道，其中一些设计和建造品质低劣、低俗的"假古董"对城市空间和公共利益造成了损害。

6.1.2　大学城

目前，中国尚不存在严格意义上的"大学城"概念。一般认为，中国的大学城是指以大学智力资源为核心、以高等教育为主要功能的空间集聚区域。据相关学者统计，仅截至 2004 年 5 月，在"整合教育资源、提高城市综合实力、发展城市新市区（城）"等多种目标的引导下，国内有 43 个城市已建和正在规划建设大学城，新建数量已经超过 54 个，遍及全国 21 个省（自治区、直辖市）[2]（表 6-1）。大学城的城市设计实践项目以广州大学城（图 6-6，图 6-7）、重庆大学城、南京仙林大学城、上海松江大学城等为代表，其城市设计特征一般体现为：

①重视自然环境资源的利用，强调自然与园区的结合，以创造良好的公共景观；②强调空间和功能的开放共享；③重视

地点	大学城数量（个）	地点	大学城数量（个）	地点	大学城数量（个）	地点	大学城数量（个）
北京	3	甘肃	1	吉林	1	山东	8
上海	7	四川	2	安徽	1	湖北	4
天津	4	浙江	5	福建	5	陕西	4
重庆	1	江西	4	河南	6	新疆	2
河北	1	湖南	3	广西	4	海南	1
黑龙江	3	广东	5	内蒙古	1	贵州	1
辽宁	3	山西	2	江苏	12	宁夏	1
云南	1	—	—	—	—	—	—

来源：冯奎. 中国新城新区发展报告 [M]. 北京：中国发展出版社，2015：391-392.

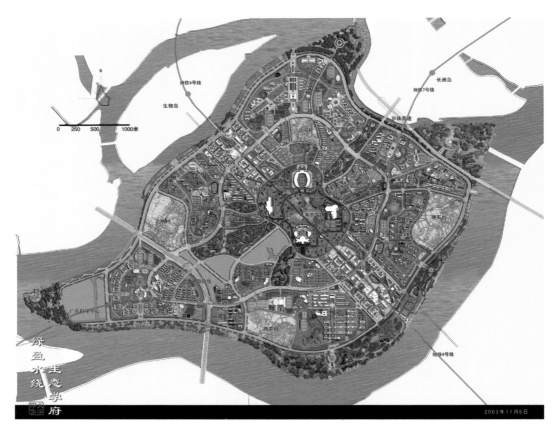

图 6-6　广州大学城总平面 （来源：广东南华工商职业学院外语系网站）

校内慢行体系的建立，并以自行车和步行交通作为出行半径，设置不同组团；④多利用轴线、对比等城市设计手法，形成人工与自然的强烈对比；⑤注重标志性景观与建筑设计。

图 6-7 广州大学城中的华南理工大学校区
（来源：笔者拍摄）

6.1.3 新城

新城是指一种城市发展形式，其目的在于通过在大城市现有用地周边重新安置人口，设置住宅、医院和产业，配置文化、休闲和商业中心，形成新的相对独立的城区。进入1990年代以来，中国城市经济结构和空间结构发生了新的变化，城市进入迅速扩张期。2000年代，新城建设活动达到高峰。上至特大城市，下至有发展潜力的中小县城，在中国广阔的国土上，出现了许多不同职能类型、不同发展目标、不同景观特征的新城（图6-8，图6-9）。

新城的建设动力是多方面的，诸如历史城区保护、解决居住问题（卧城）、城市空间发展限制（卫星城）、重大基础设施建设需要（高铁新城、空港新城）、产业发展（产业新城）、大事件（奥运新城）、科技创新（科学城）、重点区域发展战略（国家新区）、政治因素（政务新城）等。数量巨大的新城、新区在较短的时间跨度内涌现出来。

在这一热潮中，城市设计得到广泛、整体的运用，不同的设计思想、多元综合的城市设计理论和手法在不同类型的新城开发中都得到了不同程度的应用，新城建设成为中国当代城市设计难得的实践地，有成功的案例，也有失误的教训。（图6-10，图6-11）。

图 6-8　宁波鄞州新区总体城市设计方案　（来源：东南大学城市规划设计研究院段进团队）

图 6-9　宁波鄞州新区　（来源：东南大学城市规划设计研究院段进团队）

图 6-10　苏州高铁站新区　（来源：东南大学城市规划设计研究院段进团队）

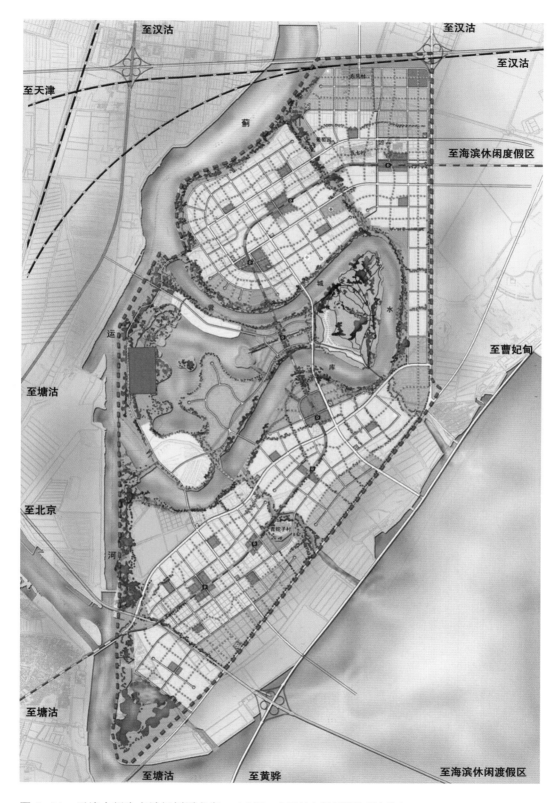

图 6-11 天津中新生态城规划原方案 （来源：中国城市规划设计研究院）

6.1.4　开发区

　　开发区一般是指由国务院和省、自治区、直辖市人民政府批准在城市规划区内设立的经济技术开发区、保税区、高新技术产业开发区、国家旅游度假区等实行国家特定优惠政策的区域。

　　1984 年，国家批准兴建了大连、秦皇岛等 14 个经济技术开发区，标志着中国开发区的正式诞生。1985 年 7 月，中国科学院与深圳市政府联合创办中国第一个高新技术开发区——深圳科技工业园区，拉开了创办高新技术开发区的序幕。此后，在经济、科技和教育体制改革浪潮的驱动下，各类开发区开始出现（图 6-12）。

　　2000 年至 2002 年，国务院第三批批准了合肥、郑州等 17 个国家经济技术开发区，全国开始掀起设立开发区的热潮，各种类型、各种级别的开发区建设呈现迅猛发展之势。2010 年 12 月 31 日，《开发区规划管理办法》被废止，开发区建设高峰结束。

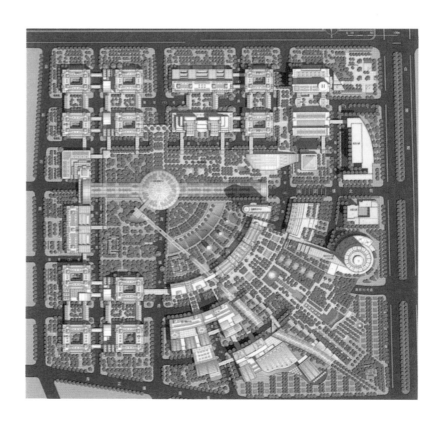

图 6-12 中关村科技园城市设计平面图 （来源：中国城市规划设计研究院，建设部城乡规划司，上海市城市规划设计研究院. 城市规划资料集第 5 分册：城市设计 [M]. 北京：中国建筑工业出版社，2005：108-109）

这是中国城市历史上大规模高速度扩张的时期之一，中国的对外开放区由东部沿海向沿江、中西部内陆城市延伸，多层次、全方位的开放格局基本形成。由于高技术人员对城市环境的要求，加之开发区建设意图自上而下的贯彻，开发区城市设计整体水平较高，其特征一般为：

①重视产业发展维度与空间发展维度的协调统一；②重视自然环境资源的利用，强调自然与城市的结合；③重视开发区空间结构与城市整体空间结构的协调；④更强调城市设计实施与产业发展弹性之间的呼应；⑤注重开发区的形象窗口作用。

6.1.5 中央商务区

中央商务区（Central Business District，简称CBD）是现代城市以商务办公为主的第三产业集中地。20世纪以来，中央商务区（CBD）成为控制大城市经济命脉的中心，因此也就成为展示城市经济实力、城市形象和城市文化的核心载体（图6-13）。

2000年代，随着金融业的发展，CBD的崭新概念以其国际化形象受到中国各级政府的重视。截至2006年，中国大小城市661个，20万人口以上的城市359个，其中近40个提出要规划建设CBD[3]。城市设计在中央商务区的建设中起到了核心作用①。中央商务区的设计特征一般为：

①重视CBD的整体空间形象；②重视CBD在功能配比、交通组织等方面的具体需求；③重视地下空间的综合利用；④兼顾表达自然和历史文化。

6.1.6 城市滨水区

城市滨水区是指与河流、湖泊、海洋等水体相毗邻的城市空间。

1960年代以来，随着世界性的产业结构调整，发达国家城市滨水地区经历了一个逆工业化过程，其工业、交通设施和港埠呈现一种加速从中心城市地段迁走的趋势，港口也因轮船吨位的提高和集装箱运输的发展而由城市传统中心地域迁徙他处。此外，中产阶级崛起、生产方式改变，导致人们

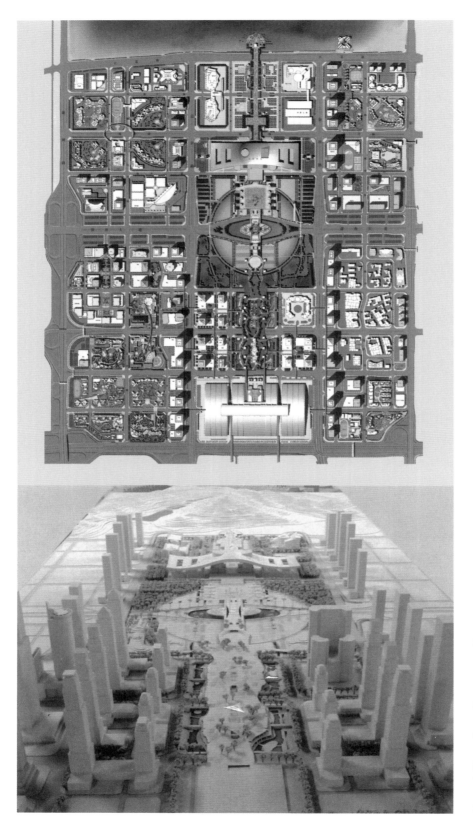

图 6-13 深圳市市民中心及福田区中央商务区城市设计平面图（上）和模型照片（下）（来源：中国城市规划设计研究院，建设部城乡规划司，上海市城市规划设计研究院.城市规划资料集第5分册：城市设计 [M].北京：中国建筑工业出版社，2005：103）

对旅游休闲的需求剧增。于是，北美最早对城市滨水区进行改造，例如巴尔的摩内港、旧金山的吉拉德里广场。此后，滨水地区开发现象已非常普遍，1965 年以来美国和加拿大就产生了几千个案例。

中国城市滨水区的开发历程与此类似，从洋务运动开始到 1980 年代，工业都主要集中在城市滨水区。1980 年代末，随着工业化的迅速发展，城区滨水地带开始更新再开发。1990 年代末开始，国内不少城市对滨水地区的开发十分活跃。有的滨水地区的开发已形成规模，并以此带动了整个城市的发展，如上海浦东的陆家嘴地区、深圳的前海地区、南京的秦淮河沿线、厦门的筼筜湖地区等，从特大城市到普通县城，无一不积极开发城市滨水地带。2000 年以来，上海、广州、深圳、武汉、南京、天津、杭州、青岛等都将滨水地带作为开发重点。根据统计分析，1998—2002 年是中国当代滨水区城市设计研究和实践的高潮，并持续到 2007 年左右[②]。它们的特征一般为：

①对滨水区进行生态环境整治，以拉动新的开发投资；②修缮滨水区历史建筑，保护传统文化；③优化交通，尤其致力于一种宜人幽雅的滨河慢行体系；④对用地功能进行重组，注入一系列新功能，包括公园、步行道、餐馆、娱乐场以及混合功能空间；⑤精心组织公共空间，尤其重视亲水空间与公共活动的结合（图 6-14）。

6.2　三个争议建筑

除了以上一系列系统性的实践之外，中国建筑界的研究和实践也向城市设计层面延伸。在一些重大的国家工程设计过程中，学者和民众对其中一些建筑产生了争议。争议的根源并非建筑本身的设计问题，而是城市设计问题。因此我们认为，这些争议从侧面促进了城市设计的社会影响力。其中最具代表性的是中国国家大剧院、国家体育场（"鸟巢"）、中央电视台总部大楼。

6.2.1　中国国家大剧院

中国国家大剧院位于北京天安门广场西、人民大会堂

图 6-14 天津海河两岸 （来源：北京全景视觉网络科技股份有限公司授权）

西侧、西长安街以南，由法国建筑师保罗·安德鲁（Paul Andrew）主持设计，是亚洲最大的剧院综合体。

1950 年代，中国政府对长安街的规划就设想了国家大剧院的建设。直至 1997 年 9 月，中央政治局常委会正式决定建设国家大剧院。1998 年 4 月，国务院批准国家大剧院工程立项建设后，举行了建筑设计方案国际竞赛，36 个设计单位提出了 44 个方案，初步确定了采用安德鲁的方案（图 6-15）。

2000 年 6 月 10 日，包括院士、国家勘察设计大师、青年建筑师等超过 200 名从事建筑设计、城市规划及教学的建筑工作者联名致信国务院，要求撤销安德鲁的设计方案。之后，国务院责成中国国际工程咨询公司组织专家对工程可行性研究报告进行论证。2000 年 8 月 12 日，国际工程咨询公司在北京小汤山九华山庄举行国家大剧院工程及其环境改造、地下停车场工程评估。会议由咨询公司董事长屠由瑞主持。

来自城市规划、建筑设计、文艺演出等领域的 40 位专家参加了该会议，其中建筑公用工程组成员有吴良镛、周干峙、何广乾、张锦秋、齐康、何锦堂、戴复东、李道增、彭一刚、李准和宣祥鎏③等。会议气氛严肃，分歧巨大。"赞成"与"不赞成"的各占一半。

赞成安德鲁方案的主要意见：一是高度的现代化，时尚、前卫；二是打破了传统的（落后的）环境协调理念，与人民大会堂形成强烈的对比，是"先进的协调"；三是时间紧迫，既已经中央原则同意，应该尊重，要快刀斩乱麻，不要再旷日持久、议而不决。

反对安德鲁方案的主要意见：一是建筑方案违背了适用、经济、美观三大基本原则，形式主义、封闭环境，既不适用，又不经济，也不美观；二是单纯从美观角度看，其形象是"乌龟壳""大水蛋"，是"大坟墓""开裆裤"；三是与周围环境的关系是不顾历史、割断传统文脉[4]。

虽然国家大剧院已建成使用，但这些争议持续至今仍未结束。

图 6-15　保罗·安德鲁的方案　（来源：北京全景视觉网络科技股份有限公司授权）

6　繁荣的实践与制度化、系统化建构（2000年代）　| 169

6.2.2　国家体育场（"鸟巢"）

2002 年 3 月，北京市规划委员会进行了奥林匹克公园规划方案的征集。美国佐佐木建筑师事务所和中国天津华汇工程建筑设计有限公司的联合方案成为奥林匹克公园的蓝本。2003 年 11 月，在奥林匹克公园中心区和森林公园景观设计方案征集中，佐佐木建筑师事务所与北京清华城市规划设计院的联合方案胜出，首次将中轴线命名为"通向自然的轴线"（图 6-16，图 6-17）。与此同时，2002 年 3 月，中国面向全球公开征集国家体育场设计方案，由瑞士雅克·赫尔佐格和德梅隆设计师事务所、中国建筑设计研究院及奥雅纳（ARUP）工程顾问公司设计联合体④共同设计的"鸟巢"方案，经过严格的专家评选和群众投票最终脱颖而出（图 6-18）。

建成后的北京奥林匹克公园是融合了多种功能的城市区域。在此，北京古城的中轴线以一种自然的方式得到延伸，这是对首都历史的巧妙回应，也是对时代精神的巧妙阐释。然而北京奥运会标志性建筑物之一的国家体育场"鸟巢"在造型、造价、功能、设施、后期运营模式等方面却引发了不少争议。

有人盛赞："这座建筑没有任何多余的处理，一切因其功能而产生形象，建筑形式与结构细部自然统一""不仅为2008 年奥运会树立一座独特的历史性的标志性建筑，而且在世界建筑发展史上也将具有开创性意义，将为 21 世纪的中国和世界建筑发展提供历史见证"。但同时也有建筑设计专家指出，这一建筑在城市背景中"随意性很强……没有章法"⑤，是对中国传统文化的一种"文化侵犯"⑤。2008 年 8 月下旬奥运会还未结束时，又因担忧"鸟巢"的商业运营，人们再次展开辩论。虽在奥运会结束一周年之后它仍然尚未被精心策划运营，但其每天 300 万元以上的门票收入⑥却让争论的人们大跌眼镜……

6.2.3　中央电视台总部大楼

中央电视台总部大楼新址位于北京中央商务区，由荷兰人雷姆·库哈斯（Rem Koolhaas）和德国人奥雷·舍人（Ole Scheeren）带领大都会建筑事务所（OMA）设计（图 6-19）。

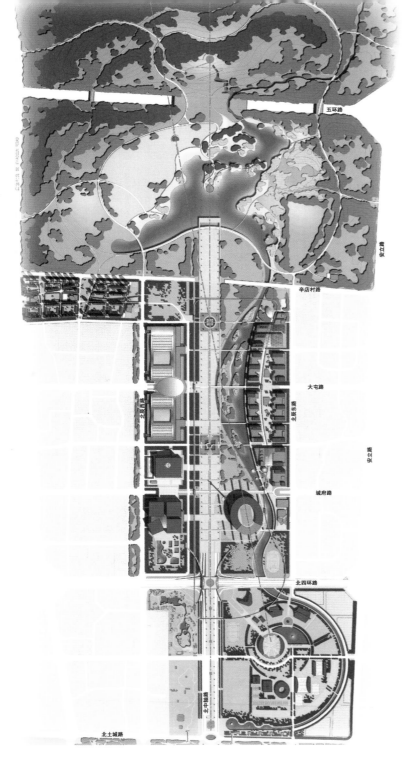

图6-16 北京奥林匹克公园设计方案 （来源：北京市规划委员会，
北京水晶石数字传媒.2008 北京奥林匹克公园及五棵松文化体育中心规划设
计方案征集：中英文本 [M]. 北京：中国建筑工业出版社，2003：39-40）

图6-17 "通往自然的轴
线" （来源：北京市规划委
员会,北京水晶石数字传媒.2008
北京奥林匹克公园及五棵松文化
体育中心规划设计方案征集：中
英文本 [M]. 北京：中国建筑工
业出版社，2003：39-40）

图 6-18 "鸟巢"
（来源：北京全景视觉网络科技股份有限公司授权）

图 6-19 中央电视台总部大楼 （来源：戴维·格雷厄姆·沙恩.1945 年以来的世界城市设计 [M]. 边兰春,唐燕,等译. 北京:中国建筑工业出版社,2017：217)

2004 年 9 月，中央电视台总部大楼开工，2012 年 5 月，举行主楼竣工验收仪式。

该建筑带来的争议是全民性的。许多建筑设计专家对此褒贬不一，例如建筑大师张良皋多次批判其违背中国建筑发展的方向，还有专家说这是"小儿麻痹症患者""扭曲的拱门""一种浮躁情绪导致奇奇怪怪的建筑"⑦、北京是一个"被屠杀的城市"⑧……而全国人民从此都知道了北京有一个"大裤衩"，城市设计问题隐约成为全民话题。

在建筑设计问题上，程泰宁认为，中央电视台总部大楼价值判断失衡。他认为该大楼不仅挑战力学原理和消防安全底线，还带来超高的造价。这一建筑从最初的 50 亿元预算，一路攀升至近 200 亿元，并且支付给设计方高达 3.5 亿元的费用，设计费平均达 630 元 / 平方米。

然而褒奖之声也不绝于耳。它获得了 2007 年美国《时代》杂志评选的世界十大建筑奇迹、世界高层建筑学会"2013 年度高层建筑奖"最高奖、美国《私家地理》杂志 2012 年读者评选的"全球顶级摩天大楼"前五强等诸多荣誉。中央电视台总部大楼已成为北京最重要的地标之一。

6.3　实施制度探讨

城市设计作为促进城市空间优化的重要手段，在各地普遍进行，呈现出繁荣实践的景象。以常州市为例，10 年间主城开展的城市设计就有 100 多项，很多区域重复多次进行设计，尽管这些城市设计在城市建设中发挥了重要的作用，但使用效率很低，根据调查，实施率不到 38%⑨。有城市规划管理者坦言："有用的可能连 10% 都不到。"⑩ 由此，城市设计何去何从，引发了系统性思考。

6.3.1　都江堰会议

在经历着实践高峰的同时，地方建设部门对城市设计实施的重视引起了国家规划主管部门的关注。2000 年代，中国城市规划学会主持召开了多次关于城市设计实施的专题会议。2000 年 5 月 24 日至 26 日，中国城市规划学会主办、都江堰市规划管理局协办的"城市设计实施制度构筑的框架"研讨会在都江堰市举行。"城市设计实施制度构筑的框架"是由建设部下达,中国城市规划学会组织国内有关城市设计方面的专家学者完成的部级科研项目。该项目从四个方面论述了城市设计的实施制度:建立城市设计实施制度的必要性与迫切性;各国城市设计实施制度的比较分析;中国城市设计实施制度构筑的框架;推进城市设计实施的对策。

2001年,中国城市规划学会和原建设部规划司在四川都江堰就城市设计实施引导机制的研究与探索问题又展开了研讨会。从此,城市设计的研究重心从对设计本身的技术方法研究转移到制度化、系统化的研究上来。

6.3.2　制度化、系统化研究

城市设计对未来城市理想形态进行设想和干预所依靠的纯设计理性往往有陷入空想的危险。对此,一批学者(金广君[5]、柳权[6]、庄宇[7]、高源[8]、王玉[9]、王唯山[10]、黄雯[11]、范东晖[12]等)继续借鉴国外经验,向国内介绍了发达国家和地区(尤其是美国和英国)的实施制度与系统框架。《城市设计运作》《城市设计实效论》等一系列书籍出版,分析了城市设计的作用机理和作用过程,重点研究了从管理组织、设计编制到实施等系统性问题。

在对从设计到实施运作的探讨过程中,一方面,城市设计与规划体系整合运作实践,作为一种"设计的综合"⑪,继续在城市规划的框架内发生作用,以一种设计方法和设计理念在城市规划专项、城市规划全程内与城市规划相互辅佐,通过编制内容与体系、编制工作方法、开发控制与协调、运作机构等多方面协调,深刻地影响着城市建设;另一方面,城市设计思潮逐渐转向"设计的控制"⑫,以制定城市设计导则、规范城市设计运作为主要手段,目标转向对城市空间的塑形。相关重要的书籍有《城市设计的运作》(庄宇,2004年)、《适应性城市设计——一种实效的城市设计理论及应用》(陈纪凯,2004年)、《面向实施的城市设计》(王世福,2005年)、《城市设计实践论》(刘宛,2006年)、《美国现代城市设计运作研究》(高源,2006年)等(图6-20)。

图 6–20 1900 年代初中国部分城市设计学者的专著 （来源：笔者整理）

6.4 控制导则

对城市设计导则的设计，最早可以追溯到 1991 年国内学者对城市空间界面的关注——"人们能捕捉到各自所需的信息和兴趣点，并能感受到城市的历史文化特征、民俗风情等，从中得到物质和精神上的满足"[13]，并注意到国外城市设计管理中的"街墙"概念。

到 2000 年代初期，美国城市设计导则的引介[14]拉开了城市设计导则的研究大门，接着对法国[15]、英国[16]、德国[17]、意大利[18]、西班牙[19]等欧洲发达国家的城市设计控制进行了体制类型、策略范畴、构成元素和运作机制等方面的一系列讨论解读，同时，针对详细规划阶段的城市设计导则编制也进行了论述[20]。这些研究提出，作为公共政策的城市设计控制在规划领域是一个重要议题。至此，中国学者认识到大部分发达国家的法律都授权政府职能部门对开发活动进行城市设计控制[21]（图 6-21）。

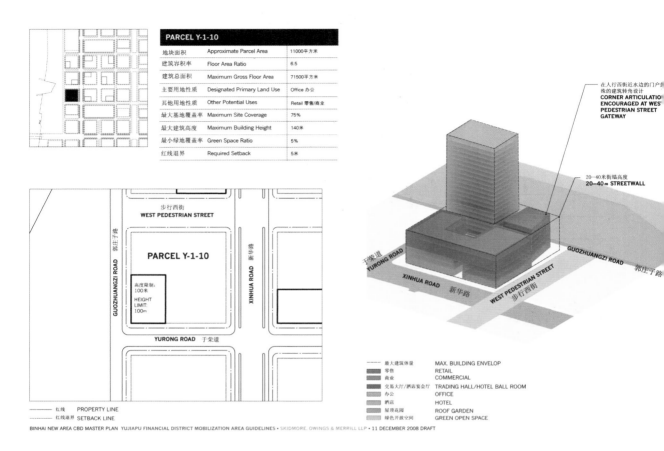

PARCEL Y-1-10		
地块面积	Approximate Parcel Area	11000平方米
建筑容积率	Floor Area Ratio	6.5
建筑总面积	Maximum Gross Floor Area	71500平方米
主要用地性质	Designated Primary Land Use	Office 办公
其他用地性质	Other Potential Uses	Retail 零售/商业
最大基底覆盖率	Maximum Site Coverage	75%
最大建筑高度	Maximum Building Height	140米
最小绿地覆盖率	Green Space Ratio	5%
红线退界	Required Setback	5米

在人行西街近水边的门户侧独特的建筑转角设计
CORNER ARTICULATION ENCOURAGED AT WEST PEDESTRIAN STREET GATEWAY

20—40米街墙高度
20—40 m STREETWALL

最大建筑体量	MAX. BUILDING ENVELOP
零售	RETAIL
商业	COMMERCIAL
交易大厅/酒店宴会厅	TRADING HALL/HOTEL BALL ROOM
办公	OFFICE
酒店	HOTEL
屋顶花园	ROOF GARDEN
绿色开放空间	GREEN OPEN SPACE

BINHAI NEW AREA CBD MASTER PLAN YUJIAPU FINANCIAL DISTRICT MOBILIZATION AREA GUIDELINES • SKIDMORE, OWINGS & MERRILL LLP • 11 DECEMBER 2008 DRAFT

图 6-21 SOM 公司为天津塘沽于家堡金融区起步区所制定的城市设计导则 （来源：《滨海新区中央商务区总体规划：天津于家堡金融区起步区城市设计导则》）

尽管在中国城市设计发展初期，城市设计导则就受到了关注，但这种关注在城市设计实施 10 年、控制性详细规划逐渐成为城市重要的行政审批依据之时，才开始形成应用潮流。城市设计方案在实施过程中常常被篡改或根本不被尊重，为改变这种状况，城市设计导则只能依托控制性详细规划的成果，寄居在法定规划体系中。也有少数城市将其单独立法，取得了较好的效果。例如，宁波市东部新城核心区以导则为法定依据进行了严格控制（图 6-22），通过人大立法的方法直接以城市设计指导具体的城市建设。

6.5 相依的城乡规划制度建设

城市规划编制相关的法律制定具有强烈的时代烙印，经历了一个曲折的发展过程，限定了城市设计的制度框架。

1949 年至 1970 年代末，中国政治体制呈高度集中的"苏

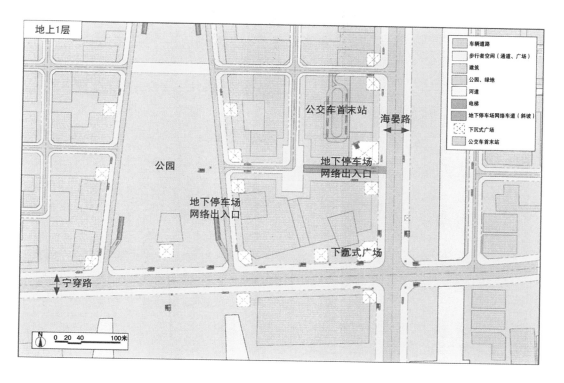

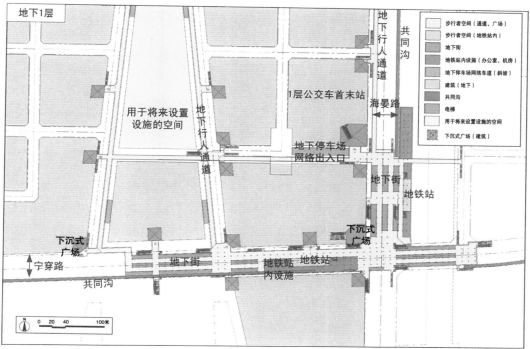

图 6-22 宁波市东部新城核心区城市设计导则 （来源：宁波市规划局）

联模式"，经济体制呈自上而下的指令性计划模式。1952年4月，中财委召开了全国第一次城市建设座谈会，会议讨论了《中华人民共和国编制城市规划设计程序与修建设计草案（初稿）》，初步明确了城市规划和设计的工作程序。

1980年12月，国家基本建设委员会颁布了《城市规划编制审批暂行办法》。1984年1月5日，国务院颁布了《城市规划条例》，作为对1980年版《城市规划编制审批暂行办法》的补充和完善，确定分级审批制度，完善城市规划的修改审批程序。这是中国当代第一部关于城市规划、建设和管理的基本法规。

1989年12月，《中华人民共和国城市规划法》（简称《城市规划法》）获得通过，城市规划的编制首次以法律为依据开展。城市规划文本由原来的决策参考资料变为政府依法管理城市建设的文件。

1991年10月，新的《城市规划编制办法》施行。其第一章第八条中提到，"在编制城市规划的各个阶段，都应当运用城市设计的方法，综合考虑自然环境、人文因素和居民生产、生活的需要，对城市空间环境做出统一规划，提高城市的环境质量、生活质量和城市景观的艺术水平"。这提高了城市设计方法的法律地位。

2005年，国务院再次颁布了新的《城市规划编制办法》。相对于1991年版，该版实现了城市规划组织方式的转变，规划功能由技术文件转向公共政策[13]，但是淡化了城市设计内容。

2007年10月，《中华人民共和国城乡规划法》（简称《城乡规划法》）（图6-23）获得通过，自2008年1月1日起施行，《城市规划法》同时废止。在城乡规划的范畴中没有出现"设计"二字，也没有提"城市设计"。对于这次修改，提倡"城市设计法定化"的人们必定是失望的[14]。

除却其他可能的外部因素，现代城市设计在中国发展的不成熟构成了这一修改的主要原因。例如，对城市设计的内涵与定义的争论一直没有停止，对它的作用没有达成共识，甚至对它的对象也没有达成统一。在此情况下，希冀中央政府以自上而下的姿态出台一部强有力的法律来进行统一规定，无疑是不现实的。

图6-23 2007年版《中华人民共和国城乡规划法》封面 （来源：笔者拍摄）

6.6 繁荣实践中的问题

尽管《城乡规划法》没有明确城市设计的地位与作用，但现实需求并未减少。大量的城市设计项目因实施途径的不完善，而不能充分发挥作用。城市设计的运用和管理均处于混乱状态。在辉煌实践的表面背后，不良现象普遍存在——城市设计仍严重依赖经验判断、分析与研究过程的逻辑性脆弱、量化分析沦为感性倾向的附属品等。这些现象包括：

（1）经验主义的设计创作。未进行当时、当地的具体分析，却严重依赖"设计经验"，对城市空间进行复制、抄袭，导致城市设计失去了实事求是的研究和评价标准，甚至出现了全盘复制国外城镇的现象。例如，沈阳的荷兰村、上海的英国小镇，而广东惠州复制奥地利小镇哈尔斯塔特事件则在国内外引起轩然大波。

（2）"以人为本"的原则被架空。"人"的具体意义被当代社会消解，"人民"进而成为一个虚构的名词，"人"已不是一种具体的、鲜活的"人"，而成为一种被去掉文化差异、剔除地域差异、剥去生活差异、抛光需求差异的简单机器，导致"以人为本"逐渐沦落为其他目标的挡箭牌。在这种情况下，任何空间都被称作"以人为本"的，城市设计的根本价值取向发生了偏离。

（3）"设计缺位"或"设计过度"。在对不同权属的土地进行开发控制的过程中，经常出现"设计必须介入的地方不做设计，设计无权介入的时候乱做设计"的问题，前者使城市设计塑造城市综合环境质量的能力减弱，后者导致城市设计存在侵犯公民私权的问题。与此同时，过度的设计也造成了不必要的建设，不仅浪费资金，而且也不符合生态、自然的城市发展新理念。

第6章专栏 2000年代大事年表

2000年1月1日，《中华人民共和国招标投标法》出台并开始实施，影响了之后城市设计项目方案的决策机制。

2000年，国务院办公厅发出《关于加强和改进城乡规划工作的通知》。

2000年，中共中央、国务院发出《关于促进小城镇健康发展的若干意见》。

2000 年 4 月 12 日至 14 日，在重庆市召开由建设部和香港特别行政区政府工务局主办、中国城市规划学会等单位协办的"内地与香港城市建设与环境研讨会"。

2000 年 5 月 24 日至 26 日，由中国城市规划学会主办、都江堰市规划管理局协办的"城市设计实施制度构筑的框架"研讨会在都江堰市举行。

2000 年 8 月，中国城市规划学会主办的"城市设计实施制度框架研究"专家座谈会在北京召开。

2000 年 12 月，深圳市获得"最大规模级城市花园城市"的称号。

2000 年 12 月，中国城市规划学会与中国建筑工业出版社联合编辑出版《中国当代城市设计精品集》。该精品集在 1998 年"全国城市设计学术交流会"交流项目的基础上，共收集了国内近年来城市设计或较好地运用城市设计手法的规划设计项目 30 余项。

2001 年，中国城市规划学会和规划司在四川都江堰就城市设计实施引导机制的研究与探索问题展开了研讨会。

2001 年 7 月 12 日，上海举办了首届世界规划院校大会，大会认为在当时的规划学术界和职业领域，城市设计正处在一个全盛的发展时期。

2001 年 12 月 10 日，中国城市规划学会城市设计学术委员会于杭州正式成立（此后举行了 2002 年厦门会议、2005 年三亚会议、2007 年株洲会议、2011 年成都会议、2013 年天津会议、2014 年上海会议、2015 年深圳会议、2016 年南京会议）。

2002 年 9 月 8 日，国际规划和住宅联盟（IFHP）第 46 届年会在天津举行，应联盟邀请，中国城市规划学会石楠秘书长参加了本次会议，并主持了城市设计与城市更新分会场，美国、日本等国的专家在会议上作了学术报告。

2002 年 10 月，城市规划国际研讨会在北京召开。仇保兴提出，要充分关注并解决中国在城市化进程中出现的规划失效、历史文化遗址遭破坏和污染等问题。

2002 年 10 月，"建筑与文化 2002 年国际学术研讨会"在江西庐山举行，讨论了城市设计与建筑艺术问题。

2002 年 12 月，中央电视台总部大楼设计方案揭晓，OMA 中标。

2003 年 9 月，国家游泳中心设计方案"水立方"被确定为实施方案。

2004 年 5 月，"城市照明规划与设计国际研讨会"在北京召开，主题是"城市照明的规划与设计"。

2004 年，中国城市规划学会城市设计专业学术委员会发表专题报告《当前我国城市设计发展的形势与存在的主要问题》中，以 57 个城市的调查报告为基础，就中国城市设计发展的总体状况、主要特征、存在的主要问题及未来的发展趋势和特点四个方面做了分析。

2004 年，上海市制定了《容积率计算规则暂行规定》，明确规定了奖励建筑面积的类型及计算标准（开发权转让的中国实践）。

2005 年，国务院颁布了新的《城市规划编制办法》。

2005 年 10 月，"第九次中德城市与建筑学术研讨会暨第二届中国滨水城市景观规划国际论坛"在宁波举行，论坛主题为"滨水城市的城市设计与可持续发展"。

2005 年 12 月，中国城市规划学会城市设计专业学术委员会三亚会议在三亚市召开。

2006 年 7 月，由中国城市规划学会等联合主办的中俄城市设计暨建筑风格高层学术论坛在哈尔滨召开，会议就城市设计、历史文化遗产与风貌特色的保护与利用等问题进行了学术交流。

2007 年 12 月，中国城市规划学会城市设计专业学术委员会年会在株洲市召开。

2008 年 5 月 12 日，中国四川省汶川地区发生 8.0 级地震，之后，城市设计大量应用于汶川震后重建工作，为汶川人民生活的快速恢复做出了很大的贡献。

2008 年 9 月，"世界华人建筑师协会城市特色学术委员会 2008 年太原学术讨论会暨太原市建筑设计研究院建院 50 周年庆典活动"在山西太原举行，主题为"历史文化名城与滨水城市特色"。

2008 年 10 月，第七届亚洲建筑国际交流会在北京举行，主题为"城市更新与建筑创新"。

2008 年 10 月，中国城市规划学会联合江苏省城市规划设计研究院在南京市召开了"全国控制性详细规划学术研讨会"，来自全国各地的 300 余名规划专家、学者共同研究探讨了自《城乡规划法》贯彻实施以来，控制性详细规划在编制和管理过程中遇到的问题。

2008 年 12 月，"建筑设计与城市文化建设高峰论坛"在山东济南举办，就历史风貌的保护与传承、具有人文精神和文化特色的城市形象进行研讨。

2009 年 11 月，澳门总体城市设计项目工作组在珠海市召开工作会议。之后，中国城市规划学会澳门总体城市设计项目组与澳门有关方面进行了设计方案交流。

第 6 章注释

① 参见陈一新. 中央商务区（CBD）城市规划设计与实践 [M]. 北京：中国建筑工业出版社，2006：前言。

② 笔者根据中国知网进行的数据分析显示，1998 年、1999 年、2000 年、2007 年等几年中，关于滨水区城市设计的文章引用次数居所有文章前列。例如《城市滨水景观设计研究》（1998 年）、《滨水地区的规划和开发》（1999 年）、《论城市滨水区的可持续性城市设计》（2000 年）、《滨水地区城市设计探讨》（2007 年）等文章。

③ 首都规划建设委员会原副主任兼秘书长。

④ 另外，艾未未作为雅克·赫尔佐格和德梅隆的中方顾问也参与了设计。

⑤ 参见中国作家网。

⑥ 参见 2014 年 8 月 8 日《东南快报》。

⑦ 王丽方在接受《北京青年报》采访时的谈话。

⑧ 参见"雪山飞狐之旅"新浪博客。

⑨ 该数据来源于 2015 年段进、季松主持的"常州市城市设计评估"项目（季松，段进，黄蜻柑. 多项城市设计整体评估方法及其常州实践 [J]. 规划师，2016(6)：51-57）。

⑩ 南京市规划局长叶斌在 2017 年 11 月 11—12 日"国际工程科技发展战略高端论坛——城市设计发展前沿高端论坛"上的讲话。

⑪ 即"城市规划设计"的方法。

⑫ 即对建筑、景观及其他设计方案的设计、控制、引导。

⑬ 参见曹康，赵淑玲. 城市规划编制办法的演进与拓新 [J]. 规划师，2007，23(1)：9-11；尤志斌. 城市总体规划编制方法的改进策略初探 [J]. 现代城市研究，2007，22(6)：4-10。

⑭ 这类倡议很多，其中以"王世福. 城市设计的法律保障刍议 [J]. 规划师，2003，19(4)：58-62"为代表。

第 6 章文献

[1] 叶南客．城市建设理念的转型——议《城市设计》的科学价值 [J]．现代城市研究，2000(3)：62-58.

[2] 卢波，段进．国内"大学城"规划建设的战略调整 [J]．规划师，2005，21(1)：84-88.

[3] 陈一新．中央商务区（CBD）城市规划设计与实践 [M]．北京：中国建筑工业出版社，2006：88.

[4] 文爱平．国家大剧院规划设计方案的讨论与争议 [J]．北京规划建设，2009(6)：78-79.

[5] 金广君．论城市设计成果的可持续性 [J]．城市规划，1999(3)：19-21，63.

[6] 柳权．试论城市设计的编制与实施——从美国经验看我国城市设计实施制度的建立 [J]．城市规划，1999(9)：58-60，64.

[7] 庄宇．城市设计的实施策略与城市设计制度 [J]．规划师，2000(6)：55-57.

[8] 高源．美国现代城市设计运作研究 [D]．南京：东南大学，2005：88.

[9] 王玉，张磊．发达国家和地区的城市设计控制方法初探 [J]．规划师，2007(6)：36-38.

[10] 王唯山．论实施城市设计的策略 [J]．城市规划，2002(2)：64-67.

[11] 黄雯．美国的城市设计控制政策——以波特兰、西雅图、旧金山为例 [J]．规划师，2005(8)：91-94.

[12] 范东晖．从 2004 年 AIA 城市设计奖看当代美国城市设计主题 [J]．规划师，2005(4)：96-99.

[13] 金广君．城市商业区的空间界面 [J]．新建筑，1991(3)：39-42.

[14] 金广君．美国城市设计导则介述 [J]．国外城市规划，2001(2)：6-9，48.

[15] 唐子来，程蓉．法国城市规划中的设计控制 [J]．城市规划，2003(2)：87-91.

[16] 唐子来，李明．英国的城市设计控制 [J]．国外城市规划，2001(2)：3-5，48.

[17] 唐子来，姚凯．德国城市规划中的设计控制 [J]．城市规划，2003，27(5)：44-47.

[18] 唐子来，胡力骏．意大利城市规划中的设计控制 [J]．城市规划，2003(8)：56-60.

[19] 唐子来，朱弋宇．西班牙城市规划中的设计控制 [J]．城市规划，2003，27(10)：72-74.

[20] 吴松涛，郭恩章．论详细规划阶段城市设计导则编制 [J]．城市规划，2001(3)：74-77.

[21] 唐子来，付磊．发达国家和地区的城市设计控制 [J]．城市规划汇刊，2002(6)：1-8，79.

7 新时代城市设计的新局面（2010 年代后）

在城镇化发展转型时期，中国城市设计迎来了新局面。

7.1 新起点：站在国际前沿

从早期西方设计思想的渗入到城市设计的制度化、系统化建构，传统城市设计与现代城市设计交融共生，历经了一百多年的演变。2010 年代，中国城市设计已经站在一个新的历史起点上。这个起点与时代同步，与国际同步。

在思想理论的水平上，中外城市设计理论差距已在逐渐缩小，传统与当代、东方与西方的理念在中国都得到了全面的展现和阐释。当代城市设计的国际引介和学习已走向共生，本土化的思想和理论探索正式走上舞台。

在实践内容及水平上，一方面，中国当代城市设计实践体现出多维紧密地与社会发展结合的趋势，对"现代化"的追求逐渐被"人的需求"所取代[①]，以可持续发展、公共安全、健康生活等为主题的时代走向更多地映射在城市设计中；另一方面，中国初步形成了从总体城市设计到地块城市设计的实践层次，不仅在其中应用了中国传统城市设计思想和西方最新的城市设计理念，而且对这些思想均有相应的创新尝试。

在技术方法上，中国城市设计与多学科相互融合，与城市管理、地理学、经济学、交通学等相互交叉，通过自上而下和自下而上的双渠道，从单一的城市建设逻辑转向社会、政治、经济等多维的城市综合环境建构发展。例如，以大数据为代表的新一代城市研究已进入中国城市设计技术化的视野，并在短时间内成立了具有相当影响力的非正式组织和团体。

由于国际城市研究的热点转向东方城市，中国以独特而完整的传统文化思想、特殊的社会发展背景和深邃的城市变革在当代城市设计国际研究领域获得了一席之地。中国传统文化思想以独特的整体观、系统性而成为当代城市设计思想的重要宝库。在诸如生态环境、城市更新、历史保护等多个议题中，中国古老智慧给出了独特的答案。

在理论层面，中国正在成为城市设计新理论的潜力高地。从全球范围来看，只有在中国，还在发生着大规模、高速度的城市化，加之新的技术条件下对城市空间和人的行为之间关系研究的精确性大大提高，不仅有可能回答国际城市设计界对城市设计科学性的质疑，而且更提升了新理论诞生的可能性。

在实践层面，中国也因城市化的推进而获得更多的城市设计实践机会，更因其社会背景和发展前景的独特性和复杂性，使其城市设计的实践面对着从设计到制度等多方面的巨大挑战，这都使中国成为国际城市设计实践的聚焦之地。

7.2　新地位：国家的战略工具

7.2.1　中央政府空前重视

回顾中国城市设计近几年的发展，可以毫不犹豫地断定，城市设计受重视程度已达当代历史高峰。

2014 年 11 月 20 日至 21 日，中国城市规划学会城市设计学术委员会召开了上海会议。来自住房和城乡建设部、中国城市规划学会以及全国各地的城市规划师、建筑师及规划管理部门的专家，热议"城市设计与空间治理"，再次发出加强城市设计工作的倡议[②]。

2014 年 12 月 16 日，国务院强调要"加强城市设计、完善决策评估机制、规范建筑市场和鼓励创新，提高城市建筑整体水平""强化城市设计对建筑设计、塑造城市风貌的约束和指导""将城市设计作为一项制度在全国建立起来"③。
2014年12月19日，全国住房城乡建设工作会议召开，住房
和城乡建设部提出，"加强城市设计工作，总结国内成功做法，
吸收国外有益经验，制定城市设计技术导则。从城市整体层
面到重点区域和地段，都要进行城市设计，提出建筑风格、
色彩、材质等要求。建筑设计和项目审批都必须符合城市设
计要求"。

　　2015年，继住房和城乡建设部进行城市设计与城市发展
关系的深入调研之后，海绵城市建设技术指导专家委员会成
立。同年，住房和城乡建设部城乡规划司委托中国城市规划
设计研究院朱子瑜团队与东南大学城市规划设计研究院段进
团队合作研究起草了《城市设计管理办法》和《城市设计技
术管理基本规定》。

　　2015年12月20日至21日，第四次"全国城市工作会议"
（即中央城市工作会议）在北京举行（图7-1）。中共中央强调，

图7-1 中央城市工作会议网页截图 　（来源：新华网）

"加强城市设计，提倡城市修补，加强控制性详细规划的公开性和强制性。要加强对城市的空间立体性、平面协调性、风貌整体性、文脉延续性等方面的规划和管控，留住城市特有的地域环境、文化特色、建筑风格等'基因'"。

2016年2月，《中共中央　国务院关于进一步加强城市规划建设管理工作的若干意见》提出，"城市设计是落实城市规划、指导建筑设计、塑造城市特色风貌的有效手段。鼓励开展城市设计工作，通过城市设计，从整体平面和立体空间上统筹城市建筑布局，协调城市景观风貌，体现城市地域特征、民族特色和时代风貌"。

2016年2月19日，住房和城乡建设部城市设计专家委员会成立，随后，住房和城乡建设部城乡规划司成立城市设计处，负责全国城市设计工作的管理和指导。同年10月31日，国务院法制办正式发布《城市设计管理办法（征求意见稿）》，并于2017年6月1日正式施行。

至此，城市设计工作已经成为中国城市建设过程中必不可少的环节。这一系列事件表明，中国当代城市设计地位已经提升到历史最高水平。城市设计正成为中国城市战略中的一个重要工具，对中国国家理想的实现有特别的意义（表7-1）。

表7-1　全国城市工作会议及其相关会议

会议名称	历次	时间	地点	主题与内容
中国共产党七届二中全会	—	1949年3月5日至13日	西柏坡	毛泽东在报告中指出，"二中全会是城市工作会议，是历史转变点"。林伯渠在讲话中也指出，"这次会议是历史上的转变点，也可以说是'城市工作会议'"。会议解决了党的工作重心从乡村转移到城市后的思路和发展途径
全国城市建设座谈会	—	1952年9月	北京	建立了城市建设的整体计划模式，讨论了《中华人民共和国编制城市规划设计程序与修建设计草案（初稿）》
全国城市建设会议	—	1954年6月10日	北京	会议决定建立城市建筑监督管理制度、加强城市公用事业的管理与设计工作，拟定必要的城市规划经济技术定额、培养城市建设管理干部，确立城市规划为工业建设和经济建设服务的角色。会议讨论了《城市建设管理暂行条例（草案）》《城市规划批准程序》《城市规划编制程序试行办法（草案）》

会议名称	历次	时间	地点	主题与内容
全国城市规划工作座谈会	—	1958 年 6 月 27 日至 7 月 4 日	青岛	交流城市规划建设工作经验,学习青岛的城市设计工作优点,部署城市规划工作
全国城市规划工作座谈会	—	1960 年 4 月 23 日至 5 月 3 日	桂林	要求在 10—15 年内将中国城市建设为社会主义现代化的新城市
全国城市工作会议	第一次	1962 年 7 月 25 日至 8 月 24 日	北戴河	解决"过度城市化"和城市供给负担等问题,起草了《关于当前城市工作若干问题的指示》
全国城市工作会议	第二次	1963 年 9 月 16 日到 10 月 12 日	北京	加强对城市的集中统一管理和解决城市经济生活的突出矛盾,下发了《<第二次城市工作会议纪要>的指示》
全国城市工作会议	第三次	1978 年 3 月	北京	强调了城市在国民经济发展中的重要地位和作用,要求城市适应国民经济发展的需要,提出了城市整顿工作的一系列方针、政策。会议制定了《关于加强城市建设工作的意见》,提出了控制大城市规模、发展中小城镇的城市工作基本思路
城市规划工作座谈会	—	1978 年 8 月	兰州	宣布全面恢复城市规划工作,要求立即开展编制城市总体规划的工作
全国城市规划工作会议	—	1980 年 10 月 5 日至 15 日	北京	反思 1980 年之前的城市规划建设工作,提出要尽快建立城市规划建设的法制,形成了《全国城市规划工作会议纪要》
全国城市规划工作会议	—	1991 年 9 月	北京	提出"城市规划是一项战略性、综合性强的工作,是国家指导和管理城市的重要手段"
全国城乡规划工作会议	—	1999 年 12 月	北京	提出必须尊重规律、尊重历史、尊重科学、尊重实践、尊重专家;强调"城乡规划要围绕经济和社会发展规划,科学地确定城乡建设的布局和发展规模、合理配置资源"
全国城市规划建设工作座谈会	—	2014 年 12 月 16 日	杭州	贯彻中央关于城市规划建设的一系列重要指示批示,统一思想认识
全国城市工作会议（中央城市工作会议）	第四次	2015 年 12 月 20 日至 21 日	北京	会议明确全国城市工作的指导思想和总体思路,提出,一要尊重城市发展规律;二要统筹空间、规模、产业三大结构,提高城市工作全局性;三要统筹规划、建设、管理三大环节,提高城市工作的系统性;四要统筹改革、科技、文化三大动力,提高城市发展持续性;五要统筹生产、生活、生态三大布局,提高城市发展的宜居性;六要统筹政府、社会、市民三大主体,提高各方推动城市发展的积极性
全国城市规划工作座谈会	—	2017 年 4 月 21 日	福州	学习贯彻中央指示与落实中央城市工作会议、《中共中央国务院关于进一步加强城市规划建设管理工作的若干意见》

来源:笔者绘制。

7.2.2　地方政府主动创新

　　城市设计的重要性和发展趋势，在地方政府层面上受到进一步的重视。2010 年代以来，城市设计全覆盖、精细化和公众参与等新的趋势日渐明显。

　　2009 年年初，为适应《城乡规划法》《广东省城市控制性详细规划管理条例》等法律法规的要求以及深圳城市发展的新形势需要，深圳规划部门开展了"法定图则大会战"，决定两年内基本实现城市规划建设用地的法定图则全覆盖。截至 2012 年 2 月底，全市法定图则通过技术会议审议 234 项，覆盖率为 92.7%；通过图则委审批 187 项，覆盖率为 73.2%，基本实现了城市规划建设用地法定图则全覆盖[1]。值得一提的是，2010 年深圳市成立"城市设计促进中心"，开展"城市公开课"等，普及城市设计，运用自媒体时代的新技术进行了创新性实验（图 7-2）。

图 7-2　深圳市城市设计促进中心网站首页　（来源：笔者拍摄）

天津市进行了另一种形式的全市范围的城市设计与管控，旧城与新区几乎都进行了执行力度很强的城市设计全覆盖。以新区为例，截至 2012 年 2 月，天津市滨海新区核心区范围共编制 28 项城市设计，单元、节点和专项层面城市设计共 23 项④。

2013 年 5 月，南京召开全市城市设计和项目前期工作会议，决定实行城市设计全覆盖⑤，《关于加强全市城市设计工作的意见》和《南京市重大项目前期工作管理办法》以及《南京市城市设计导则》（征求意见稿）亮相。

2015 年，长沙提出开展控制性详细规划层面的城市设计全覆盖⑥。按照"四增两减"（增加公共绿地、公共空间、基础设施、道路密度，减少中心城区的开发强度和人口密度）的要求，从"市民视角"深化细化规划内容，增强城市设计控制。

2016 年 10 月，浙江省委、省政府下发《关于进一步加强城市规划建设管理工作加快建设现代化城市的实施意见》，提出推动城市设计全覆盖的要求，创建美丽城市、美丽县城和美丽乡镇。浙江省住房和城乡建设厅表示，浙江将制定城市设计实施管理办法，把城市设计内容转化为规划控制要求，纳入控制性详细规划，列入土地出让条件，建立"总体城市设计、详细城市设计、实施性城市设计"三个层面相衔接的城市设计体系，努力在 2020 年实现城市重点区域城市设计全覆盖。

总之，在城市设计实施方面，地方政府进行了多种加强城市设计法定性的探索，取得了许多成功经验。

7.3 新技术：多维的理论与新技术运用

2010 年以来，中国城市设计理论发展已趋向多元，在时间、形态、社会、功能、视觉等多个维度上出现了各种城市建设运动或城市设计理念（表 7-2）。大量的城市建设和发展思路、建筑设计理念、社会人文运动等为城市设计发展注入源泉，城市设计方法和工程技术手段更加丰富（图 7-3，图 7-4）。

随着计算机技术的几何级数提高，中国城市设计中已出现大量的新技术应用：在空间研究方面，出现了空间句法分析[2]、城市形态学分析、交通链路分析、大数据可视化的分析等理论和技术工具[3]；在设计过程方面，出现了以计算机视觉模拟、

表 7-2　多维的城市发展理念与新技术

分类	名称
发展理念	可持续发展、绿色城市、低碳城市、生态城市
	安全城市
	健康城市
	海绵城市
	智慧城市、信息化城市、网络化城市、数字城市
	紧凑城市、以公共交通为导向的开发（TOD）
	小街区密路网开发
	都市村庄
	新城市主义
	历史城镇主义
	弹性城市
	韧性城市
	收缩城市及其现象研究
	城市双修
	特色小镇
	美丽乡村
技术工具	以计算机辅助设计（CAD）、草图大师（SketchUp）、地理信息系统（GIS）、Node.js（轻量级编程语言 JavaScript 的运行环境）、草蜢（Grasshopper）、犀牛（Rhino）等为载体开发的多种设计和编制平台
	人工智能在调研、编制、评价城市设计中的应用
	复杂网络理论和方法
	空间形态分析技术（空间句法、链路分析等）
	地理信息系统（GIS）的分析与管理工具
	数据挖掘与可视化
	物理环境（风环境、光环境、声环境、热环境、电磁辐射环境、空气质量）
	多种计算机工具集成的参数化分析与设计平台
	虚拟现实技术（静态、动态的视觉模拟）
	网络监控系统与实时管控技术（天网工程、步态识别等系统和技术）

来源：笔者绘制。

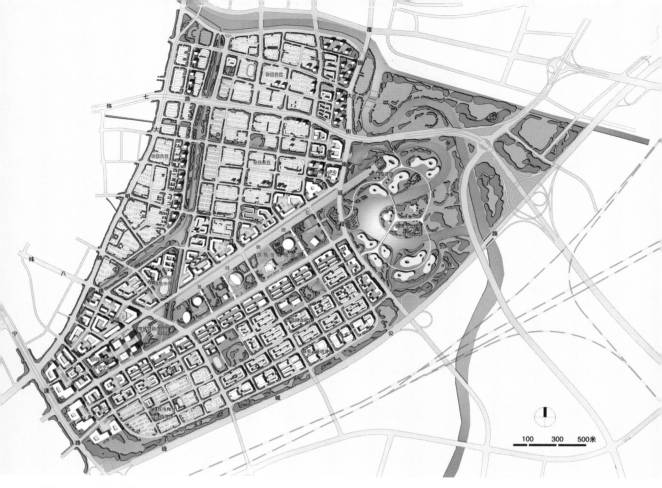

图 7-3 小街区密路网的实践：南京红花机场城市设计方案 （来源：东南大学城市规划设计研究院段进团队）

图 7-4 海绵城市技术 （来源：阿肯色大学社区设计中心 . 低影响开发：城区设计手册 [M]. 卢涛，译 . 南京：江苏凤凰科学技术出版社，2017：85）

物理环境分析软件等为代表的工具；在决策和管理方面，地理信息系统等工具得以采用。

这种技术化倾向体现出多学科的理论和方法支持城市设计过程和决策的特征，使中国未来城市设计思想的发展充满希望——正如我们此时的体验，洋溢着高技术应用和中国智慧的城市设计新时代正在全面开启。

第7章专栏　2010年代以来大事年表

2010年，深圳市成立"城市设计促进中心"，开展"城市公开课"等，普及城市设计⑦。

2011年，深圳市开展绿道体系规划，构建慢行系统。

2011年，中国教育部公布《学位授予和人才培养学科目录（2011年）》，城市设计划归建筑学下属的二级学科，在城乡规划学科和风景园林学科中均未提出。

2012年，深圳市龙岗区人民政府办公室发布《深圳国际低碳城绿色建筑与低碳建设管理办法（试行）》，对低碳城的建筑设计、建设和管理提出了规范。

2013年，《高等学校建筑学本科指导性专业规范（2013年版）》在教学大纲中确立了城市设计的理论课程与设计教学。

2013年，中央城镇工作会议全面阐释了新型城镇化的概念内涵，探讨了新型城镇化发展的意义、路径和策略。

2013年10月20日，住房和城乡建设部建筑节能与科技司印发《国家智慧城市试点过程管理细则（试行）》。

2014年3月16日，中共中央、国务院发布《国家新型城镇化规划（2014—2020年）》。2014年12月29日，国家新型城镇化综合试点名单正式公布。

2014年10月，住房和城乡建设部发布了《海绵城市建设技术指南（试行）》。

2014年11月20日至21日，中国城市规划学会城市设计学术委员会召开了上海会议。来自住房和城乡建设部、中国城市规划学会以及全国各地的城市规划师、建筑师、教授及规划管理部门的专家，热议"城市设计与空间治理"，再次发出加强城市设计工作的倡议。

2014年12月16日，国务院副总理张高丽强调要"加强城市设计、完善决策评估机制、规范建筑市场和鼓励创新，提高城市建筑整体水平""强化城市设计对建筑设计、塑造城市风貌的约束和指导""将城市设计作为一项制度在全国建立起来"。

2014年12月19日，全国住房城乡建设工作会议召开。住房和城乡建设部部长陈政高表示将出台《城市设计管理办法》及《城市设计编制技术导则》。

2015 年 5 月，住房和城乡建设部部长陈政高在听取三亚市城市"双修"领导小组汇报三亚市"双修"工作推进落实情况时表示，住房和城乡建设部将把三亚城市"双修"工作纳入国家总体战略层面。

2015 年 6 月 24 日，上海举办"城市设计管控与城市规划管理"学术研讨会。

2015 年 9 月，住房和城乡建设部海绵城市建设技术指导专家委员会成立。

2015 年 12 月 20 日至 21 日，中央城市工作会议在北京举行。国家主席习近平强调，"加强城市设计，提倡城市修补，加强控制性详细规划的公开性和强制性。要加强对城市的空间立体性、平面协调性、风貌整体性、文脉延续性等方面的规划和管控，留住城市特有的地域环境、文化特色、建筑风格等'基因'"。

2015 年 12 月 28 日，全国住房城乡建设工作会议在北京召开，明确要求"全面启动城市设计，抓紧制定实施城市设计管理办法和技术导则"。

2016 年 2 月，《中共中央　国务院关于进一步加强城市规划建设管理工作的若干意见》提出，"提高城市设计水平""城市设计是落实城市规划、指导建筑设计、塑造城市特色风貌的有效手段。鼓励开展城市设计工作，通过城市设计，从整体平面和立体空间上统筹城市建筑布局，协调城市景观风貌，体现城市地域特征、民族特色和时代风貌"。另外，该意见提出，新建住宅要推广街区制，原则上不再建设封闭住宅小区。已建成的住宅小区和单位大院要逐步打开……

2016 年 2 月 19 日，住房和城乡建设部城市设计专家委员会成立。

2016 年 3 月，住房和城乡建设部城乡规划司成立城市设计处。

2016 年 4 月 21 日，住房和城乡建设部城乡规划司城市设计处汪科处长在"西安高新区城市规划与城市设计座谈会"上发言，梳理了城市设计发展的相关问题[⑧]。

2016 年 9 月 1 日，全国城乡规划改革工作座谈会在济南市召开，要求"各地应因地制宜，分层次有重点开展城市设计工作，避免'铺地毯'式的工作方式。城市设计要针对不同实施主体、深度、管理方式都有所不同，防止过度'消费'而降低城市规划的权威性和严肃性"。

2016 年 10 月 31 日，国务院法制办正式发布《城市设计管理办法（征求意见稿）》。2017 年 6 月 1 日，《城市设计管理办法》经住房和城乡建设部批准正式实施，标志着中国当代城市设计在国家层面上向规范化、标准化、制度化迈开了重要的一步。

2017 年，国家启动"雄安新区"的建设计划，首先进行了城市设计的国际竞赛活动。城市设计作为城市空间发展战略的先行军，成为中国当代最重要的城市建设计划形式之一。

第 7 章注释

① 石楠："过去曾认为高楼大厦就是城市现代化，在苦心打造城市时，只学到了国外城市发展的表象，而人的需求才是城市建设的归结点。"详见新华网。
② 参见中国城市规划学会官方网站。
③ 参见中国共产党新闻网。
④ 参见网易新闻。
⑤ 参见中国新闻网。
⑥ 参见湖南省政务中心网。
⑦ 参见深圳市城市设计促进中心官方网站。
⑧ 参见海绵城市网。

第 7 章文献

[1] 叶伟华，丁强，陈晓，等. 深圳近年法定图则全覆盖工作的探索和实践 [M]// 中国城市规划学会. 多元与包容——2012 中国城市规划年会论文集（13. 城市规划管理）. 昆明：云南科技出版社，2012：9.
[2] 段进，比尔·希列尔（Bill Hillier）. 空间句法在中国 [M]. 南京：东南大学出版社，2015：8.
[3] 龙瀛. 街道城市主义：新数据环境下城市研究与规划设计的新思路 [J]. 时代建筑，2016（2）：128-132.

8　中国当代城市设计的三个争议

经过半个多世纪的发展，中国当代城市设计思想形成了大量的共识，例如：

　　a)尊重过去,保护传统文化,反对盲目抹杀历史和地域特点;b)可持续发展,尊重和最大限度地保护自然,反对无节制的城市拓张和人工化;c)以人为本,对城市公共活动空间进行设计,反对城市公共资源私有化;d)充分尊重城市中的各利益相关方,公众参与城市设计,平等对话,反对无交流反馈机制的设计和建造过程;e)混合发展,反对严格的功能分区;f)发展公共交通系统及一体化的步行交通体系,反对私人汽车及快速路主宰城市;g)宜人尺度的街区和街道,重视空间活力,反对英雄主义的大广场和大尺度的街区;h)形态与风格的多元化,反对单一无变化;i)城市空间的可识别性和场所感,反对毫无特色的空间复制;j)城市建设与新能源和新技术相结合;k)推荐小街区、密路网,反对封闭式大居住区。

然而，在这些广泛的共识基础上，一些分歧仍然存在。例如：什么是城市设计？什么是好的城市设计？城市设计是一个独立学科吗？它应该被"法定化"吗？这些争议并没有随着中国城市设计的逐渐发展而消失，反而愈加明显。这些持续无解的问题可以被总结为内涵之争、归属之争、法定化之争三个方面。

8.1　内涵之争

建筑教育家派屈克·纳特金斯（Patrick Nuttgens）

曾经说过："只有当事物有了一个名称之后我们才能掌握关于它的一点点知识。""城市设计"已有名字了，但对于它到底是什么，却各有解读（表8-1）。总的说来，在1980—1990年代，学术界从实践阶段来理解城市设计概念，分化成两个阵营。一种观点认为，城市设计是衔接城市规划与单项工程设计的桥梁，是一个区别于建筑设计及城市规划的独立的领域；另一种观点认为，若将城市设计视为独立的领域是有害的，它会引起职业和训练上的割裂，降低规划设计及培养人才的质量，其中一部分人认为它应属于建筑设计领域，另一部分人认为它应属于城市规划领域。到1990年代之后，人们逐渐将视角聚焦到对城市空间综合性的关注上，认为城市设计是城市空间综合环境的设计，并从其发挥作用的机制上来重新认识城市设计概念。2000年代以来，许多中国学者

表8-1 中国当代学者对城市设计概念的表述

年份	作者	定义
1983	陈占祥（译英国1977年版《不列颠百科全书》）	对设计的定义——"设计是在形体方面所做的构思，用以达到人类的某些目标——社会的、经济的、审美的或技术的。……城市设计设计城市环境可能采取的形体"。认为城市设计有三种工作对象：工程项目（某一特定地段）、系统设计（某一种系统，但不构成完整的环境，例如路网系统、照明系统）、城市或区域设计（区域土地使用政策、新城建设、旧城更新等）
1983	吴良镛	城市设计与详细规划相比，就工作环节或性质来说，大致相当，但城市设计广泛地涉及城市社会因素、经济因素、生态环境、实施政策、经济决策等，它的目的是"使城市能够建立良好的'体形秩序'或称'有机秩序'"[1]
1988	齐康	城市设计是土地综合利用、交通组织、公共空间设计、建筑物之间的关系等多方面对建筑和城市空间进行的限制，使城市空间满足人的活动和行为心理需求[2]；它是一种建设前奏中的创造性思维活动，是为建设物质和精神环境的一种有目的的、前导性的社会策划，是关于设计城市的研究[3]
1988	《中国大百科全书》（陈占祥）	城市设计是对城市体型环境所进行的设计。一般是指在城市总体规划指导下，为近期开发地段的建设项目而进行的详细规划和具体设计。城市设计的任务是为人们各种活动创造出具有一定空间形式的物质环境，内容包括各种建筑、市政公用设施、园林绿化等方面。必须综合体现社会、经济、城市功能、审美等各方面的要求，因此也称之为综合环境设计[4]
1988	孟建民	城市设计是一种以满足城市人的生理、心理要求为根本出发点，以提高城市生活的环境质量为最高目的，对城市的营造巨细皆兼的整体性创造活动[5]
1989	孙骅声	城市设计可以说是规划师、设计师调动多种手段，为市民创造高质量的综合环境所做的设计[6]
1989	郭恩章、林京、刘德明、金广君	"现代城市设计是以提高城市环境质量为目标的综合性城市环境设计""城市设计也是一种社会干预手段，政策性较强，其重要组成部分往往体现为公共性的行政管理过程，如制定公共政策、进行建设管理等"[7]

年份	作者	定义
1990	朱自煊	对人类空间秩序的一种创造，是空间环境的综合设计[8]
1990	城市设计北京学术讨论会（陈秉钊）	城市设计是以人为中心的，从城市整体环境出发的规划设计工作。其目的在于改善城市的整体形象和环境美观、提高人们的生活质量，它是城市规划的延伸和具体化，是深化的环境设计
1991	王建国	城市设计从广义来看，就是指对城市生活的空间环境设计，是人们为某特定的城市设计建设目标所进行的对城市外部空间和形体环境的设计和组织[9]
1996	张京祥	城市设计是城市形象的全方位设计：对城市整体社会文化氛围的设计，城市物质形体空间设计以及形成与运作机制的设计，城市形象范畴的系统设计才是城市设计的完整内涵。城市设计绝不是单纯的形体设计，而我们更应该把其看作思想与手法并蓄的过程。城市设计并不是仅仅局限于总体或详细规划阶段的形体设计工作，而首先应是一种容纳文化、形体、措施设计的思想，它实际贯穿在区域—城市总体—详细规划的各个阶段层次[10]
1998	赵士修	城市设计是城市形体环境设计的一种构思、方法、手段，它贯穿于城市规划的各个编制阶段，不同编制阶段有不同的任务和重点[11]
1998	陈为邦	城市设计是对城市体型环境所进行的规划设计，是在城市规划对城市总体、局部和细部进行性质、规模、布局、功能安排的同时，对城市空间体型环境在景观美学艺术上的规划设计[12]
1998	邹德慈	"城市设计为城市规划创造空间和形象""城市规划是战略性的、宏观的、二维的，以社会、经济、环境要素为主，计划性和法定性的；而城市设计是战术性的、微观的、三维的，以形体环境为主，设计性和指导性的"；城市设计是城市规划的深化和具体化[13]。城市设计……就是设计城市的空间[14]
1998	段进	提出"空间发展全过程中的城市设计"思想，认为现代城市设计是一个优化空间环境、提高空间整体效率的过程……现代城市设计的对象是与社会、经济、审美或者技术等目标关联的城市空间形体与环境。在城市发展与规划的不同阶段，都应有城市设计内容[15]
1998	《城市规划基本术语标准》（GB/T 50280—1998）	城市设计是对城市体型和空间环境所做的整体构思和安排，贯穿于城市规划的全过程
1999	熊明	城市设计是城市规划的有机组成部分，贯穿城市规划过程的始终[16]
2000	庄宇	城市设计涉及众多社会、经济、技术方面的知识和领域，表明它已经不是一项单纯的专业技术活动，而是一种综合的具体的设计实践
2001	陈刚	《中国大百科全书》中对城市设计的定义把城市设计的对象集中在环境的可视要素上，是片面的，从而导致中国当代城市设计实践仅仅成为改变城市面貌的手段，进而形成了政府和业主之间对城市设计的本质分歧，对城市设计推广造成阻碍[17]

年份	作者	定义
2002	唐子来	城市设计是政府对于城市建成环境的公共干预，它所关注的是城市形态和景观的公共价值领域（Public Realm）。这一领域不仅包括各种公共空间本身，而且涵盖对其品质具有影响的各种建筑物，其公共价值主要包含城市建成环境的历史、文化和景观价值
2001	金广君	城市设计是为设计师（建筑师、地景师）设计出塑造城市形态的基本框架，或者说是为建设管理者设计出城市建设的决策环境。这个基本框架或决策环境表现的是既有创意又有发展弹性的对建设元素和建设过程的控制，而不是终端性的设计成果[18]
2004	余柏椿	城市设计目标的特殊性（非终结性、非单一设计可达性）决定了城市设计是相关设计及其实施管理领域共同应用的法则，而不是一种具体的设计工作
2005	李少云	现代城市设计是在城市规划体系中，较为重视城市的美学、舒适、活力、特色等方面，以逻辑分析为基础，以三维形态设计为手段，以广义综合为特点的社会实践过程[19]
2006	刘宛	城市设计是一种主要通过控制城市公共空间的形成，干预城市社会空间和物质空间发展进程的社会实践过程。城市设计的任务是对设计实践活动的设计，它所设计的是使城市形成良好形态的手段，包括行政体制、程序机制、管理政策等，而惯常的设计手法和设计方案仅仅是其中一个组成部分[20]
2014	朱荣远	城市设计是一种观察和研究城市历史、现实和预设未来城市社会空间形态的方法，它可涉及城市社会、经济和文化领域，在尺度上可地块、可城市、可区域，在形式上可生动、可读识、可穿越等。城市设计是建立在有效的城市市政交通工程规划、土地竖向研究、功能场所及其场所之间关系研究、建筑学研究以及美学、心理学、社会学和经济学等研究基础之上的具有综合性的工作方法……需要无边界的合作。设计无界，解题不限域……

来源：笔者根据相关资料整理。

意识到其社会、政治意义，更多地开始从社会学、管理学等学科角度重新定义城市设计，其内涵有扩大化的趋势。

需要指出的是，尽管国际城市设计发展比中国繁荣得多，但对一些最基本的问题也未达成共识[21]。时至今日，它的概念仍然是宽泛和模糊的。这限制了它作为一个完整领域或学科的发展。但是从积极性来看，概念的多样化体现了该领域仍在不断的发展之中，对其概念核心的不同理解赋予了它更加丰富的内涵，并强化了城市设计塑造以人为本的高品质城市空间的最终目标[22]。

我们认为，首先，城市本身就是一个不断发展和变化的多维概念，因此城市设计概念也是多维的，其定位和发展也是一个不断发展和深化的课题。城市设计与城市发展需求存在对应关系。城市有多少种定义方式，城市设计就有多少个面具，可以是"一种理论，一种概念，一种思想，一种意识，一种学科，一种政府管理行为，一种实践方法，一种设计手法，一个设计阶段"[23]。其次，城市设计多个面具的背后，只有一个永恒不变的面孔，即为城市、城镇、乡村等人类聚落赋形。一切维度无不围绕着这一本质旋转。

8.2 归属之争

从中国传统城市设计到"苏联模式"，中国当代城市规划与城市设计是融合在一起的，即在研究城市社会、经济发展、土地资源利用等计划问题的同时，也进行城市形态的研究与设计，并没有独立的城市设计过程。在1980年之后的城市化过程中，苏联模式越来越不适应中国城市的发展体制①，在城市空间营造中，"没有注意交通、市政等形态因素在城市环境中重要的综合作用"[24]，也没有注意社会、经济的影响和发展活力，越来越多的城市规划师和建筑师寄希望于城市设计来解决这些问题。但同时，人们对城市设计的理论归属和编制实施产生了疑问，例如，城市设计是独立的专业吗？它属于哪一个学科？它是单独编制还是结合各阶段的城市规划同步编制的？城市设计如何实施？

针对这些问题，中国城市设计学者们主要形成了以下几种观点：

其一，建筑学范畴论：这一观点得到不少建筑师的支持。他们认为，城市设计是一种以建筑学基本原理为基础的学科，基本上是作为建筑师的工具存在的，是建筑学范畴的拓展[25]。城市设计学科的发展是对建筑学范畴、建筑师职责的再认识："建筑师必须涉及城市规划与城市设计的领域，城市规划工作必须有着眼于整体设计的建筑师参加。"[26]

其二，城市规划过程论：城市设计是城市规划的过程和形式表现。苏联专家什基别里曼认为，城市设计是城市规划的过程。有中国学者也持类似观点，其立论依据是城市设计不同于建筑设计与景观设计，不仅表现在设计对象尺度的不同，还表现在设计方法与程序的不同——其工作内容与核心知识是关于规划过程的，是关于政策的制定以及空间策略对社会和经济的影响的，它是一种新的、更先进的、目的性更强的城市物质规划形式，是规划的核心和基础[27]。

其三，城市规划分支论：城市设计是城市规划的分支。该观点认为城市规划解决的是城市空间发展的理性决策问题，城市设计解决建筑单体之间建筑特色的整体协调以及人在建筑环境中的生理和心理舒适性问题。如果把城市设计渗透到城市规划范畴，那么，城市设计在很大程度上履行了城市规划的艺术性职能[28]。

其四，城市规划专项论：城市设计研究的直接对象是城市的空间体系以及城市空间资源的最终分配结果，因此它是城市规划工作体系中的"空间专项规划"。

其五，城市规划工具论：城市设计研究的核心就是城市空间资源的分配方式与具体形态，从而成为一种综合考量城市未来建设形态的独特的规划研究工具[29]，因此它应当贯穿城市空间发展和规划的整个过程。

其六，相对独立论：该观点认为在城市规划理论体系中，详细规划偏重于技术的合理性和计划的政策性问题，建筑设计更具个性化与局部性，因此容易造成"详细规划与建筑设计阶段脱节""城市规划与建筑设计之间的这一中间环节的真空"②。这种观点被生动地凝结为"空隙论""桥梁论""减震器"等。于是，城市设计被认为是一门相对独立的学科，专门用来填补这一断裂带，并且内容涉及"不仅一般概念的规划设计工作，还包括确定各种发展战略（土地使用战略、公共绿化政策、街道小品和设施的标准、城市交通与政策、城市设计立法以及公共投资战略等）"[26]。

其七，思维观念论：城市设计不应存在归属问题，因为它只是一种工作方法、一种思维观念，是一种"意义通过图形付诸实施"的手段[8]。城市设计目标具有特殊性——非终结性和非单一设计可达性，该特殊性决定了城市设计是相关设计及其实施管理领域共同应用的法则，而不是一种具体的设计工作。这种观点认为"城市设计是一种重视城市三维空间塑造、强调城市环境形塑的设计思维理念，应该贯穿于从规划至单体建筑设计的始终，各阶段有各自不同的任务与重点"[30]。

其八，无解论：有学者说，这一问题并不能在城市规划和建筑设计之间得到解决。1960 年代后，城市设计思潮为弥补和填充城市规划和建设设计的空缺而在某种程度上表现为传统形体空间规划的回归。现代城市生活的一体化要求城市职能之间既要脉络清晰，又具多元联系，其复杂程度所引发的问题不可能在规划政策和单体设计这二极上得到解决[31]。也有学者认为，虽然城市设计属于建筑学范畴，但是"城市设计必须以城乡规划为落脚点"[32]，通过"转译"为城市规划的形式来实现[33]，无解论体现出城市设计实践的复杂性。

目前，这些争鸣还在继续，而"无处不在，却处处不在"则已成为中国当代城市设计发展的隐患。

8.3 法定化之争

针对城市设计法定化与否，主要有以下三个观点：

其一，城市设计必须法定化。其原因是只有法定化才能增强管理部门对城市空间的控制能力，从而保证公共利益。这种观点与美国大部分城市的做法类似，即将城市设计纳入区划法定体系中运行，设计控制会清晰地表明许可条件[34]。这一观点为中国多数城市设计学者所呼吁③。

其二，城市设计不能被法定化。其原因有许多，例如有人认为，它没有明确开发主体和功能定位，"现有城市设计成果往往包含多层次的内容，编制本身是针对不同的开发阶段进行的……编制过于详细的城市设计并没有实际意义，更不能将其法定化"[35]。也有人认为城市设计是一种基于主观认知的、个人化的、美学的控制，不仅与市场的基本理念和开发主体的自我决策权利相违背，而且这种控制的基础十分片面。这种观点与英国采用自由裁量的城市设计审查程序相似，认为需要采用弹性的和模糊的策略进行设计控制。还有人认为，城市设计是一种研究城市体型和空间环境的方法，对于具有法律地位和效力的城市规划而言，城市设计的成果应是分析性成果[33]。

其三，有限的法定化。这种观点认为，"城市设计实施美学控制的对象只要是属于城市空间中具有公共价值的范畴④，就属于政府公共干预的合法对象，成为城市设计的内容。但是美学控制的可操作性主要基于合理性，应该以实施最低限度的干预为主，也就是说，在监控城市空间中公共价值领域的形成过程中，为保证公共的环境品质做最关键性的控制，不在于获得最好的设计，而在于避免最坏以及不良的设计"[36]。

值得一提的是，2006年4月1日，新修订的《城市规划编制办法》正式实施，原编制办法中"在编制城市规划的各个阶段，都应当运用城市设计的方法"的说法被取消，只是在控制性详细规划的条款中要求"提出各地块的建筑体量、体型、色彩等城市设计指导原则"。这对于长期以来追求法定化的学者们可以说是一个不小的打击。

虽然呼吁将城市设计"法定化"的声音较高，但也有很多担心，例如，现在的城市设计能否真正代表"公共利益"？城市设计能否承担起如此重要的"公共权威"？中国的城市规划制度乃至城市和乡村的建设体制尚在改革过程中，城市设计法定化之后，又如何与它们结合？住房和城乡建设部发布的《城市设计管理办法》和《城市设计技术管理基本规定》采取"法定途径"，是对这一呼声的新的回应和探索。

第8章注释

① 笔者认为，造成这种不适应的原因并不是这一体系的问题，而恰恰是因为这一体系受到了破坏。
② 实际上我们并不认同这一说法，因为这一说法忽视了城市规划过程所具有的设计性质，实际上仍是青岛会议的思维延续。
③ 包括卢济威、刘宛等大多数城市设计研究者均呼吁城市设计法定化，至今，这一呼声仍然很大。例如，石楠呼吁，"城市设计一定要列入法制，不取得它相应的制度地位很难发挥很好的作用"。详见中国规划学会官方网站。
④ 放眼望去，一切都是公共领域的范畴。

第 8 章文献

[1] 吴良镛 . 历史文化名城的规划结构、旧城更新与城市设计 [J]. 城市规划，1983(6)：2-12，35.

[2] 齐康，仲德崑 . 城市设计与建筑设计之互动 [J]. 建筑学报，1988(9)：15-18.

[3] 齐康 . 关于城市建筑学的思考（之二）——整体 [J]. 现代城市研究，2000(3)：19-22.

[4] 陈占祥 . 城市设计（词条）[M]// 中国大百科全书出版社编辑部 . 中国大百科全书 . 北京：中国大百科全书出版社，1988：88.

[5] 刘宛 . 城市设计概念发展评述 [J]. 城市规划，2000，24(12)：16-22.

[6] 孙骅声 . 对城市设计的几点思考 [J]. 城市规划，1989(1)：18-19.

[7] 郭恩章，林京，刘德明，等 . 美国现代城市设计考察 [J]. 城市规划，1989(1)：13-17.

[8] 朱自煊 . 中外城市设计理论与实践 [J]. 国外城市规划，1990(3)：44-53.

[9] 王建国 . 现代城市设计理论和方法 [M]. 南京：东南大学出版社，1991：88.

[10] 张京祥 . 城市设计全程论初探 [J]. 城市规划，1996(3)：16-18.

[11] 赵士修 . 城市特色与城市设计 [J]. 城市规划，1998(4)：54-55.

[12] 陈为邦 . 积极开展城市设计　精心塑造城市形象 [J]. 城市规划，1998(1)：13-14.

[13] 邹德慈 . 有关城市设计的几个问题 [J]. 建筑学报，1998(3)：8-9，3.

[14] 邹德慈 . 城市设计概论：理念·思考·方法·实践 [M]. 北京：中国建筑工业出版社，2003：3.

[15] 段进 . 城市空间发展论 [M]. 南京：江苏科学技术出版社，2006：205-219.

[16] 熊明 . 城市设计学——理论框架·应用纲要 [M]. 北京：中国建筑工业出版社，1999：88.

[17] 陈刚 . 美国城市规划对北京的启示 [J]. 建筑学报，2001(12)：31-34.

[18] 金广君 . 建筑教育中城市设计教学的定位 [J]. 华中建筑，2001(2)：18-20.

[19] 李少云 . 城市设计的本土化——以现代城市设计在中国的发展为例 [M]. 北京：中国建筑工业出版社，2005：12.

[20] 刘宛 . 城市设计实践论 [M]. 北京：中国建筑工业出版社，2006：26.

[21] 刘宛 . 设计管理制度——促进更加全面综合的城市设计 [J]. 城市规划，2003，27(5)：19-25.

[22] 戴冬晖 . 试论城市设计的设计特征与管理特征 [J]. 华中建筑，2009(5)：133-135，139.

[23] 刘宛 . 城市设计概念发展评述 [J]. 城市规划，2000，24(12)：16-22.

[24] 卢济威，王一 . 现代城市设计发展的必然性和背景 [J]. 安徽建筑，2002(6)：1-2.

[25] 张祖刚 . 发展城市、建筑与环境 [J]. 建筑学报，1992(10)：38-43.

[26] 吴良镛 . 提高城市规划和建筑设计质量的重要途径 [J]. 华中建筑，1986(4)：21-31.

[27] 董禹，董慰 . 凯文·林奇城市设计教育思想解读 [J]. 华中建筑，2006，24(10)：120-123.

[28] 周卫 . 城市规划体系构建探索 [J]. 城市规划汇刊，1997(5)：29-32，57-64.

[29] 赵志庆，张昊哲 . 城市设计在国家级历史文化名镇保护规划中的应用研究——以黑龙江横道河子镇为例 [J]. 城市建筑，2011(2)：35-37.

[30] 唐实，徐雷 . 管束性城市设计的职能二元体系研究 [J]. 规划师，2004，20(9)：47-50.

[31] 韩冬青 . 城市设计创作的对象、过程及其思维特征 [J]. 城市规划，1997(2)：17-19.

[32] 吴良镛 . 加强城市学术研究　提高规划设计水平 [J]. 城市规划，1991(3)：3-8，64.

[33] 刘涛 . 关于城市设计工作中几个问题的思考 [J]. 城市规划，2002，27(9)：68-71.

[34] 程海帆 . 西方现代城市设计的设计控制研究综述 [J]. 国际城市规划，2012，27(6)：91-95.

[35] 侯雷 . 基于政策性思维的城市设计实效检讨——以厦门为例 [J]. 规划师，2010，26(2)：11-15，21.

[36] 王世福，薛颖 . 城市设计中的美学控制 [J]. 新建筑，2004(3)：50-53.

共识与争鸣：**四个思潮**

· 下篇总览 ·

结合中国当代城市设计的思想与实践的发展来看，城市设计在一开始被看作创造优秀的城市物质空间的技术手段，经历了从"对城市物质形体的设计"到"对城市各专业设计的综合"这一认识的转变；其后，随着城市空间研究的逐渐加深，人们对城市空间形成和发展的认识又发生了本质的变化，城市设计是"对过程的控制和设计"以及"城市设计是一种公共政策"的观点逐渐为人们所接受，其成果也更多样，除了传统的设计方案（Plan）、工程设计（Project），又增加了政策（Policy）、设计导则（Guideline）、计划（Program）等形式（下篇表）。因此，中国当代城市设计整体上体现出一种由技术化到政策化的转向趋势，并已引起学者注意[1]。经我们分析，有四种思想倾向逐渐明朗：

1) 形体的设计

这一思潮认为，城市设计是以包括建筑实体空间和建筑外部空间等城市空间为设计对象，以整合物质空间、实现城

下篇表　各个思潮的特征总结表

	形体的设计	设计的综合	设计的控制	政策的设计
语境	空间无序	设计分散	建设失控	实践复杂
时间	1949 年至今	1980 年代初期至今	1990 年代中期至今	2000 年代中期至今
城市认识论	城市是形体的集合	城市是物质因素的综合作用结果	城市是一个历史的发展过程	城市空间是政策和规则在社会运作之后的物质化结果
思想特征	强调从建筑设计原理出发对城市物质空间的设计	强调综合各专业对城市进行计划和营建，是一种综合方法	强调从细节和结构上控制和引导城市空间发展	强调城市设计的运作过程，从机制上所有参与方一起决策
成果特征一	静态的	静态的	动态的	动态的
成果特征二	刚性的	刚性的	弹性的	弹性的
成果特征三	工程型	工程型、理念型	控制论、系统论	社会性、复杂性
成果特征四	自上而下	自上而下	自上而下	自上而下和自下而上
总结	依赖设计行为，强调空间设计		依赖运作机制，强调社会控制	

来源：笔者整理。

市空间形体秩序和整体艺术为目的的设计行为。它将城市设计定义为对传统的单体建筑设计的扩大化或超越，因此注重物质空间的整合，倾向于对空间形态的理想追求。

2）设计的综合

这一思潮更强调城市设计是多专业协同、多维参与城市建设的综合机制。它力求综合城市空间发展的不同计划和诸多要素，寻求平衡方法，以消解城市空间发展动力内部的矛盾性。在该思潮引领之下，几乎每个城市建设领域都成为可以被"城市设计"的领域，从而带来了城市设计在城乡规划、项目策划、管理决策等诸多领域的多重参与角色和多元的城市设计实践类型。

3）设计的控制

这一思潮强调对城市空间的控制，认为城市空间发展是一个动态、历史、可控（可以干预并至少获得部分成果）的过程，因此更追求设计成果在市场环境和时间维度中刚性和弹性的平衡。该思潮更倾向于依托法律及其他社会规则或制度，强调城市设计成果的法定性、有效限定性，明确地提出"将设计作为控制对象"，对市场和政府两个方面进行约束。

4）政策的设计

对城市设计的公共政策属性的考察和研究主要来源于乔纳森·巴奈特。他认为——城市设计的过程与其说是单纯建筑体形或空间的设计过程，不如说是"一项建设政策"的设计过程，或者说就是一个立法过程。这一思想逐渐被中国学者认同①。它认为，城市空间是政策和规则在社会运作之后的物质化，相应的，城市设计是各利益相关者围绕城市空间环境形塑，为利益配置进行互动并达成契约的过程，其目标是对公共利益的增进及对空间利益进行配置。因此，这一思潮更强调通过规制各类行为主体在城市空间形塑与使用过程中的行为来达成目标。

四个思潮的演变呈现出复杂交织的状态，总体看来是以"形体的设计"为基本出发点而形成的对城市建设活动中"设计"的批判和反思（下篇图）。我们将在本篇四章中详述它们的状态。

下篇注释

① 参见：周劲．控制性规划方法在城市设计中的应用 [J]．新建筑，1991(4)：19-22；胡纹，刘涛．"重点受控"与"局部放任"——山地城市设计方法研究之一 [J]．建筑学报，1997(12)：40-43，66 等。

下篇文献

[1] 金勇．城市设计实践的伦理向度 [J]．规划师，2010(2)：5-10．

城市认识论维度

时间维度（年）

1927
1949
1952
1958
1966
1976
1978
1983
1990
1991
2000
2010

第一次引介（早期欧美设计思想）
第二次引介（苏联模式）
城市设计取消（青岛会议）
城市规划取消
城市规划逐步恢复
第三次引介（欧美现代城市设计）
第一次法定化尝试（1991年版《城市规划编制办法》）
法定化尝试取消（新版《城市规划编制办法》）
第二次法定化尝试（当前）

体形环境设计

整体与美
建筑设计的扩大化
桥梁—平台论
广义建筑学
并列论
亚层次结构说
块域设计论
预先设计论
城市规划范畴
设计的观念、原则和方法
否定蓝图强调动态
管控手段
独立论
一体论
全程论
分支论（三大支柱说）
区域规划　总体规划　详细规划
不能法定化
公共管理学的引入
形体的理性化
依附论
建筑设计范畴
重视实施与管理
城市设计导则
空间整合论
二相性论
法定化
技术化
城市规划专项说
各种城市理念与城市发展模式
精细化管控
公共政策
社会实践过程论
市场决定论与自由主义
形体的数理逻辑

形体的设计　　设计的综合　　设计的控制　　政策的设计

下篇图　中国当代城市设计思潮流变　（来源：笔者绘制）

208

9 形体的设计

9.1 快速发展中的形体秩序问题

9.1.1 活力与混乱并存

1949 年之后，中国社会稳定的局面为城市发展带来较好条件，城市中兴起了空前的工业建设和住房建设高潮。城市生活的活力迅速提高，但城市建设面临体制不完善等一系列复杂的局面，导致"活力与混乱共存"成为城市建设的主要背景特征。

以 1980 年代为例，一方面，城市作为社会活力的主要来源，其重要性得到重视，城市化程度快速提高①。截至 1989 年，中国 450 个城市的总人口占全国总人口的 28.6%，而国民生产总值占全国的 52%，工业总产值占 68.7%，城市在社会发展中的地位十分突出。另一方面，包括城市建设体制等在内的各种制度尚不健全，思想尚不统一。例如，针对在 20 世纪诞生的大量的城市和建筑思想、主义、流派，国内没有形成统一的认识，也缺乏有效的批判。1980 年代初，北京的住宅建设曾有"以多层为主"还是"以高层为主"的激烈争论。在该争论中，专家和学者一方面支持城市和人的现代化，另一方面又以维护历史文化保护为由，对高层建筑持消极的态度[1]，甚至到今天，类似的争论仍然存在②。

当下，这种活力与混乱并存的局面并没有得到质的解决[2]。如何面对城市建设的"混乱"，成为许多建筑师思考的一个重要问题，也成为"形体的设计"这一思潮形成的重要背景。

9.1.2　新与旧的矛盾

自清朝末年以来，中国社会、政治、经济和文化等不断发生剧烈的变化。1978 年改革开放之后，城市的经济体制从中央集中统一计划的制度向计划经济与市场经济相结合的制度转变；财政和投资体制由集中统一转向中央、地方两级体制，并推行贷款、集资和吸引外资等政策，有限度地允许私有和个体经济存在和发展，实行多种方式就业，土地的使用权从所有权剥离开来等。这些改革重塑了中国城镇的面貌，大量城市由单一职能向多种职能转变，由内向型经济向外向型经济转变，城市空间形态也发生显著变化。

其中，中国传统的建筑物和街区的保护问题尤其受到市民和专家关注。例如，邹德慈认为，中国的城镇最具实质性的变化是城市"不再仅是……'自上而下'分布生产力的'载体'，而是……增强了根据城市自身条件进行选择和发展的机制"[3]，城市空间发展的"自主性"得到质的提高。这种自主性的提高带来了城市开发建设市场的繁荣，同时盲目追求土地价值又对城市特色景观面貌造成大量破坏。市民的关注为城市设计工作创造了特定的社会、经济和舆论背景[4]。开发还是保护，成为中国当代城市面临的一道复杂的选择题。

不可否认的是，现代的城市设计面对的是一个永恒的矛盾——对新城市的新设想要面对旧城市的现存实体。在我们的历史城市中，"开发与保存"、历史与现代化的矛盾是处处存在的，而且是永久的[5]。城市快速发展阶段，如果经济效益的观念大大超过了历史文化的观念，就会导致城市中原有的建筑及空间遭到破坏。这种破坏带来了专家和管理者对城市空间整体性和系统性的担忧和思考。

有学者认为，形式并不是关键，重要的是在形式表象后面潜伏着一个内部秩序的适应与相对稳定问题，需要寻求一种合理的存在来解决新的物和旧的物在形式和空间上的共存问题，通过对系统中物的解答和功能的解答而实现总体存在之时，让那些铸在记忆情感中的"旧"和解释着幻想意愿的"新"

都共时地寄托在我们所理解的城市空间上[6]。可以说，城市设计也是基于这样的思维逻辑所得到的一个处理城市"新"与"旧"相互关系的工具。

9.1.3　营建成为主流思想

1990 年代之前，城市规划与设计的专业教育和人才培养没有建立完整的独立体系，城市建设领域还是由建筑师主导，营建成为主流思想引导着城市建设。

同时，中国的城市建设实践活动还处在起步阶段。1980 年代新建的城市住宅，占中华人民共和国成立以来总建设量的 72%。住宅建设规模很大，但是由于人口增长过快，住房问题仍是主要的城市问题之一，全国缺房户（指人均居住面积 4 平方米以下者）仍占 1/4 左右[3]。因此在现代城市设计被引介到中国的最初阶段，它所面临的最迫切的问题也是营建问题。1988 年，全国城市人均居住面积水平为 6.3 平方米，比 1980 年提高将近一倍。

其后，城市建设学科中的实用主义盛行。从宏观发展历程来看，城市设计所聚焦的领域从来不是理想情怀，而恰恰是对理想情怀的现实塑造，即城市的现实营建。可以这样判断，在最长的历史片段内，中国城市的认知和建设是基于"建造"的逻辑，其根本乃是认为——城市是可以被营建出来的一个物质空间集合，而对营建的谋划和设计的过程就是当代的城市设计。

因此，"形体的设计"这一思想和主张则不可避免地出现了。

9.2　"形体的设计"思潮特征

本书所说的"形体的设计"，是指中国当代城市设计思想中一种重视"形体"设计的倾向，它认为，城市设计是基于空间美学、场所理论、环境心理学等一系列理论，以包括建筑实体和建筑外部空间等在内的城市空间为设计对象，以整合物质空间、实现城市空间形体秩序和整体艺术为目的的设计行为。

这一思潮有以下基本主张：第一，"形体的设计"思潮认为，城市设计是对传统的单体建筑设计的扩大化或超越。老一辈建筑师、从建筑设计专业转变而来的规划师是这一思潮的直接推动者。第二，"形体的设计"思潮注重形体的整合，是对"空间形态"的理想追求。在具体的实践活动中，这一思潮表现为单体要素城市化、城市空间立体化、城市建设一体化、不同规模的建筑群设计等内容。

从一系列学术研究来看，"形体的设计"这一思潮贯穿了现代城市设计在中国发展的整个历程，其中以"整合物质空间"的思想为典型，在 2010 年前后达到高峰，其后回落。从城市设计行为在城市建设中的表现来看，实际上这一思潮不仅贯穿了 1979 年以来中国现代城市设计的发展，也贯穿了中国传统城市设计和现代城市设计的整个历史过程。

把视角放到一个更大的历史发展维度上，我们还可以很清晰地看到，"形体的设计"这一思想是一直内在于并伴随着"物质空间规划""传统城市设计"等概念发展起来的。

9.3 形体设计的三个基本理论

为了完成对单体建筑的超越，城市设计首先必须考虑城市形态的基本存在价值[7]。从中国传统城市设计来看，它主要是作为一种政治制度存在，以社会控制为基本的出发点和回归点，以现实生活为落脚点进行方法体系的整合，并未上升到理论高度。从现代城市设计的发展来看，它主要借助图底关系理论、场所理论和环境行为心理学等理论来完成其基本建构。

9.3.1 图底关系理论——寻找城市文脉的工具

图底关系是"图形与基底之间的关系，就是指一个封闭的式样与另一个和它同质的非封闭背景之间的关系"[8]。图相对而言更加清晰、积极，故处于主导地位，而底则较为含混、消极，处于从属地位[9]。在城市空间中，图底关系理论主要的研究对象是地面建筑实体和开放空间之间的相对比例关系（图 9-1）。作为城市设计"形体的设计"思潮的重要理论和方法，图底关系理论是变更城市中的建筑形体特征来控制

图 9-1　罗马地图（1748 年）③　（来源：金巴提塔·诺利绘制）

空间设计的。

图底关系理论为从城市文脉中找寻设计依据提供了工具。约翰·埃利斯（John Ellis）说："我们应该重新审视那些由街道网络和街区构成的连续的城市肌理，不管是规整的网格还是有机的自生系统，它们都反映出城市空间的某种基础性特质。……保持并延续连续的城市肌理是城市长期发展的根基，是建筑师、规划师在追求城市可持续发展目标（土地的混合利用、多收入阶层混合居住、城市步行尺度以及公共机构的整合）时不应该忽略的要则。"[10] 对该观点的介绍反映了该思潮中对"形体"的认知维度并不仅仅处于一个微观的视角。

但也需清醒地认识到，即便在城市设计"形体的设计"这一思潮内部，图底关系理论也不是万能的，它甚至常常被这一思潮的实践者误用。有学者[11]指出，这一理论仅仅提醒我们，建筑实体之间的空间和建筑实体一样重要，但它仅仅适用于建筑密度大、环境容量高、空间变化丰富、对空间的层次和领域感也有一定要求的实践工程中，中国城市的新区却往往不具备这个条件。

同时，通过对相关文献的阅读，我们也不得不指出一个事实：人们往往并不清楚如何使用这一难得的工具。

9.3.2　场所理论——城市的建筑设计理论

场所理论于1960—1970年代在西方社会开始流行。它提出的追求个性、找寻场所感等一系列主张迎合了后现代社会中人们的精神需求，得到众多建筑师和城市设计专家的呼应。一般认为，场所是由特定的人与特定的事所占有的、具有特定意义的环境空间，用以满足使用者需要的、理想的环境要求。这里环境空间不是视觉艺术空间，而是一种与人的心理及感情有特定联结的、综合的社会场所。当城市空间被赋予社会、历史、文化、人的活动等含义后，它才能被称作场所[12]。场所经由人在其中的活动，从而获得人的认同和情感依附，具有客观物质、功能活动、场所意义三重属性。

场所概念承载着空间物质文化与社会意义的建构作用，让城市空间具有了实质性的内容。在具体应用中，凯文·林奇从场所理论的视角出发，提出评估城市形态设计的七种性能指标[13]：

> a) 场所活力：城市设计要考虑生命的肌理、生态的要求和人类的能力支持。b) 场所感受：空间形态应该使居民能感觉、辨识。c) 场所的适宜性：对于居民的生活空间行为能提供恰当的空间、通道与设施。d) 场所可达性：居民对活动、资源、服务、信息或其他场所接触的能力与程度。e) 场所管理：根据居民使用场所的程度，制定管理与控制策略。f) 效率：创造和维护空间环境所付出的代价。g) 公平性：空间中不同利益群体之间的环境益处和代价分配关系。

以场所理论出发的城市空间设计的方法构筑的是一种人本主义的城市设计观。虽然它含有非物质设计理念，但其核心仍然是对物质空间实体的设计。在中国，场所理论基本上没有脱离"形体的设计"和"设计的综合"这两大思潮，是"形体的设计"思潮的重要理论基础。

9.3.3　环境行为学理论——城市的空间设计理论

环境行为学是一个研究环境与人的心理和行为之间关系的应用社会心理学领域，又称人类生态学或生态心理学。它以环境与人的心理和行为之间的关系为研究对象，属于应用社会心理学领域。这里所说的环境虽然也包括社会环境，但主要是指物理环境，如噪音、拥挤、空气质量、温度等（图9-2）。

虽然在大量文献中出现了对这一理论的含糊描述，中国当代也把这一理论作为城市设计的基础理论看待，但是无论是城市设计教材、城市设计理论书籍还是具体的城市设计实践，抑或是教学领域，都很少研究这一理论与城市设计之间的交互。如果确如学者们所说，环境行为心理学如此重要，那么这种忽视就是十分不负责任的。令人欣慰的是近年来，对城市空间物理环境的研究逐渐兴起，成为环境心理学的重要组成部分，也形成了城市空间设计研究的新方向。

我们认为，与场所理论类似，环境心理学同样构成了"形体的设计"和"设计的综合"的理论基础。

从以上三个基本理论出发，城市设计的"形体的设计"这一思潮，形成了以下主要思想脉络：物质空间的整合、建筑设计的外延扩大、城市物质形体的整体艺术、形体的数理逻辑。

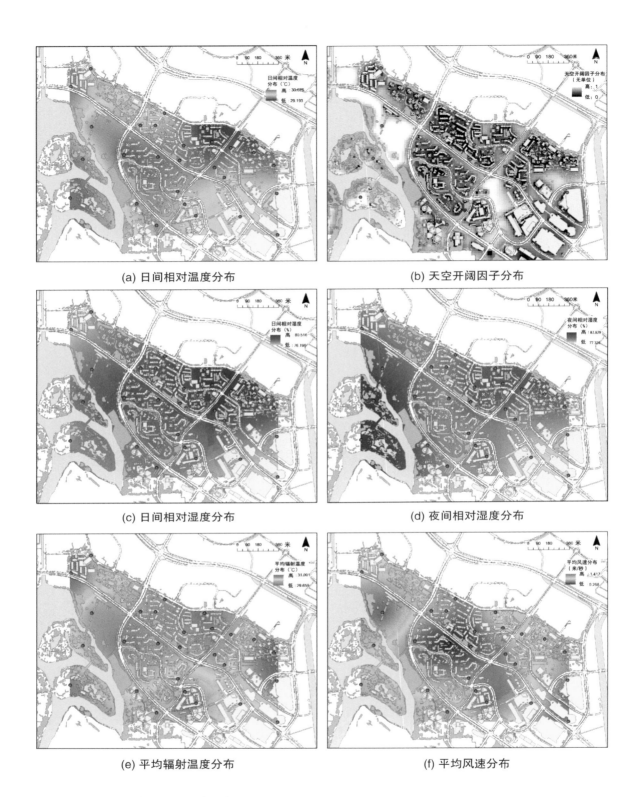

(a) 日间相对温度分布

(b) 天空开阔因子分布

(c) 日间相对湿度分布

(d) 夜间相对湿度分布

(e) 平均辐射温度分布

(f) 平均风速分布

图 9-2 城市设计中的物理环境研究 （来源：崔鹏绘制）

9.4 基于整体秩序的四个关键语

9.4.1 关键语之一：物质空间的整合

在现代城市设计被引介到中国后，首先满足了人们对中国城市建设走向"有序"的期望——人们所希望得到的城市空间是在形式上的有序、统一、整体。我们认为，这一期望根源于两个因素：其一，反城市运动对城市建设秩序的破坏；其二，在"大跃进"等政治运动过程中，"快速规划"摒弃了带有所谓"资产阶级美学"色彩的城市设计内容，导致城市建设"无序"。城市设计能如此顺畅地嫁接进入中国，正是因为这一期望的存在。因此，"形体的设计"思潮认为，城市设计的主要任务是对城市物质空间进行整合：

> 大范围的各种城市设施作为一个整体来设计和建造成为可能……城市……如同一个完整的建筑物那样统一地设计起来……[14]

> 城市设计是城市总体规划与个体建筑设计的中间环节。它的目的，在使城市能够建立良好的"体形秩序"或称"有机秩序"，加强城市的整体性[15]。

这一思潮认为，现代城市设计需承担城市环境形态要素整合的工作，其研究对象是城市中各个构成要素之间的相互作用，通过有机组合城市内部的多种空间构成要素，其建立一个多元化的空间秩序。因此，城市设计是在空间安排上保证城市各种活动的交织，即更重视城市空间如何满足居民的集体生活的需要。

持有这一观念的学者众多，他们认为整合的前提是尊重城市与建筑各自的相对独立性——在设计中，对待城市运用单体建筑设计的方法，对待单体建筑则运用城市观念[16]。

卢济威从更广阔的视角上看待整合。他认为城市设计的核心是处理相互关系，如空间使用体系、交通空间体系、公共空间体系、空间景观体系、自然历史资源空间体系等[17]。在《现代城市设计方法概论》中，他进一步强调整合思想是时代发展的需要，城市设计承担的主要是以"整合"为主的职能，作为现代城市规划的补充，其特征与城市规划侧重二维的、用理性进行逻辑演绎的、自上而下的特征有所区别又

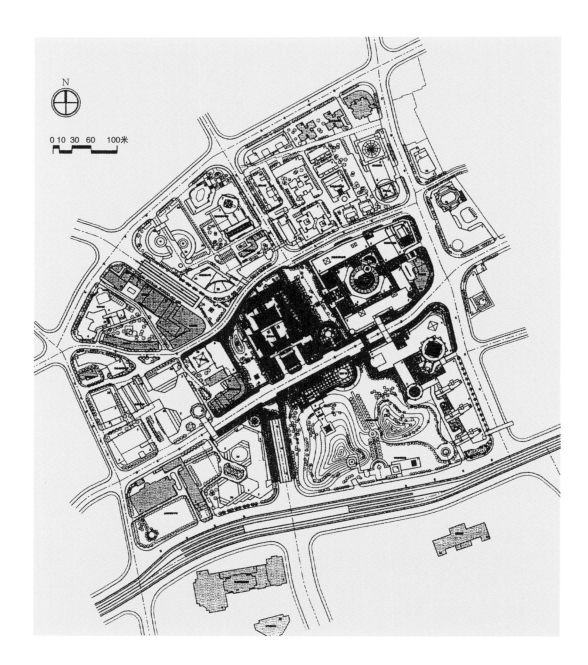

图9-3 上海静安寺地区城市设计平面图（来源：笔者根据相关资料整理）

互为补充，表现为强调三维的、个性化的、自下而上的特征[18]。他认为，现代城市设计是创造宜人、有特色、有活力和公正的城市环境的学科[18]。他主持设计的上海市静安寺广场城市设计充分反映了他的想法（图9-3）。

再如王一，他认为当代城市设计的发展是作为一种针对当代城市发展中要素分离、城市形态和空间环境缺乏整体性的现实状况而出现的应对策略。他强调以一种系统整合的思路研究城市形态和空间环境的构成要素[19]。

整合的思想集中应用在城市空间立体化、一体化的设计和营建中。城市立体化是指城市活动基面的立体化[20]。城市的一体化则是指城市与建筑之间存在着渗透、延续与复合的一体化关系。二者的目标均在于整合物质空间要素，建立城市—建筑综合体系，最终使城市功能与建筑功能相互接纳和紧密联系[16]。

综合来看，这些研究和实践尤其集中在轨道交通站点建设中，其中体现出的思想和观念，都能根据以上的论述管窥蠡测——城市设计是将城市各种物质空间要素整合为一个整体的手段[21-22]。

9.4.2 关键语之二：建筑设计的外延扩大

日本的建筑界认为，城市设计是向城市扩大的建筑设计[23]。这种观点认为，城市设计是建筑设计概念在城市公共空间层面的拓展，在实践上表现为建筑设计、景观设计的拓宽[24]。作为该思潮的第二个关键脉络，"向城市扩大的建筑设计"在一定程度上也代表了中国相当一部分学者的想法。

人们发现，在重建良好城市公共空间秩序的过程中，以建筑设计为首的"形体"设计扮演着重要角色。伴随着城市空间结构的复杂化，分地已经远不能满足功能混合的需要，城市公共空间已不再局限于建筑外部空间④，还纳入了建筑内部空间、过渡空间和地下空间等，当代城市环境也正朝向系统化、立体化的方向迅速演进，这要求建筑空间的秩序必须服从城市环境的脉络结构[25]，于是新的建筑空间形式就产生了，主要包括：

> a)街道穿越建筑；b)利用建筑空间组织城市交通系统；c)屋面成为广场；d)空中花园成为城市绿化与景观系统的组成部分；e)能够容纳多种公共活动的超大尺度室内空间。

建筑与城市之间的界线日渐模糊，城市意识进入建设策划、设计中[25]。因此，在城市建造的角度上，建筑设计外延的强化构成了城市设计实践的内容。

另一方面，许多具有建筑师背景的学者积极主张建筑设计向城市空间的拓展。例如，齐康、仲德崑认为，城市设计与建筑设计中存在一种相互作用的关系[26]；王建国认为城市设计与建筑设计在当代城市建设中应是一种"松弛的限定，限定的松弛"的张力关系[27]；汪奋强等认为基于城市的建筑设计是对狭隘功能主义的反动，是对肤浅形式语言的蔑视[28]；郑开莹提倡运用城市设计原理进行工厂总体设计[29]；孙凤岐探讨了广场的改建与再开发研究[30]；张珊珊等探讨了高层公共建筑底部空间与城市环境和谐共鸣的设计方法[31]；朱荣远[32]、何镜堂[33]、张亮[34]、周畅[35]等的观点也都有建筑设计外延到城市空间设计的思路。

作为城市规划和设计的著名学者，吴良镛提出了广义建筑学的概念，将传统建筑设计的视野由建筑单体拓展到聚落层面。他认为：

> 城市设计是个灵活而较广泛的学术概念，既可以是大范围的指导性方针原则……也可以是很具体的规划设计。它是多层次的——区域的、城市的、街区的等，不同层次的城市设计其详细程度不同，内容也无需一致，关键在如何解决实际问题。城市设计工作如果能够得到加强，也会有助于建筑设计质量的提高和建筑创作的繁荣。……我们如果能把建筑的概念从个体建筑中解放出来，从城市的整体来考虑，从城市文化的角度来考虑，从人文方面来研究城市形态，从社区与城市设计的角度来提高生活质量和城市美学质量等方面考虑的话，那么我们的共同语言就多了，解决问题的途径也许更宽广了[36]。

9.4.3 关键语之三：城市物质形体的整体艺术

该思潮认为，城市设计的目的就是追求城市物质形体的整体艺术，其一是对整体、秩序的追求，其二是对艺术性的追求。

1）整体

结构主义的整体观和系统观⑤影响了 20 世纪中后期人们对城市和建筑的理解，"形体的设计"思潮也秉承了这种思维方式。"有序""整体""系统"等语汇是这一思维的反映。

作为一种方法，结构主义渗透到人文科学许多领域中，诸如语言符号学（Semiology）、格式塔（Gestalt）心理学等，其整体观和系统观改变和影响了 1950 年代以后的社会思维方式，同时也丰富了城市与建筑思潮的基础理论。它持有的社会结构整体观推动了"社区规划"（Community Plan）思想的形成，促发了"整体设计"（Entire Design）概念的提出。整体设计主要是把城市当作一个有机的整体去看待，即一个局部和另一个局部是相互依存而发挥作用的。环境的形式是整体的、统一的，局部才注重变化。房屋是局部，环境是整体。作为局部的建筑是通过人的生活结构、行为活动统一在一起的。

"现代的建筑仅仅是作为部分而存在的，它经常可能同下面的时间、下面的范围连续。"[37] 所以与形体的整体性相关的物质要素，如面宽、轮廓线、相邻建筑造型等，都被规定不可过分强烈地表现自己。"相应的建筑物只是城市结构中未来的有机组成单位，同时又具有符合内部逻辑的自身结构……创造一个建筑和城市可以看作是在一个空间中使交流联系网络化和可视的过程，也就是把结构给予建筑或城市空间的过程。"[37]

2）艺术性

卡米诺·西特（Camillo Sitte）不会料到，时隔 100 多年，西方当年那一段激荡的历史在中国当代极其相似地再现。中国城市的传统结构自 1950 年代以来遭到了致命破坏。首先，中国古城解体，城墙的拆除、重要道路的拓宽、大体量的现代建筑在老城中的出现以及现代城市广场的设置等事件改变了古城文脉。其次，自 1980 年代以来，中国城市面貌在古城解体的基础上又经历了迅猛的改变，原有城市空间的艺术性需求在这一过程中被城市功能、效率及意识形态的需求取代。

在这一进程中，中国城市设计的主流思想来自于西方工业化时代。这种理念重视技术而忽略人文，着重反映物质化社会的城市形象[38]。如同当年欧洲在城市剧变中显得束手无策一样，中国的城市设计也是在缺少法律系统控制和学术积极指导的条件下进行的，这导致中国学者在最开始的时候必然向西方传统城市设计理论学习。例如蔡永洁对《城市建设艺术》⑥ 一书的评价：

（此书）主要是针对欧洲工业化时代城市文脉受到严重破坏所做的反省，鉴于中国当今城市建设与当时欧洲城市发展的相似性，此书对于我们今天的城市设计工作从理论上和实践上必定有重大的借鉴价值。

图 9-4　上海思南公馆设计　（来源：笔者拍摄）

　　事实上自古希腊时代开始，作为形体设计的城市设计就一直是建筑师们的重要使命。工业革命以前，建筑师不仅设计建筑而且设计"城市"，城市设计一直属于建筑学的范畴。只是工业革命后建筑学在城市层面的地位和作用被城市规划（都市计划）取代，并演化为只注重于建筑工程的艺术与科学[39]。现代城市设计的兴起，使建筑师重新担负起设计城市空间的职责，设计作为一种对艺术性城市空间的追求，再次进入城市领域（图9-4）。

　　对西方传统城市设计理论的学习使这一思潮坚持城市空间艺术性，认为城市设计是一种对古希腊、古罗马时期那种传统建筑师设计"城市"的行为的恢复，它必须坚持城市物质形体美学，因为它是处理城市空间设计问题的核心，即城市设计是三维的城市空间艺术[40]。这种对城市空间艺术性的追寻最终导向了 1990 年代至 2010 年代中国城市风貌塑造的浪潮⑦。

9.4.4　关键语之四：形体的数理逻辑

　　"形体的设计"思潮越来越强调城市物质形体的数理逻辑性。

　　物质空间规划是城市规划（都市计划）技术性的一种体

现，是城市物质形体在空间的具体布局，多年来饱受争议。"形体的设计"思潮也承受了类似的指责。笔者认为，其原因在于大多数信奉理性和科学的学者们认为设计行为本身的数理逻辑性不够显著，尤其是当下中国社会舆论对眼见之现象的深度怀疑，也造成了"形体的设计"思潮在说服人们的时候处于劣势。

然而，随着生态理念、大数据应用、计算机计算能力的迅速提升等新的思维和技术的发展，形体的理性得以加强。"形体的设计"思潮逐渐强调人与环境的整合作用，强调人类互动及人与环境的调试过程，试图将城市设计建立在一种人类社会组织对其周围各种环境要素的集体适应性原理之上。这一理念不仅填补了物质空间规划的理论建构空白区，也对城市研究体系有巨大的丰富作用，因此，它有助于城市设计摆脱形式主义的批评[41]。例如，生态空间强调能源与环境性能方面的问题以及与诸如高度、密度形式等设计参量的关系[42]，从而使得形式在数理维度上获得意义。

同时也有学者坚定地认为，无论是否陷入"形式主义"，形体的规划和设计反而不能削弱。"……否则，城市规划将有在经济舞台中失去自己应有地位的危险。"[43]因此无论是从理论建构上，还是从学科本体发展上，对城市物质形体的数理逻辑性的追求，是城市设计"形体的设计"这一思潮的必然走向。

9.5　一个易于接受的假设

9.5.1　易于理解

"显然，建筑师和规划师是富于想象的，但却常常把城市问题简单化"[44]，再加上"形体的设计"这一思潮具有很强的实用性和针对性，使该思潮易于理解和操作，致使城市设计在"形体的设计"这一维度上易于被人接受。在城市设计刚被引入日本的时候，他们对城市设计（城市创造）的认识也具有这一特征，例如丹下健三认为，城市设计是建筑向城市的扩大，城市设计赋予城市更加丰富的空间概念，创造出新的、更加有人情味的空间秩序[45]。他在 1960 年所做的东京规划也代表了他的城市设计思想——以一种具有现代主义深刻印记的建筑师的角度和手法，创造了一条东京"都市轴"，而且在表现模型中，他居然把每一座建筑的模型都制作了出来（图9-5，图9-6），对形体的设想跨越了尺度的鸿沟。

当然，如此直观的形象更易被非专业领域内的民众和决策者接受。这种对于未来"易于接受"的直观假设显著推进了城市设计的普及。也因为这个原因这一思潮中出现了不少设计精品。

9.5.2 未来物质空间假设的困境

我们仍要提出质疑——这种假设现在是否还适用？

工业革命以前，城市不远的未来是可以被预知和谋划、设定的，那些传统的城市仅仅需要适应仍处于萌芽状态的工业发展，城市被传统的发展边界限制着。近100年来，工业化、信息化支配着城市，传统城市的边界逐步消失，效率变得更加重要。今天，21世纪的一个端点，经济和生产体系的全球化发展趋势正对城市进行着彻底的改变，信息技术、数字化技术和人工智能正把城市和农村改变成为一个全新的网络（图9-7），这仅仅是人们生活方式即将发生彻底变化的开始，也是城市空间发生本质变化的开端（图9-8）。这种变化的结果在经济、社会方面已有很好的描述，但却没有从建筑和城市战略方面加以分析，其原因无非是城市的未来愈加不可预知和不能预设，对物质空间的刚性规定都有更大的可能被证明是错误的。

9.5.3 深层结构何在

"形体的设计"这一思潮注重对物质空间的具体问题进行设计处理，因此它往往忽视城市物质空间背后的深层结构和意义系统。正如有学者所言，如果城市设计只针对空间形态本身，那么它往往达不到最初目标，因为它的实现手段和方法是肤浅和脆弱的[46]。

这导致了许多针对城市设计的批评，例如有人认为，当前的城市设计可以称为'画景'或直呼为"贴照片"式的设计……"许多建筑师、规划师为此苦苦追寻了几十年，建筑

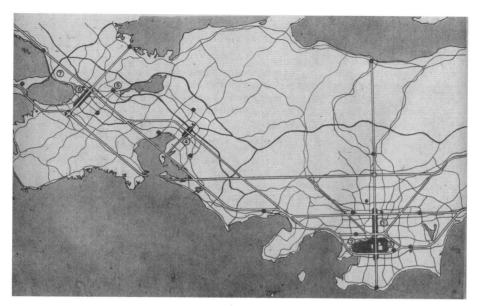

图 9-5　东京都市轴的宏观设想（来源：朱自煊.东方巨大都会——东京［J］.世界建筑，
1981（1）：49-56）

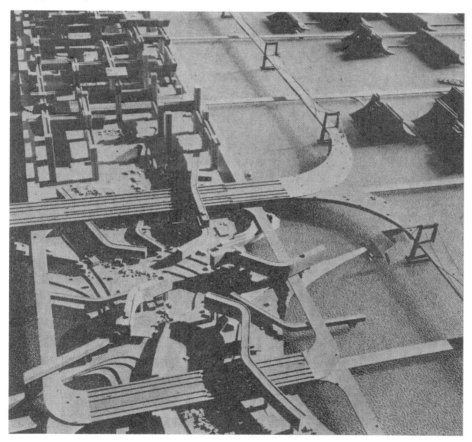

图 9-6　东京都市轴城市设计模型图　（来源：朱自煊.东方巨大都会——东京［J］.世界建筑，
1981（1）：49-56）

图 9-7 运用仓储机器人的物流仓库 （来源：香港矽谷网）

图注：新技术改变了生产力的分配，新的城市空间发展方式也孕育其中。

图 9-8 东南大学门口取快递的空间 （来源：笔者拍摄）

图注：新的空间网络把原有无用的空间变成了实际意义上的商铺，而这种商铺并不完全依赖于传统的物质空间形态。

院校的师生们误迷此道的也大有人在……若离开极为丰富的城市百姓生活，而仅将'画景'视为城市设计的精髓，不是太褊狭了吗？"[47] 虽然该思潮注重解决具体问题，但有一些"问题"并不能得到解决。这类"问题"的产生具有一定的复杂性和合理性，并不能被简单冠以"问题"之名而强行"诊治"之。若果如此，则不免庸人自扰了（图 9-9）。袁奇峰认为，旧城更新的高层高密度倾向是市场经济下经济拮据的中国城市人民政府不希望但又无法回避的"问题"[48]。显然，中国城市规划工作质量的提高不能只着眼于"设计"问题，"设计"问题不能包揽中国城市规划质量提高的所有问题——城市设计并不能从根本上提高城市规划质量。

2016 年 6 月 13 日，在由中国城市规划学会和全国高等学校城乡规划专业教育指导委员会主办的第四届"西部之光"大学生暑期规划设计竞赛活动启动会议上，笔者指出，城市设计不是设计城市，城市空间的发展有自身的规律性，城市设计不能忽视空间发展规律和空间背后的深层结构逻辑。这一观点说出了长久以来许多城市规划师对"形体的设计"这一思潮的看法，得到了广泛认同。我们认为，这一思潮的成败，实际是要看其观念是否坚持以发展的眼光去审视城市的深层结构、构成要素及其相互关联性。

9.6　精英价值观

受文艺复兴运动的影响，19 世纪西方城市建设计划和实践活动无一不沾染了精英化倾向。当今全球化使城市设计受到社会中上层偏好的影响，而呈现出"再精英化"的特征。这对处于现代化与全球化双重进程中的中国城市设计者提出了巨大的挑战[49]。如果城市设计是一种"形体的设计"，那么它将非常容易陷入精英主义的陷阱——往往无视平民利益，强加给城市一种物质形态和结构，并将其作为一种"设计模式"运用到其他区域。

这是因为，"形体的设计"实际上仍然是设计者意图的体现。该思潮中的城市设计仍属于"设计师"的范畴，它只可能是小众的、精英主义的。加之许多设计出自缺少深刻调研的"少数人"之手，造成其成果仅作为一种精英化的整体

图 9–10　中国某年春运人群 （来源：惠州市2016年春运调查报告）

艺术构想存在，缺乏现实可行性，从而形成带有乌托邦色彩的"理想城市"。

"形体的设计"思潮在潜意识里把城市物质空间当成一个单一的物质形体，认为可以遵循一种理性，以某种设计手法进行操作，进而达到其经验或梦想中的某个预期"场景"。在这种思维方式中，宏观尺度上的"构图"等手法出现了，然而图和城市发展的逻辑之间存在关系吗？这种关系强烈到何种程度以至于构图能够成为设计城市的一种理性手法？且不说其方法论是否符合逻辑，即使是在价值观上，由精英主导的这些"双鹤群凤"⑧的"文化"场景是否如他们宣扬的那样"真善美"，也需重新掂量。

城市文化所固有的多元价值体系要求我们，不能以某个人、某群人的喜好为标准来评判和决策城市的建设取向。采取单一价值观的方法已被证明是错误的，何况城市的发展已经不由品位、美学、真实、温馨等这些单一价值观约束下的语汇决定，城市已经离开了这些简单的语汇，迈向更加广阔的现实（图 9-10）。

9.7　工程设计思维

"形体的设计"具有明显的工程指向和实用特征。这种思想的坚持者和追随者们大多具有工程设计思维，对城市研究不熟悉，其思想以工程实践为核心。

对此，学术界有不少批评意见。

对于小尺度的城市设计，有人认为，中国相当一部分城市设计实践至多只能算是建筑的外环境设计，还不是真正意义上的城市设计[50]。

对于大尺度的城市设计，陈秉钊认为"形体的设计"这种思想是对城市的片面认知造成的，城市建设的思想方法体系不能囿于建筑学的范畴，因此他坚决反对"把规划图看作建筑蓝图观念的放大，似乎建设城市和建造房屋一样，可以预先设计好再逐步实现"[51]。

乔文领也反对大尺度城市设计。他认为城市空间有两种基本的把握趋向：一种是建筑学的把握，一种是地理学的把握。设计总是与较小空间联系在一起。"设计，即意味着人类要控制空间，而人类能够控制的空间总是设有限度的"；"城市设计的空间尺度上限只能到外部空间。一条街、一个居住区，是设计的合理范围，而整个都市或更大的区域无论如何不能成为设计的对象。一旦尺度扩大，建筑学对城市空间把握的准确性就会降低，只能采取地理学的把握方式"。

在大规模建设过程中，城市设计因三维整体形态的模型或图纸展示易使人产生直观感和新鲜感而受到推崇。但是将来一块块分而开发的基地如何与置于展览馆中的设计模型取得一致，规划管理如何实施运作等问题仍没有答案。

9.8　整体性消解的困境

9.8.1　高速发展带来的离散性

中国以经济为纲的战略，使城市的大规模开发不可避免。快速的拆迁和重建、城市新区的建设等不仅破坏了传统的城市肌理，而且也破坏了正在形成的秩序。

中国当代城市自身的粗放结构、土地经济与空间的制约关系、超常规开发的速度和多元文化的语境这四个方面可以揭示中国当代城市空间整体性与离散性的矛盾。它们共同决定了中国城市正在进入一个以速度和无序为表象、以生产和经济为目的、以资本和炫耀为特征的后规划时代：无历史、无识别性、离散的片断化[52]。

传统的城市设计观是把物质空间环境当作一种放大的艺

图 9-11 诺曼福斯特的子弹头大厦 （来源：陈阳）

图注：时代赋予形体以新的意义，而非以传统的形体观念为准绳。

术品来设计的，传统城市在缓慢的发展过程中通过自组织包容吸收了这种设计方式从而实现了整体和谐。然而，当代城市不允许我们以简单线性的思维来观察和设计它们。在这个复杂的巨系统中，许多内在的现实因素不断改变着城市的自组织，这些现实因素的合力使城市游离于"自身"的秩序之外（图 9-11），呈现出一种离散混沌的状态。超常规的发展速度使城市空间的整体性不再那么重要[52]。

9.8.2　技术发展与边界再定义

信息技术作为影响未来人类生存方式的重要因素之一，已经对 21 世纪早期生活环境的塑造方式形成了冲击。信息

图 9-12 迪拜风力发电旋转大厦 （来源：笔者根据网络资料整理）
图注：风力驱动的建筑，其形式不停地发生变化，这一理念对未来"形体的设计"思潮的基本思想形成冲击。

时代的城市里，各种活动的界限日益模糊。"交通和通信手段发达以及大量数据信息密集带来的结果，使活动交往更容易突破地域的界限，城市公共空间的边界除物质存在外，在实际活动中已失去作用。"[53]信息时代的城市公共空间的基本元素除了传统的实体构件外，很重要的是信息本身。另外，由于多样的经济和文化发展，室内外生活内容和意义也在发生转变。人们得以选取适于自己的空间形式和建筑形象，并不以表达大众传统理解中的统一性、连续性为准则（图9-12）。

9.8.3　对秩序的全新认知

形体的混乱和无序只是用欧几里得几何测度的结果，而城市系统的复杂性正是在于城市自然形成的这种混沌和无序是有深刻内在依据的，是深层次秩序所要求的外部形态，是本质性的，有意义的。我们应该接纳它、发展它，而不是摒弃它、践踏它。城市的发展应该接纳这种外在的"无序""不正常""混乱"，而后它将演化成新的外在无序和更深层次的内在"有序"[54]。

这种基于混沌理论对秩序的理解，完全打破了对城市空间秩序的线性思维方式。以往的空间秩序观不免陷于机械、简单，从这个角度重新认识空间，则将使我们不得不重新审视城市设计的理念。

可以清晰地看到，以上三点，即高速发展带来的离散性、技术发展与边界再定义、对秩序的全新认知，消解了城市空间整体秩序性的支配地位，从而降低了"形体的设计"这一思潮在整个城市设计思潮框架中的相对重要性。

本章提出了城市设计的第一个思潮——"形体的设计"，并阐明了本思潮的背景、发展脉络、思想主张及其相关的批判性思考。

在思潮背景中，我们认为，活力与混乱并存、新与旧的矛盾、营建成为主流思想这三个背景的集合构成了"形体的设计"这一城市设计思潮的语境。该思潮实际贯穿了传统城市设计和现代城市设计两个范畴。中国的现代城市设计给予该思潮以内容和技术上的扩展，但在基本理论上并没有得到突破。

在该思潮中的中国当代城市设计主要形成了四个主要特征：

  a) 物质空间的整合；b) 建筑设计的外延扩大；c) 城市物质形体的整体艺术；d) 形体的数理逻辑。

由于倾向于解决城市发展中遇到的具体问题，这一思潮主导下的城市设计实践产生了大量的城市设计精品，但是我们仍然认为，"形体的设计"思潮需要在价值观方面谨慎选择，在工程设计思维方面加以改进。

技术的发展使我们可借助多种工具，给予空间设计多种支持。这使该思潮在近些年走向技术化。可以预见的是，虽然"形体的设计"思潮的重要性相对降低，但随着所谓"存量规划"时代的到来，小尺度城市设计工程的逐渐增多，"形体的设计"还会在城市设计实践中发挥重要作用。

第 9 章注释

① 中国开始进入城市化快速增长的时期。如果从 1978 年到 1988 年的统计资料来看，10 年间全国城市人口增加 5000 万人，城市人口占全国人口的比重，从 12.5% 上升到 18.5%，10 年提高了 6%，而 1978 年前的 28 年，只提高 2%；城市数量从 1978 年的 193 个，增加到 1988 年的 434 个（1989 年年底为 450 个），平均每年增加 24.1 个；城市人口的年平均增长率大于 5%，而前 30 年为 2.6%；大于 50 万人口的大城市，从 40 个增加到 58 个，中小城市从 151 个增加到 376 个，小城镇从 2176 个增加到 11481 个。这种增长速度在中国历史上乃至世界历史上都是未曾有过的。

② 如 2012 年普利兹克建筑奖获得者王澍抨击现代城市对高层建筑形式的无节制使用。

③ 可参见谭文勇的文章《"图底关系理论"的再认识》中对此的描述。

④ 当然，传统的城市公共空间并非完全是建筑外部的空间，例如欧洲一些城市的教堂内部空间也属于公共空间。

⑤ 如果我们回顾20世纪自然科学技术的飞速发展，可以发现，自然科学领域经历了一场由"原子主义研究方法"向"系统—结构方法"发展的过程。所谓原子主义（Atomism）的研究方法就是重分解，轻综合；重个体要素关系，轻整体间的复杂关系。原子主义认为整体是各个部分简单相叠的结果，而系统—结构（Systematic-Structural）方法则强调整体间的相互关系，在这个整体中的要素是相互连接的，整个结构决定着各个要素的地位，要素在位置上的变化亦影响到其他要素，乃至整个系统。因此，后者更强调要素对于系统的依存性，更强调整体大于各个要素之和。结构主义认为世界不是由事物组成的，而是由关系组成的，事物不过是这些关系的支撑点。按照结构主义的观点，个人只是社会结构的一部分，不能以人为中心去说明社会，而应从社会性和集体性为出发点去说明。

⑥ 参见蔡永洁．《遵循艺术原则的城市设计》——卡米诺·西特对城市设计的影响［J］．世界建筑，2002(3)：75-76。"该书早在1990年已由仲德崑先生翻译成中文，东南大学出版社出版，但在学术界似乎并未引起应有的重视，其价值也未能得到体现，实属遗憾。"

⑦ 详见前文"1990年代城市设计年表"中山东省和东北三省对城市景观风貌设计的探索。

⑧ 参见海口市城市设计实践的相关论文。

第 9 章文献

[1] 谢远骥．百年大计 慎之又慎——谈北京高层住宅的建筑设计［J］．城市开发，1997(4)：8-11.

[2] 张钦楠．创造不愧于我们时代的城市和建筑：《城市与建筑设计学术讲座》侧记［J］．建筑学报，1984(9)：63-65，83-84.

[3] 邹德慈．关于八十年代中国城市规划的回顾和对九十年代的探讨［J］．建筑学报，1991(6)：15-18.

[4] 熊明，等．城市设计学——理论框架与应用纲要［M］.2版．北京：中国建筑工业出版社，2010：21

[5] 黄艳．论对历史城市环境的再创造——从柏林到巴塞罗那［J］．规划师，1999(2)：51-56，101.

[6] 鲁锐，姚涛．人与物的关联——关于 RIBA 城市设计 "NEW IN THE OLD" 国际竞赛的思考［J］．新建筑，1988(4)：4-6.

[7] 长岛孝一．城市设计［J］．阮志大，译．建筑学报，1984(10)：63-68.

[8] 鲁道夫·阿恩海姆．艺术与视知觉［M］．滕守尧，朱疆源，译．成都：四川人民出版社，1998：88.

[9] 张嵩．图底关系在建筑空间研究中的应用［J］．新建筑，2013(3)：150-153.

[10] 约翰·埃利斯（John Ellis）．重塑图底［J］．万励，译．建筑学报，2012(9)：66-70.

[11] 谭文勇，阎波．"图底关系理论"的再认识［J］．重庆建筑大学学报，2006(2)：28-32.

[12] 李德华，朱自煊．中国土木建筑百科辞典：城市规划与风景园林［M］．北京：中国建筑工业出版社，2005：88.

[13] 凯文·林奇．城市形态［M］．林庆怡，等译．北京：华夏出版社，2002：5-90.

[14] 周干峙．发展综合性的城市设计工作［J］．建筑学报，1981(2)：13-15.

[15] 吴良镛．历史文化名城的规划结构、旧城更新与城市设计［J］．城市规划，1983(6)：2-12，35.

[16] 钟华颖，韩冬青．城市设计中的交通换乘体系［J］．规划师，2004(1)：70-72.

[17] 卢济威．论城市设计整合机制［J］．建筑学报，2004(1)：24-27.

[18] 卢济威，于奕．现代城市设计方法概论［J］．城市规划，2009(2)：66-71.

[19] 王一．从城市要素到城市设计要素——探索一种基于系统整合的城市设计观［J］．新建筑，2005(3)：53-56.

[20] 董贺轩．城市立体化研究［D］．上海：同济大学，2008：88.

[21] 卢济威，刘捷．整合与活力——深圳地铁天虹站城市设计［J］．时代建筑，2000(4)：14-17.

[22] 卢济威，韩晶．轨道站地区体系化与城市设计［J］．城市规划学刊，2007(2)：32-36.

[23] 陈纲伦，李蓉．块域设计——城市设计与建筑设计的中介［J］．新建筑，1999(1)：36-37，52.

[24] 周公宁，谢榕．21世纪的建筑观与建筑教育观［J］．建筑学报，1998(2)：10-12，66.

[25] 廖方．城市公共空间危机与建筑设计概念的拓展［J］．建筑学报，2007(9)：83-87.

[26] 齐康，仲德崑．城市设计与建筑设计之互动［J］．建筑学报，1988(9)：15-18.

[27] 王建国．试论城市设计与建筑设计的有机契合［J］．东南大学学报，1996(6)：11-15.

[28] 汪奋强，一民．基于城市的体育建筑设计［J］．建筑学报，1999(6)：63-64.

[29] 郑开莹．运用城市设计原理进行工厂总体设计［J］．四川建筑，1999(1)：53-55.

[30] 孙凤岐．我国城市中心广场的改建与再开发研究［J］．建筑学报，1999(8)：22-25.

[31] 张珊珊，王恩栋．探求城市环境中的和谐共鸣——高层公共建筑底部空间设计［J］．建筑学报，1999(2)：55-57.

[32] 朱荣远．集群、共识、合力与设计城市——东莞松山湖新城集群设计有感［J］．时代建筑，2006(1)：66-71.

[33] 何镜堂，蒋邢辉．"和谐社会"下建筑与城市设计的几点探讨［J］．建筑学报，2006(2)：76-77.

[34] 张亮．"商业综合体"与城市环境的耦合关系［J］．合肥工业大学学报：自然科学版，2006(9)：1166-1168，1176.

[35] 周畅，崔恺，邓东，等．建筑师的城市视角——一次关于城市与建筑的对话［J］．建筑学报，2006(8)：46-52.

[36] 吴良镛．提高城市规划和建筑设计质量的重要途径［J］．华中建筑，1986(4)：21-31.

[37] 张莹．整体的秩序——用结构主义的方法设计城市与建筑［J］．广西土木建筑，2001(2)：106-108.

[38] 蔡永洁．《遵循艺术原则的城市设计》——卡米诺·西特对城市设计的影响［J］．世界建筑，2002(3)：75-76.

[39] 洪亮平．一次城市设计教育会议［J］．新建筑，1991(2)：41-44.

[40] 乔文领．城市空间·城市设计——读芦原义信、亚历山大、沙里宁等论著之后［J］．新建筑，1988(4)：47-50.

[41] 史津．城市生态空间［J］．天津城市建设学院学报，2002(1)：9-13.

[42] 昆·斯蒂摩．可持续城市设计：议题、研究和项目［J］．世界建筑，2004(8)：34-39.

[43] 周卫．城市规划体系构建探索［J］．城市规划汇刊，1997(5)：29-32，57-64.

[44] 尼尔斯·卡尔松，郑德高，王英．建筑与城市［J］．建筑学报，1999(7)：9-12.

[45] 刘武君．从"硬件"到"软件"——日本城市设计的发展、现状与问题［J］．国外城市规划，1991(1)：2-11.

[46] 王鹏．"显性"的城市设计观和"隐性"的城市设计观［J］．世界建筑，2000(10)：34-38.

[47] 毛其智．"他山之石，可以攻玉"否？——外国专家谈北京的城市建设与规划设计［J］．城市规划，1999(5)：46-48.

[48] 袁奇峰．广州市解放路特别意图区规划探索［J］．城市规划，1997(2)：26-27，29.

[49] 王磊．当代城市设计的精英化趋向研究［J］．规划师，2010(9)：115-118.

[50] 陈雄，籍存德．关于我国城市设计现状及存在问题的思考［J］．山西建筑，2006(13)：10-11.

[51] 陈秉钊．21 世纪的城市与中国的城市规划［J］．城市规划，1998(1)：12-14.

[52] 张政，张玉坤．中国当代城市空间离散与聚合的抉择［J］．规划师，2005(10)：47-49.

[53] 傅刚，费菁．熬粥／联网——信息时代城市公共空间［J］．世界建筑，1999(9)：66-71.

[54] 刘洋．混沌理论对建筑与城市设计领域的启示［J］．建筑学报，2004(6)：32-34.

10 设计的综合

10.1 从设计到实施各要素的分离

10.1.1 城市规划和建筑设计之间的分离

1）城市规划理论薄弱，建筑设计思想多元发展

自从 1950 年代成立国家建设局到 1978 年改革开放，中国的城乡规划建构几乎照搬了苏联的模式。城乡建设的每一个层次均在集中的计划指导下进行，从整体上形成自上而下一体的建设体系，城乡规划从属于国家和城市的发展计划，并与其合为一体。这一时期"城市规划设计"工作模式大多侧重于对城市景观艺术性的分析和表现上，蓝图型、静态式的设计过程和设计成果成为这一特定环境下的产品。由于这一时期整个社会的高度目的性和极强行动力大大减弱了城乡规划建设过程中的不确定性因素，因此该模式对 1978 年之前的城市建设起了一定的积极作用。

但是 1978 年以来，面对深刻、迅速的社会结构性因素变革，中国城乡规划和建设体系缺乏应对，对城市的本质、结构、形态、风貌，规划的规定性、层次、程序、深度、指标体系等基本问题，都缺乏系统而实际的研究[1]。

比较而言，中国在建筑设计上的进步是显著的。中国建筑师在对待传统的问题上，用多元的文化价值观念取代了单一的文物价值观，用多维文化观念取代了单一文化寻根的局限。他们创作潮流转型较快，不仅有传统复兴、注重功能表现、

反映新技术特征和地域文化特色的创作倾向，而且还有反映个性象征和俚俗化审美情趣等新兴的创作倾向。尤其近年来，受益于科学技术的迅猛发展，中国建筑设计新理念、新技术、新材料已呈井喷之势[①]。

城乡规划理论和实践发展滞后，建筑设计思想和手法发展迅速，这一矛盾造成了城乡规划和建筑设计之间的脱节。

2）城市规划与建筑设计学科之间思维相异

建筑设计构思是一个由内向外、由外向内的反复思考过程。由内向外表现为建筑物的功能和业主对建筑物的要求，由外向内则表现为外环境对其的限制。这两者与设计者主观意向的结合决定了建筑设计的构思[2]。一般来说，这种思考方式主要从建筑主体地位出发来思考城市，以发散性思维、感性思维为主，强调"一题多解"。

城市规划则是一个预测城市发展并优化各种资源配置与利用以适应其发展的具体方法或过程。它试图研究各种经济、社会和环境因素对土地使用模式的变化所产生的影响，并制订能反映这种连续相互作用的计划。该过程更强调收敛性思维、理性思维，以尽可能地将社会综合因素逐步引导到逻辑序列中，以形成一个"基本解"。不仅如此，城市规划作为城市公共事务的一个组成部分，在社会变革中常扮演不同的角色，其理论和思想是与社会互馈的。

作为城市建设的上下游学科，城市规划和建筑设计之间本质思维相异，需要一个综合两种思维的工具，以弥补学科之间的缝隙。

10.1.2　城市各个建设方之间的分离

改革开放以来，城市建设领域发生了巨大变化，城市建设资金投放方式由国家单渠道变为国家、集体、个体、外资和合资等多种渠道，城市土地有偿使用，建筑作为商品进入流通市场，城市建设率先步入了市场化阶段，这已成为无法逆转的历史趋向。这种趋向完全改变了1978年之前国家自上而下的一体化的集中建设模式，城市建设方趋向分离。在这一宏阔的历史进程中，大量新城拔地而起，城市面貌日新月异，同时，我们也看到由此带来的城市问题：

> a）建筑设计：土地、建筑在功能和性质使用上的混乱。b）建设中序列、系统和整体性的丧失。c）自然环境及人文环境建设：对自然、人文环境的建设性破坏。d）基础设施建设：市政基础设施利用上的不协调。e）交通系统建设：缺乏交通组织，新建筑使城市交通更加混乱等[3]。

从传统意义上来说，中国城市亟待在横向上完成各类专业规划和各个建设方的综合，特别是土地、交通、环境、能源、给排水等带有制约性的专业规划；从现代城市发展角度来看，城市建设应与社会、经济、文化、科技、信息等领域建立联系并相互协调。因此，迫切需要一个新平台，统一分散的城市建设方。

10.1.3 城市空间相关设计的分离

从宏观来看，青岛会议后城市设计工作被取消，而 1978 年后城市规划的各层次又缺乏对城市环境的关注，缺乏对以经济利益为目标的地产开发的有效控制。从微观来看，交通建设、景观园林建设、建筑设计等各自建设，相互脱节[3]。这种与城市空间相关的设计衔接分散，其具体表现有：

1）设计体系的不衔接

由于城市规划指标控制方法过于概括、抽象，指标并不能与城市建设质量产生直接对应关系。与城市环境要素相关的设计既缺乏对上层次规划观念的执行，又缺乏对百姓日常生活的真正关怀，从而在空间、功能、形态等方面与城市产生了一定的隔离，导致城市综合环境混乱。

2）设计方法的不合理

在城市的大规模建设与改造背景下，建设效率和经济效益成为第一目标，城市环境要素的设计程序趋向于简单化，其着眼点、设计原则、设计构思常常套用模式，缺少因地制宜的方法，也缺少不同设计专业间的配合，对城市空间环境和自然环境造成很大的破坏。

3）设计编制和管理的不配套

当前中国城市规划以规定性指标内容为重点，采取"一刀切"的方式控制不同类别的城市甚至农村,在编制内容和方法上也严重脱节,适应性差。规划设计编制和管理不完善,对城市空间环境的干预效果也不尽如人意。另外,相关环境要素设计的决策制度不够成熟,也造成了城市视觉环境的杂乱无序[4]。

以上语境促使 1990 年代之后中国城市环境综合整治工作的开展,并促成了城市设计作为"设计的综合"这一思潮的推广。

10.1.4　各种城市规划和设计理念的分散

在深刻的社会变革、技术革命、严峻的人口危机和空前的生态浩劫之后,人们认识到人类所处的系统是一种社会、经济、自然的复合生态体,单一的社会变革、技术革命或环境运动解决不了复杂的发展问题。于是,在 1992 年召开的联合国环境与发展大会上,"可持续发展"一词成为举世瞩目的焦点[5]。城市研究从此进入了更多元的领域,国际城市建设领域出现了各种理念的城市建设运动或城市开发、城市更新模式,例如生态(绿色、低碳)城市、安全城市、低影响开发(LID)、智慧(信息、数字)城市、城市村庄、紧凑城市、以公共交通为导向的开发(TOD)、小街区密路网、新城市主义、传统城市主义等。

大量的城市建设理念、发展方式为城市建设提供了多元参考,但是这些思想体现在城市建设的不同时期、不同地段,需要一种综合的平台以统筹平衡。这也是"设计的综合"思潮产生的背景之一。

10.2　"设计的综合"思潮特征

中国当代城市设计中出现的第二个思潮与"综合"相关。我们将其命名为"设计的综合",其基本主张是:

第一,相对于"形体的设计"对城市一体化、立体化等物质空间理想的追求,"设计的综合"思潮更强调城市设计是多专业协同、多维参与城市建设的综合方法。

第二,相对于"形体的设计"对物质空间的整体营造,

"设计的综合"更强调城市设计通过理念和实践两个途径进行综合设计，从多角度积极干预城市建设，从而成为城乡规划的思维方法和具体化过程。

第三，相对于"形体的设计"视城市设计为建筑的扩大化，"设计的综合"更强调城市设计是一种综合的环境营造，更重视与社会、政治、经济相交互的关系，以此来平衡不同维度的各发展要素。

整体而言，该思潮在发展过程中受到"形体的设计"思潮的影响较多，可以认为是它的进一步发展，因此该思潮呈现出与"形体的设计"并行的特征。这可能导致有人认为，"形体的设计"与"设计的综合"的本质都是对物质空间的设计和构思，从而应当同属一个思潮。由于城市设计的工作对象不可避免地要涉及物质空间，所以这种并行现象并不奇怪。我们认为二者仍有本质区别：其一，"形体的设计"强调设计行为本身，而"设计的综合"则强调对"设计"行为进行"综合"，侧重点不同。其二，"形体的设计"思潮强调城市设计自身的工程性，"设计的综合"思潮在强调工程性的同时，将城市设计作为一个平台机制、一种观念、一种思维方法。因此，该思潮从更宽的视角看待城市，几乎每个领域都可成为被"城市设计"的领域，这也就带来了城市设计在城乡规划、项目策划、管理决策等诸多领域的多重参与角色，也带来了1990年代以来逐渐丰富的实践类型。

10.3 设计综合的理论借鉴

"设计的综合"这一思潮从更整体、更宏观的视角出发，将城市设计的工作对象由"形体"拓展到能够"设计"的城市的所有部分，尤为重要的是，该思潮的理论建构超越了单一的"形体美学"的原则。

在具体的设计过程中，涉及城市物质形态的理论还是"形体的设计"所用到的理论支撑，但观念和思想发生了变化，其方法、机制更为综合，正如1991年版《城市规划编制办法》所要求的——"在编制城市规划的各个阶段，都应当运用城市设计的方法，综合考虑自然环境、人文因素和居民生产生活的需要，对城市空间环境做出统一规划，提高城市的环境质量、

生活质量和城市景观的艺术水平"。大量的城市规划理论、建
筑设计理念、城市发展方式也被该思潮借鉴（表 10-1）。这
一状况是该思潮的一个明显特征，然而也导致了它与城市规
划的关系模糊不清。

表 10-1　"设计的综合"思潮的主要理论依据

名称	主要理念与关注点
生态（绿色、低碳）城市	自然生态保护，城市可持续发展
安全城市	城市空间与城市生活生产的安全问题
低影响开发（LID）	城市水环境、水安全，强调城市在适应环境变化和应对雨水带来的自然灾害等方面具有良好的"弹性"
智慧（信息、数字）城市	关注利用高技术辅助城市的设计、管理、决策，强调运用信息和通信技术手段感测、分析、整合城市运行核心系统的各项关键信息，对包括民生、环保、公共安全、城市服务、工商业活动在内的各种需求做出智能响应
城市村庄	城乡二元、城市文化，强调城市和村庄两种基本物质空间形态的相互辅助
紧凑城市	在以建造像中世纪城市那样紧凑而充满活力的想法中产生。其中，"紧凑"的含义与现代城市的"低密度"相对立。紧凑型城市的关键理念在于低层高密度、功能混合的城市空间形态。其主张包括城市空间形态紧凑化、功能混合的、恰当的街道规划等
以公共交通为导向的开发（TOD）	新的城市空间利用模式，是以公共交通为导向的城市社区开发，是规划一个居民区或者商业区时，使公共交通的使用最大化的一种非汽车化的规划设计方式
小街区密路网	新的城市空间利用模式
新城市主义	注重城市空间的场所感，力图使现代生活的各个部分重新成为一个整体，即居住、工作、商业和娱乐设施结合在一起成为一种紧凑的、适宜步行的、混合使用的新型社区
历史城镇主义	针对已逐渐教条和僵化的"现代主义"提出质疑和修正，而且同样主张回到传统中去学习，从传统中寻找失去的意义
弹性城市	认为低碳城市并不能满足未来的发展需求，提倡生态弹性、经济弹性、社会弹性、工程弹性
城市双修（城市修补、生态修复）	生态修复包括海岸线、河岸线和山体、绿地等的生态修复；城市修补包括广告牌匾的管理、城市绿化的改造、违法建筑的拆除、城市色彩的协调、城市亮化的规划、城市天际线和街道立面的改造
收缩城市现象下的城市设计	去工业化、大量人口流失、老龄化、高失业率、资源枯竭等导致城市收缩现象产生，针对此现象国内学者开始进行城市设计研究

来源：笔者整理。

10.4 综合思维的四个关键语

10.4.1 关键语之一：多学科综合工作的协同中介

在"设计的综合"思潮中，城市设计是一种综合的"艺术"，它不仅仅是"形体的设计"中所强调的"城乡规划和建筑设计的桥梁"，而更拓展为多专业协调的工具，因而成为城市建设多维参与的综合机制。

1）桥梁论、断裂带及其他

1984年6月4日，在北京"城市建筑设计学术讲座"上，吴良镛提出城市设计的"桥梁论"。他这样解释："承上——它把上一层次的规划更好地落实、具体化。城市发展的战略，土地利用的战略，公共绿地、交通的政策，公共投资政策问题，能够更进一步地得到落实。启下——它为个体建筑设计提供条件，有助于整体地考虑设计问题，并启发构思。因此它是提高城市规划与建筑设计质量的重要环节。""在实际工作中，必须填补城市规划与建筑设计之间的这一中间环节的真空，并且不仅是一般概念上的城市设计工作，还要包括确定各种发展战略，包括土地使用战略、公共绿地政策、城市交通政策、城市规划立法以及公共投资战略等，以明确控制的指导原则。"[6]据我们的不完全统计显示，这种观点在1984年之后的20多年间被超过100位知名学者引用。"桥梁论"是"形体的设计"思潮所秉持的观点，但也被"设计的综合"思潮所承认，只是后者从更综合的城市建设机制出发。

金广君认为，在城市形体环境的规划与设计方面，各层次的规划内容发生了"裂变"，尤其是在规划与建筑设计之间出现了一个"断裂带"，在这个"断裂带"中，建设资金要靠筹集和吸引，使用土地的同时要预测经济效益，建设项目的确立要研究市场，开发建设要考虑环境质量……于是城市设计活动在时间上和空间上得到了拓展和延伸，城市规划、城市设计和建筑设计在以社会经济为主线下形成了既相互重叠又相对独立的一系列连续的创作活动（图10-1）。学科之间"重叠区"的出现，促进了城市规划和建筑设计等学科之间的交融和联系，城市设计由于有两个学科交叉的"重叠区"，因而明显地呈现为三个层次分明的设计阶段，这就是预先设计、方案设计和实施设计（图10-2）。

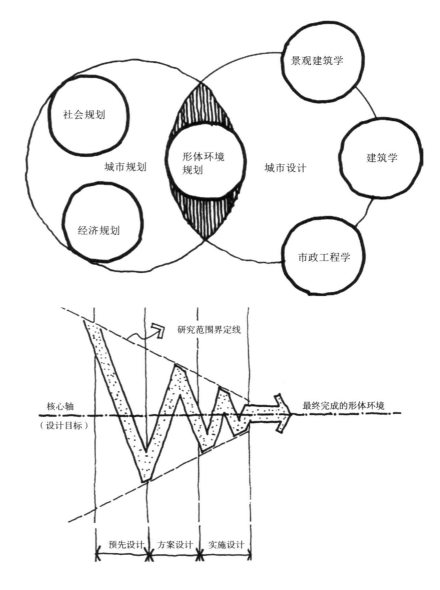

图 10-1 城 市 规 划、城 市 设 计 和 建 筑 设 计 三 者 的 关 系 （来源：金 广 君 . 图解城市设计 [M]. 北京：中国建筑工业出版社，2010：8）

图 10-2 市 场 经 济 下 城 市 设 计 的 三 个 阶 段 （来源：金 广 君 . 图解城市设计 [M]. 北京：中国建筑工业出版社：2010）

也有其他论述比较精彩的观点，如表 10-2 所示。

"桥梁论"是"形体的设计"思潮和"设计的综合"思潮从不同角度出发并共同秉持的观点，前者是从城市形体空间的角度出发，后者则是从更综合的城市营造角度出发。

2）合作协商的平台

"设计的综合"思潮认为，现代城市设计的特征，是"公开性"与"跨学科"，因此城市设计的确切领域已经远超过传统意义上的专业设计人员所能把握的范畴。在城市设计过程中，不同领域的人基于各自的学科领域知识及应用背景以

表 10-2   "设计的综合"思潮中"桥梁论"学者及观点

学者	观点
王唯山（1994 年）	从表面现象上来看，城市设计把城市规划的意图转化为有形的概念直接指导城市环境建设，并由此产生了创造整体、完美的城市空间环境的可能[7]
赵晨（1996 年）	城市设计的内容涉及城市中各种物质要素的相互关系，其中最重要的内容之一即处理城市与建筑的关系。城市形体环境的设计，是城市规划与建筑设计、城市空间与建筑空间的连接点，一切涉及城市内外部空间构成的均属城市设计的范畴[3]
赵云鹏（1997 年）	城市设计既不同于城市规划，又不同于建筑设计。前者偏向社会、经济和技术相结合的文字、图标式的规划，多从理性出发，注重科学决策，疏于环境设计；后者偏重单体，强调自我表现，缺乏整体环境思考和城市空间的总体认识。城市设计是两者的桥梁[8]
石德亮（1998 年）	城市规划是宏观的、综合的和整体的，不宜在城市规划基础上直接搞单体设计。城市设计是联系城市规划与建筑单体的纽带，它是规划的延续与拓展，既弥补了规划上的不足，又控制了单体建筑的体量与形态，保证了区域在时间上的延续性与空间上的秩序性[4]
胡四晓（1998 年）	城市设计的内容也包括对城市新开发区与现有城市形式，以及社会、政治、经济和资源关系的分析，不同运动方式与城市发展之间的关系也是城市设计关心的课题。城市设计做出设计方案或提出指导性建议，以作为城市建筑和环境设计的依据，使建筑设计不会成为个别的、彼此不相关联的设计行为。城市设计的这种积极作用，架构起了建筑与城市规划沟通的桥梁，城市规划通过城市设计有效地引导建筑设计的方向，而城市设计使建筑设计者可以从三维形体和空间布局上了解城市规划的发展意图，并在其框架内建立起可预期的城市空间和意向[9]
其他（张祖刚[10]，龚德顺[11] 等）	城市设计是城市规划和建筑设计的桥梁

来源：笔者整理。

不同的角度去审视城市空间，提供不同的参考信息，从而形成城市空间全面、形象、准确、具体的认识，比如社会学、美学、心理学、系统工程学、生态环境学、色彩学等。城市设计需要运用多种学科的成果、多种工具、多种手段来丰富、深化研究与实践，这已是城市建设者的共识。另外，现代城市设计应综合多种学科，对地上、地面、地下诸因素，如道路交通、上下水、供电、通信、供气、供暖等现代基础设施进行综合的考虑[12]（图 10-3）。甚至，有学者认为城市设计应在景观上把规划设计、建筑设计、园林设计、内装饰设计和艺术造型设计（包括雕塑和壁画等）融为一体[13]。

城市设计为中国城市建设吸收新的学科参与城市开发计划（设计学、社会学、经济学、艺术、法律和政治等学科）提供了机会，也成为各种专业人员（例如行政官员、银行家、

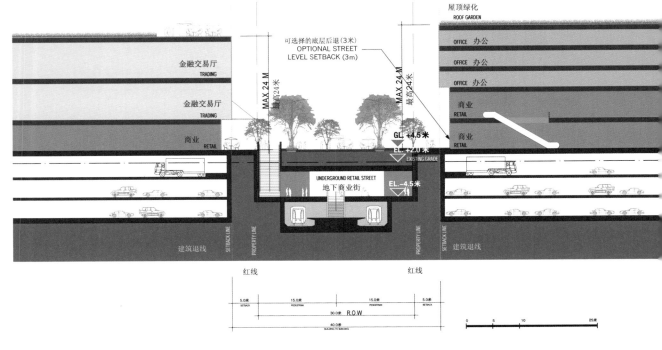

图 10-3 某城市设计方案剖面图 （来源：《滨海新区中央商务区总体规划：天津于家堡金融区起步区城市设计导则》）

市场学家、建筑师、园林建筑师、室内设计师、交通专家、能源学家、大气环境学者等）探讨城市建设、通力合作协商的重要平台。这个平台在协商、合作沟通方面具有明显优势：

首先，作为公众参与城市建设决策的综合手段，城市设计因其灵活性、相对通俗化、非法定性而具有特殊的优势。

其次，作为城市管理体制衔接的对接口径，它的成果更具象，更易于理解，使其得以更广泛地对接各类城市管理部门。

城市设计因其具有联系城市物质环境和人的活动的功能，而具有独特的综合性艺术特征，成为一个多学科知识协同的中介[14]。

10.4.2 关键语之二：城市规划的有机组成部分

"设计的综合"思潮认为，城市设计是一种观念，在城市规划上反映为对各建设思想协调和综合，是城市规划的一种思维方法。作为一种综合观念，中国当代对城市设计有两种较为主流的看法——全程论和一体论。这两种看法都认为，城市设计是城市规划的一种进步[15]。

1）全程论

全程论认为，从广义的城市设计概念来看，城市设计的意图贯穿于规划、设计、施工、管理的全过程，体现于城市建设的每一个环节。

其中有人认为，城市设计是一种观念和方法，它应当被用于城市规划的整个过程中去，从而与城市规划相辅相成。例如，吴良镛指出，"城市规划工作最终要具体落实到城市的物质实体上，也就是落实到城市内部的用地与建筑空间布局上来。……城市设计宜体现在规划设计的各个阶段，在区域规划、城市总体规划或分区规划以至建筑群的布局等都需要从城市设计的角度来考虑问题"[16]。持这一观点者同样数量众多②。叶小群认为城市设计只是一种观念，不能盲目套用他国的运作模式。城市设计属于城市规划范畴，绝不能和规划搞成两套，应当分过程、分阶段、分层次将形体观念贯穿于城市规划全过程，从而作为后续设计的原则、准则、内容，使规划的形体空间环境逐步得到改善和提高[17]。

另有部分人主张，城市设计应作为一种专项规划，将对城市空间的设计贯穿城市规划的各个层次，并纳入城市规划成果体系，建立由设计到管理的"全过程"（苏则民[18]、俞灿明[19]、张宇星[20]）。他们坚持认为，只有在此基础上才能有针对性地提高中国城市设计的可操作性[21]。

2）一体论

在当前的中国城市建设学科体系、编制体系和管理体系中，城市规划和城市设计往往融合在一起，在大多数的详细规划中，或多或少地包含了城市设计的内容，如控制性详细规划制定的关于建筑形体的一些指导性指标，而总体规划中的一些分项，如城市景观、城市风貌的规划也类似于城市设计[22]。这种状态使一些学者③持有"一体论"，认为从城市设计的内涵、目标、内容和演化历史来看，城市设计长期以来就是城市规划本身的有机构成之一[23]。

例如，有学者指出，城市设计最初是承担了城市规划中某一领域（三维空间）或某一部分的工作，并为了把该部分工作加以强调而做的用词上的规定，目的是为了强调该部分工作。而从中国城市规划的发展来看，城市规划和城市设计也一直是融合在一起的，唯其如此，才能完善城市规划对城市社会整体的把握[24]。

周干峙先生则直接指出，任何良好的城市规划，最终都要通过城市设计来具体体现[25]。

10.4.3　关键语之三：城市规划更具体的综合实践

"设计的综合"思潮在实践中表现为把城市设计作为一种工程类型，认为城市设计是各类城市具体实践的综合，是一种城市综合建设工程，因此成为城市规划的发展、继续和深入。

至此，中国当代城市设计中出现了对城市设计角色的清晰判断——一体论中的"支柱说"。至于这一观点，早在1998年《建筑学报》第3期，邹德慈先生在《有关城市设计的几个问题》一文中所提出的城市设计观点在业内就颇有代表性，其在阐述城市设计与城市规划学科交叉关系中指出，城市规划为城市设计提供指导和框架，城市设计为城市规划创造空间形象，城市设计是城市规划的继续和具体化。邹德慈认为，现代城市设计产生的背景是城市功能日趋复杂和技术进步的强大作用、后工业社会的各种变化和人性回归[26]。20世纪以来，影响城市发展的社会经济因素日益复杂、区域发展战略及各种政策和管理机制的作用日益重要、新的技术和手段使城市规划的方法论发生了变化三大因素，导致现代城市规划趋向于综合和宏观，更具战略性和计划性，与以塑造城市物质空间环境为主的城市设计日益有所分野。即使如此，现代城市规划与城市设计仍然是密切结合的。城市设计虽然有它相对独立的内容，但它的理念、构思、方法（包括手法）始终结合于城市规划的各个阶段，是现代城市规划的三个重要"支柱"之一（另外两个"支柱"是城市研究和城市管理）（图10-4）。

虽然这些相异点（表10-3）并没有得到所有人的赞同。例如，城市设计未必是战术性的，也未必是微观的，也未必不能法定化，同时，城乡规划学并不一定是战略性的，也存在战术性、微观的城市规划项目和研究，城乡规划也从来不仅仅在二维的维度上思考问题，但是我们承认，这一看法在总体上更清晰地表达了城市设计与城市规划的基本关系，这种将城市设计作为城市规划的具体化的看法也在城市设计界和城市规划界占据了一席之地。例如有其他学者认为：

城市规划是对城市整体的协调、控制和布置，城市设计又是对城市规划的具体落实和实施[4]；城市设计是对城市体形和空间环境所做的整体构思和安排，是城市规划的有机部分[5]。

在这一学说中，城市设计是以这一角色参与城市建设计划，并使其在建设管理中得以升华。

10.4.4　关键语之四：人居环境优化的综合设计方法

1）认识论的拓展

相对于"形体的设计"思潮，"设计的综合"思潮对城

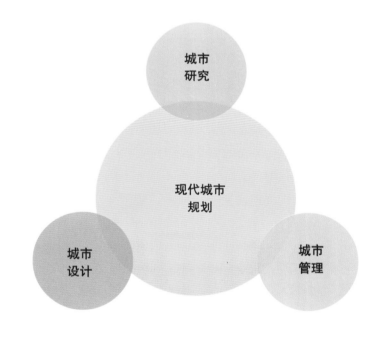

图 10-4　现代城市规划的三个重要支柱（来源：笔者根据相关资料整理）

表 10-3　邹德慈所说的"城市设计与城市规划相异点"

城市设计	城市规划
战术性（详细规划、总图设计）	战略性（总体规划、分区规划、控制性详细规划）
微观	宏观
三维	二维
形体环境为主	社会、经济、环境要素为主
设计性质	计划性质
指导性	法定性（图则、文本）

来源：邹德慈 . 有关城市设计的几个问题 [J]. 建筑学报，1998(3)：8-9.

市的认识论略有拓展，它不再把城市看作建筑的集合体，而是将其视作综合的环境。新的认识论打开了一个多维的角度来看待城市的物质空间，也带来了城市设计内容和其角色的微妙变化——从综合环境设计的角度来理解城市设计，认为其任务就是要提高综合环境质量，同时它也将综合环境看作多专业、多层次的工作对象。

这种认识论的转变是重要的，甚至有学者认为，此转变标志着传统城市设计与现代城市设计的分野：

> 现代城市设计是在传统城市设计基础上发展演变而来的，它克服了后者在认识论与方法论上的不足，从人的物质、精神、生理、心理、行为规范诸方面的需求满足来考虑综合性的城市环境设计[27]。

2）理论变化

该思潮认为，城市设计的对象主体是"边角料"。这种说法意味着：其一，城市设计既然是多专业、多学科知识的综合和中介，它就不必成为其中任何一个专业，即城市设计不需要成为学科体系"布料"的主体；其二，城市设计的对象是综合的空间要素、环境要素，除了色彩、风格等之外，它涉及的环境质量内容众多，甚至可达 250 种之多，可归纳为以下大类：

> 结构及其清晰度、形式、舒适与便利、可达性、健康与安全、历史保护活力、自然保护、多样性、协调与和谐、开放性、社会性、平等、维持能力、适应、含义和控制……⑥

城市设计所处理的内容是如此广泛，以至于它不得不与城市中其他的任何因素发生关系。这一特点使得它常被利用为城市经营的手段，但也使部分学者陷入尴尬的境地——似乎只有成为"超人"，才能获得处理这些无所不包的"边角料"的能力（图 10-5）。

3）特色塑造

从综合环境设计的角度理解城市设计，在实践中体现出一种对城市形象、城市风貌特色等更加关注的倾向⑦。

1950 年代，中国就已出现对城市特色的讨论，不过只牵涉建筑形式问题。1988 年，建设部明确提出"根据不同的气候条件，不同的经济发展水平，不同的民族风俗习惯，建设

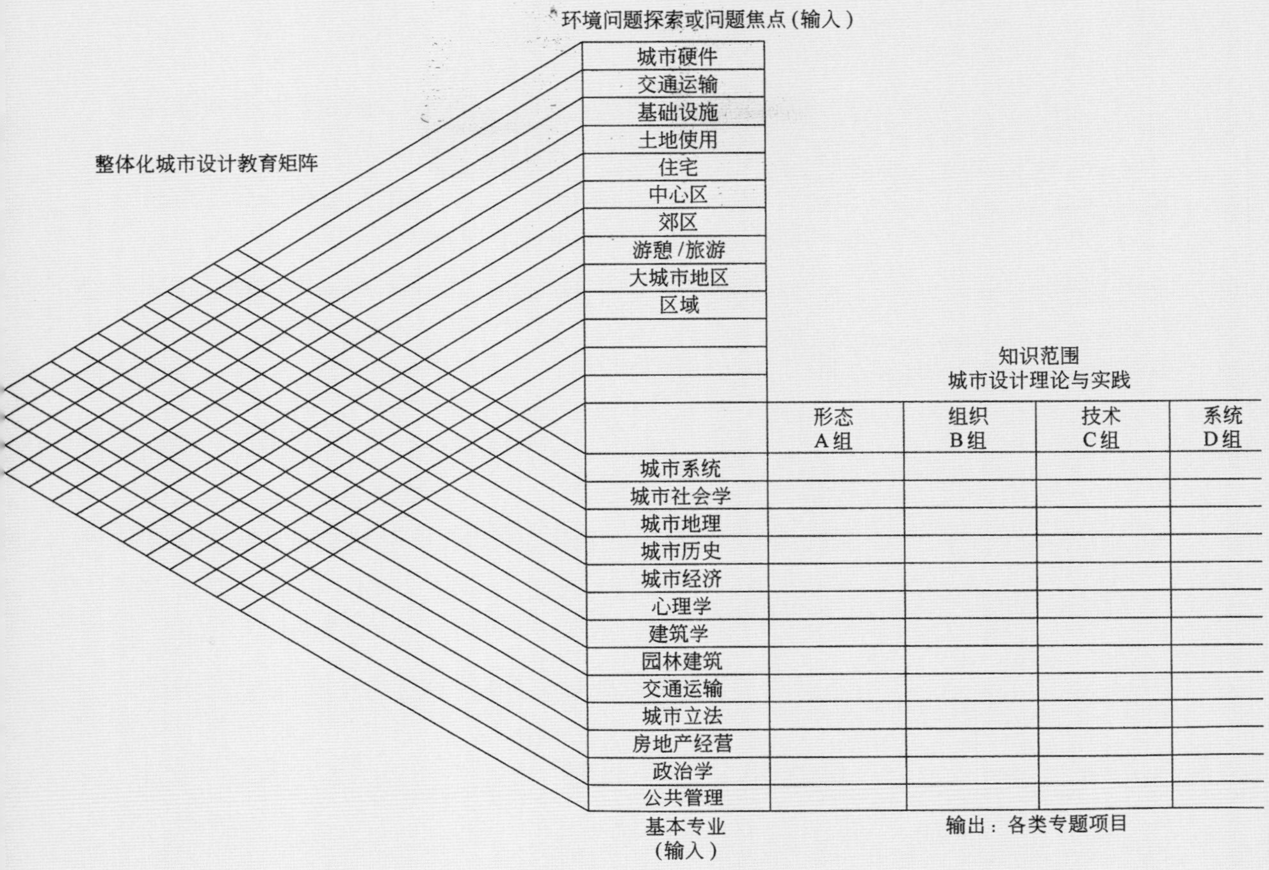

整体化城市设计教育矩阵

环境问题探索或问题焦点（输入）

城市硬件
交通运输
基础设施
土地使用
住宅
中心区
郊区
游憩／旅游
大城市地区
区域

知识范围
城市设计理论与实践

	形态 A组	组织 B组	技术 C组	系统 D组
城市系统				
城市社会学				
城市地理				
城市历史				
城市经济				
心理学				
建筑学				
园林建筑				
交通运输				
城市立法				
房地产经营				
政治学				
公共管理				

基本专业
（输入）

输出：各类专题项目

有中国社会主义特色的城市和乡镇"[8]。这一表述认为，城镇特色应当尊重自然气候条件、经济状况、文化状况和政治形态。之后，山东、辽宁、吉林、黑龙江等地较为普遍地开展了城市风貌特色规划，其主旨是运用城市设计的方法，深化总体规划，加强城市特色。1997—1998年，城市建设领域开始重视城市形象的问题⑧。

从学术研究的情况来看，城市形象、城市特色等方面的论文数量很多。例如，罗佩分析了城市地方特色的含义及组成要素，并对"国际化""复古热""人造景观"等现象进行了剖析[28]；任致远认为城市设计是塑造城市形象的关键环节[29]；时匡认为城市设计是控制城市空间形象的一门学科[30]；熊向宁认为，城市环境景观规划是城市设计思想在宏观层面上的反映，而城市设计则是城市环境景观规划在微观层面上的具体方式[31]。

不少学者从色彩、广告系统、标识等角度对城市形象的塑造进行了解析。例如，卢春霞分析了城市主色调丧失的原

图10-5 城市设计教育矩阵 （来源：吴良镛. 广义建筑学 [M]. 北京：清华大学出版社，2011：157）

因，借鉴其他国家的城市色彩规划，提出需要建立中国城市色彩规划体系建设，强调地方文化色彩在城市设计中的作用[32]。冯维波从营造城市形象、树立城市品牌、培养城市个性的角度，分析了中国城市设计的不足。

城市形象已成为现代城市可持续发展和城市设计的必由之路。

对城市特色的关注，最终上升到国家层面。2000 年，时任副总理温家宝在全国城乡规划工作会议上强调：要充分认识城乡规划工作的重要性；要做好城乡规划工作……通过城市设计的手段精心塑造富有特色的城市形象[33]。城市设计由此成为塑造城市特色的最重要工具。

10.5　履行城市规划的艺术性职能

我们认为，"设计的综合"思潮以综合为基本观念，对城市规划⑨中某些工作内容（例如建筑特色的整体协调、人在城市中的生理和心理舒适性）形成了补充、深化、强调和校正。有的学者认为：

> 如果把城市设计渗透入城市规划范畴，那么，城市设计在很大程度上履行了城市规划的艺术性职能[34]。

这是因为，"设计的综合"思潮类的城市设计实践在综合各种设计的过程中，将建筑学理论、空间美学理论等渗透入城市规划的各个领域，在某种程度上与城市规划所具有的"计划性"、对未来的"预测性"和规划编制的"理性"形成了互补。诸如自然保护、历史保护、可达性等命题，城市设计有更具体和深入的答案。从当前城市规划的语境来看，只有综合二者，才能形成一个初步的综合环境质量较好的城市发展框架。

正如前文所述，从认识论上来看，"设计的综合"超越了"形体的设计"思潮。但遗憾的是，在具体的操作过程中，该思潮被视为"形体的设计"的并行或是延伸，未能体现出它应有的意义。或许只能说，属于这个思潮的时代还没有真正到来。

10.6 实用导向的问题

"设计的综合"思潮如果想要创造一个包容所有问题解决方案的设计模式，就很容易受到不确定性因素干扰，使设计意图偏离初衷甚至走向反面，这是城市空间的复杂性所决定的。因此，在实际应用中，这一思潮转而趋向于对具体问题的认知和解答的直接过程，或者针对某一特定区域的设计进行综合的过程，"而不是构想一个成型的、可以解决所有问题的、能指导所有的城市设计的理论体系"[35]。"设计的综合"思潮中，城市设计作为城市规划的一种观念、思想、技术方法，都显示出对城市规划某一个阶段、领域和实施过程的支持，从而使城市设计具有一种实用性和针对性的特征，被认为是城市规划的操作手段。

然而，我们发现，2009 年之前中国大部分学者提出的城市待改善的核心问题是城市空间环境品质差，他们希望通过城市设计改善这种现象，从而达到提升城市文化、促进城市整体发展的目的。第 9 章中"形体的设计"思潮出现过同类的问题，如空间形体无秩序、空间形象差等，在这里，"设计的综合"思潮同样面临类似困境。这种解决方法忽视了问题的本质，容易"头痛医头，脚疼医脚"，造成不少城市打着以人为本的旗号，无视人的基本需求，进行大拆大建的城市形象工程。

10.7 不合格中介的争论

"设计的综合"思潮主张城市设计作为城市建设中多学科、多专业协同的中介，但是其实践效果并不理想，大部分并没有带来城市综合环境质量的有效提升。有人批评说，城市设计的建立在很大程度上仍是延续着城市规划师对建筑师的控制指导思维，仍通过强调政治、经济、文化、宗教、伦理道德等因素，体现统治者或群体利益的意识形态的作用。在城市设计阶段，建筑师依旧是处于被动的服从地位[27]。"设计的综合"思潮中的主体意识仍然是精英模式，过程仍是"自上而下"的。因此，城市设计对城市规划与建筑设计之间的分离与脱节问题的解决效果是非常不完全的——即使有效果，也只是局部的，很难实现有效的协同作用。

10.8 城市设计还是城市规划

> 城市规划名词的解释，一般有两种意义：第一种意义是指城市的设计过程，也就是确定城市物质要素的组成和数量。如工业、仓库、运输设备、住宅及民用建筑、绿化系统、上下水道等，选择上述要素的布置地区并使其相互取得联系。第二种意义是指城市的实际状况，如我们说上海或巴黎的规划，是指这些城市的实际状况。从定义知道，城市规划要接触到许多元素，因此与产生这种物质要素的社会生产方式有密切的联系。
>
> ——1957年，苏联专家什基别里曼

在青岛会议（1958年6月）之前，苏联模式下的城市设计与城市规划是融合在一起的——城市规划即城市的设计过程。在当前语境中，我们或可表述：城市设计是城市由纯粹的计划转向建设的过程。也就是在研究城市社会、经济发展、土地资源利用等规划问题的同时，进行城市形态的研究与设计，没有独立的城市设计操作[36]，但却仍然能够保持城市健康发展。

青岛会议之后，城市设计被取消。直到1980年代，现代城市设计被引介入中国。然而随后的社会变革迅速冲击了城市规划和建设体系，城市设计的角色日益重要。这种重要性与本思潮的综合性混淆起来，使得城市设计取代城市规划的现象时有发生。其一，"综合"一词与城市规划学科的跨学科和综合性十分接近，这种对设计行为和工程的综合经常使人混淆城市设计与城市规划的概念。其二，城市设计作为城市规划的继续、深化、具体化，也使人迷惑，二者有没有分界线？分界在何处？抑或它们二者本身就是同一个概念？

本章提出了城市设计的第二个思潮——"设计的综合"，并阐明了本思潮的语境、理论借鉴及我们对该思潮的批判性思考。

我们认为，城市建设涉及的各个主要学科之间的分离、城市建设各个参与方之间的分离、城市空间相关设计之间的分散以及城市发展理念的分离等构成了"设计的综合"思潮产生的背景。该思潮从1980年代开始，以"综合"为基本理念，形成四个基本观点：

a）城市设计是多学科综合工作的协同中介；b）城市设计是城市规划的有机组成部分；c）城市设计是城市规划更具体的综合实践；d）城市设计是人居环境优化的综合设计方法。

与"形体的设计"类似，"设计的综合"思潮也倾向于实践，但其注重的并非物质空间，而是在内容上对城市规划的支持和深化，在这一实践过程中，城市设计履行了城市规划的艺术性职能。可是，许多学者认为，该思潮并没有带来城市综合环境质量的真正提升，反而容易模糊城市设计和城市规划的概念与内涵。

第 10 章注释

① 对于 1949 年以来中国建筑设计发展的整体历程，可以参考《中国建筑史》《1949 年以来中国建筑设计历程》《现代建筑理论》《中国建筑 60 年历史纵览》等。

② 例如，张京祥（张京祥 . 城市设计全程论初探 [J]. 城市规划，1996(3)：16-18）认为城市设计并不是仅仅局限于总体或详细规划阶段的形体设计工作，而首先应是一种容纳文化、形体、措施设计的思想，它实际贯穿在区域—城市总体详细规划的各个阶段层次，这其中既有分析与策划的内容，又有具体形体表达的内容。柳权（柳权 . 试论城市设计的编制与实施——从美国经验看我国城市设计实施制度的建立 [J]. 城市规划，1999(9)：58-60，64）认为城市设计并不是介于建筑与城市规划之间的一门相对独立的学科，不宜单独编制，城市设计始终贯穿于整个规划过程的始终。

③ 主要包括汪德华、陈占祥、田宝江、吴晓等。

④ 笔者引自王洪芬，等 . 城市规划与管理 [M]. 北京：经济日报出版社，1995。

⑤ 参见陈为邦 . 城市规划的制定和实施管理 [J]. 中国勘察设计，2000(2)：22-24，27。对城市设计的理解主要还是关注城市形象美的问题，在城市规划实施与管理方面还没有提到城市设计，反映出国家对实施管理尚重视不足。

⑥ 有趣的是，迈·索兹沃斯的研究表明，在美学上不成功的设计往往是与满足人基本需求的环境质量问题共存的，是和诸如空间与时间的导向要求、寻找途径、区分不同场所、徒步旅行的舒适感、从喧嚣的交通噪声中解脱、寻觅休息与交流的空间等人的具体需求紧密联系着的。

⑦ 可详见以下文章：布正伟 . 从宏观上把握城市的艺术特色——兼谈我国城市建设中存在的有关问题 [J]. 新建筑，1993(2)：16-20；肖志哲 . 试论城市景观风貌特色的创造 [J]. 城市问题，1996(3)：14-18。

⑧ 可以说城市设计从诞生开始，就一直关注城市的形象问题。本书的这一说法，在于强调城市设计在中国，尤其是 1997—1998 年附近的一段时间，非常注重城市形象问题。在这一方面，学术特征和实践特征也非常明显。

⑨ 这里仅仅指当前语境中的城市规划，而非历史发展中的城市规划。这两个语境中的城市规划是有本质区别的。

第 10 章文献

[1] 周干峙. 发展综合性的城市设计工作 [J]. 建筑学报，1981(2)：13-15.

[2] 齐康，仲德崑. 城市设计与建筑设计之互动 [J]. 建筑学报，1988(9)：15-18.

[3] 赵晨. 地段特点与城市设计 [J]. 新建筑，1996(3)：47-49.

[4] 石德亮. 对几种建筑现象的评判 [J]. 新建筑，1998(1)：53.

[5] 邓毅. 城市设计的生态学方法初探——历史文化名城的可持续发展研究 [J]. 华中建筑，1999(2)：86-87.

[6] 吴良镛，徐莹光，尹稚，等. 对三亚市城市中心地区城市设计的探索 [J]. 城市规划，1993(2)：53-58，43.

[7] 王唯山. 旧区改造中的城市设计理论与方法 [J]. 城市规划，1994(4)：46-53，58-65.

[8] 赵云鹏. 试论城市特色的构成与创造 [J]. 规划师，1997(4)：17-22.

[9] 胡四晓. 城市与建筑设计在城市建设中协调发展的探索——北京四通桥节点与锡华高科技技术市场设计 [J]. 建筑学报，1998(4)：34-37.

[10] 张祖刚. 发展城市、建筑与环境 [J]. 建筑学报，1992(10)：38-43.

[11] 陆兴. 在《城市与建筑设计学术讲座》闭幕式上的讲话 [J]. 建筑学报，1984(9)：66-71.

[12] 仲德崑. "中国传统城市设计及其现代化途径"研究提纲 [J]. 新建筑，1991(1)：9-13.

[13] 李池兴. 城市·建筑·空间·意境 [J]. 城市规划，1989(1)：8-12，19.

[14] 董慰，毕冰实，董禹. 试论城市设计的艺术性 [J]. 华中建筑，2007(7)：82-84.

[15] 柴锡贤. 田园城市理论的创新 [J]. 城市规划汇刊，1998(6)：8-10，64.

[16] 吴良镛. 加强城市学术研究 提高规划设计水平 [J]. 城市规划，1991(3)：3-8，64.

[17] 叶小群. 走出城市设计的误区 [J]. 规划师，2002(6)：91-92.

[18] 苏则民. 城市环境与城市现代化——以南京为例 [J]. 城市发展研究，1997(2)：60-61，59.

[19] 俞灿明，李凡. 改善城市环境 重塑深圳地标——罗湖商业中心区城市设计 [J]. 城市规划，1998(3)：32-33.

[20] 张宇星. 城市规划管理体系的建构与改革——以深圳市规划管理体系为例 [J]. 城市规划，1998(5)：18-21.

[21] 刘晋文. 中新天津生态城基于过程管理的城市设计实践 [M]// 中国城市规划学会. 规划创新：2010 中国城市规划年会论文集. 重庆：重庆出版社，2010：13.

[22] 陈雄，籍存德. 关于我国城市设计现状及存在问题的思考 [J]. 山西建筑，2006(13)：10-11.

[23] 吴晓，魏羽力. 关于城市设计与现有规划体系衔接的思考 [J]. 规划师，2007，23(6)：87-89.

[24] 田宝江. 城市设计，城市规划一体论 [J]. 城市规划学刊，1996(4)：48-49.

[25] 周干峙. 适应新的历史发展需要努力提高我国城市规划设计水平 [J]. 城市规划，1991(2)：3-10，64.

[26] 邹德慈. 有关城市设计的几个问题 [J]. 建筑学报，1998(3)：8-9，3.

[27] 李建军，陈清. 城市规划亚层次结构的探索——关于规划师与建筑师契合机制 [J]. 南方建筑，1996(3)：21-23.

[28] 罗佩. 创造城市的地方特色——当前我国城市设计所面临的一项任务 [J]. 南方建筑，1998(3)：88-89.

[29] 任致远. 关于城市形象的思考（日记摘编）[J]. 规划师，1998(4)：117-119，127.

[30] 时匡. 都市乐队的指挥——城市设计 [J]. 建筑学报，2004(9)：5-8.

[31] 熊向宁. 生态·文化·功能——城市环境景观三位一体论 [J]. 规划师，2000(3)：48-51.

[32] 卢春霞. 城市主色调的丧失与重构（节选）[J]. 南京艺术学院学报（美术与设计版），2001(4)：65-69.

[33] 赵知敬. 加强城市设计 提高城市环境质量 [J]. 北京规划建设，2000(1)：8-10.

[34] 周卫. 城市规划体系构建探索 [J]. 城市规划汇刊，1997(5)：29-32，57-64.

[35] 陈玮. 现代城市空间设计的若干主题 [J]. 城市规划汇刊，2001(3)：51-54，58-80.

[36] 卢济威，王一. 现代城市设计发展的必然性和背景 [J]. 安徽建筑，2002(6)：1-2.

11 设计的控制

11.1 市场失灵下的管控探索

11.1.1 市场机制下的失控

1992 年后，城市建设的投资主体和利益主体越来越多元化，多种类型的城市开发成为城市建设的主要模式，影响了城市空间资源的配置，主导了城市空间的形成和演变。城市规划和建筑领域的发展面临巨大转变，出现了严重的失控问题。随后，"建筑如何走向城市"[1]、城市与建筑之间的深层关系等问题逐渐进入城市管理的视野中。

失控的原因很多。除深刻的社会经济制度转变之外，学科和专业本身不完整的建构也难辞其咎。

第一，规划控制体系在编制和开发管理层面出现了功能性缺失。在传统的城市规划体系中，总体规划由于其自身目标、广度和深度的限制，不对每一个潜在的开发项目进行具体的空间控制，而以形体布局和设计为主要内容的修建性详细规划缺乏调控土地开发市场的能力。

第二，建筑设计领域虽经多年实践，但对多元价值观和多元文化观念中的建筑创作并未提出实质有效的理论应对。"在惯常的量化规划指标的制约下，建筑设计仍可以在市场中寻找标志性，从而走向无节制的标新立异"[2]，城市环境品质的视觉整体性和人文关怀被忽视（图 11-1）。

图 11-1 城市中的"大洋怪"建筑现象 （来源：笔者拍摄）

第三，在城市空间形态方面，形体设计的蓝图构想对于以效益最大化为原则的开发活动难以形成制约。城市设计中的"形体的设计"思潮和"设计的综合"思潮，没有在根本上形成有效干预。例如，有学者指出"主题设计与后续项目的脱节——城市设计沦为招商引资的宣传册""形态设计与工程实施的脱节——工程实施性不足""形象设计与风貌控制的脱节——实际操作过程中真正能做到目标与结果一致的乏善可陈"[3] 等。

曾经在 1945 年之后困扰西方城市的许多问题也在中国出现，并招致全社会的批评浪潮：城市形态日趋雷同，城市特色感弱化；传统的富有生活气息的老街区、优美的山水田园在开发热潮中瓦解；薪火相传的文化脉络与生活方式遭到割裂和遗弃……

11.1.2 对法治的强调

1997 年 9 月召开的中共十五大提出"逐步实现社会主义民主的制度化、规范化、程序化"[①]。邓小平在不同场合、从不同角度反复强调要"处理好法治和人治的关系"，要"靠法制，搞法制靠得住些"。1999 年九届全国人大二次会议通过的宪法修正案规定："中华人民共和国实行依法治国，建设社会主义法治国家。"其后，该条被作为宪法的第五条第一款。2002 年，中共十六大提出，要把依法治国作为"党领导人民治理国家的基本方略"，还把依法治国作为"发展社会主义民主政治"的一项基本内容。这是中国近现代史上的重大事件，是中国治国方略的重大转变。

法治思维很自然地落实到城市管理领域，如何对城市空间进行控制和管理成为城市建设领域内的主流方向。

除此之外，随着城市建设投资主体的多元化，城市管理日益复杂，城市市民阶层分化，城市外部竞争日趋激烈，市民民主参与城市事务的热情和能力提升，依据法律进行城市管理和控制的思维越来越得到认可。1990年代末的中国，对城市设计本身的实效性形成了一股基于法治的反思潮流，城市设计界理论重点转向对如何依法控制"设计"的思考。

11.1.3 控制性详细规划的出现及其发展

1990年后期，中国城市土地开发的市场化进程加快，市场机制的随意性和外部不确定现象结伴而生，高度分散的市场化开发背景下，城市规划的干预与调控功能显得更加必要[4]。前文也已论述，传统的"总体规划 + 详细规划"的干预手段是失效的——修建性详细规划的合理性因开发主体的改变和建设组织方式的调整而丧失。在城市设计被实质上取消之后，这种干预体系的有效性变得更差。因此，一种新手段——控制性详细规划应运而生（图11-2）。

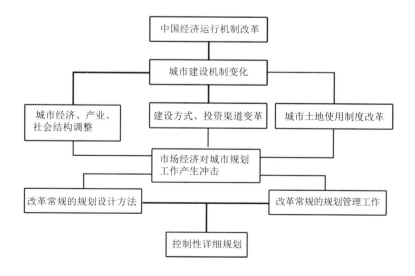

图 11-2 控制性详细规划产生背景示意图 （来源：吕慧芬. 控制性详细规划的理论研究与实践探索 [D]. 西安：西安建筑科技大学，2007：8）

作为对传统详细规划的一种改革，控制性详细规划以文本和图则的法条范式取代设计方案的图纸范式，以数据作为管理依据，理性和清晰的话语体系使其更利于地方政府对土地开发予以立法控制[4]。

它使城市规划由目标导向走向过程导向，由静态蓝图走向动态决策，使城市规划的操作方式与国际对接，为城市设计发挥价值提供了空间。控制性详细规划简洁明确的话语体系为地方立法创造了条件，使之具有地方法倾向，在有利于地方政府制定因地制宜的城市设计运作制度的同时，也为国家制定统一的城市设计制度造成了一定干扰（表 11-1）。

表 11-1　控制性详细规划的诞生与发展

时间	事件	影响
1979 年	出现"基地布局图""数值性详细规划"	控制性详细规划的萌芽
1980 年	美国女建筑师协会访华，带来了土地分区规划管理（Zoning）的概念	开启了对欧美区划技术的研究
1982 年	上海虹桥开发区规划为适应外资建设的国际惯例要求，编制土地出让规划，采用土地使用性质、建筑面积密度、建筑高度等多项指标控制土地开发	使用指标控制用地建设的一次成功尝试
1986 年	上海虹桥开发区规划在兰州的城市规划设计经验交流会上得到关注	使用指标控制用地建设的方法得到肯定，促进了中国详细规划编制改革
1986 年	建设部委托上海市城市规划设计研究院进行《上海市土地使用区划管理研究》，并编制《城市土地使用区划管理法规》《上海土地使用区划管理法规》文本及编写说明，制定了上海市城市土地分类及建筑用途分类标准，并对综合指标体系中的各种名词做了阐释	提出了中国城市采取的土地使用管理模式应是规划区划融合型（图则与法规匹配结合的模式）
1987 年	同济大学编制厦门市中心南部特别区划，使用土地使用性质、最大容积率、建筑后退等 10 项指标，为每个地块设计了一张示意图，直观地表达了不同指标下的建筑形态[5]，赋予了指标特定的法律定义	城市设计结合控制性详细规划的一次重要尝试，具有普遍意义②
1987 年	清华大学在桂林中心区详细规划中形成了一套系统的控制性详细规划基本方法，其特点是对用地建设进行数据控制，并与局部地段的城市设计相结合	—
1987 年	广州开展了覆盖达 70 平方千米的街区规划，并制定了《广州市城市规划管理办法》和《广州市城市规划管理办法实施细则》	通过立法将城市规划和城市规划管理更好地衔接

时间	事件	影响
1988 年	温州市制定了《旧城区改造规划管理实行办法》和《旧城土地使用和建设管理技术规定》，综合融汇了当时控制性详细规划的全国经验	一次具有里程碑意义的实践，是控制性详细规划初步成熟的标志
1989 年	江苏省城乡规划设计研究院在苏州市古城街坊控制性详细规划研究课题中，对地块划分、指标确立、新技术运用等做了较详细研究，并编写了《控制性详细规划编制办法》建议稿	对之前区划技术的理论以及实践经验的全面总结
1991 年	东南大学与南京市规划局完成"控制性详细规划理论方法研究"课题	对控制性详细规划的工作方法做了较系统的总结
1991 年	建设部在《城市规划编制办法》中列入了控制性详细规划的内容	在国家层面明确了其编制要求和法律地位
1992 年	建设部下发《关于搞好规划，加强管理，正确引导城市土地出让和开发活动的通知》，对温州市编制控制性详细规划引导城市土地出让转让的做法进行推广	—
1992 年	建设部颁布实施了《城市国有土地出让转让规划管理办法》，进一步明确城市国有土地使用权出让之前应编制控制性详细规划	树立了控制性详细规划的权威性
1995 年	建设部制定了《城市规划编制办法实施细则》，规范了控制性详细规划的具体编制内容和要求	中国控制性详细规划走上规范化道路
1998 年	《深圳市城市规划条例》实施，初步建立了具有深圳特色的规划制度，把控制性详细规划的部分内容转化为法定图则，使之成为城市规划管理的核心环节	实现了控制性规划由技术向法制的转变[3]
2008 年	《中华人民共和国城乡规划法》第二条将详细规划分为控制性详细规划和修建性详细规划	在国家层面确立了控制性详细规划的编制层次

来源：笔者整理。

11.1.4　对美国城市设计导则的引介

城市设计需要一个工具以保障它发挥作用的渠道。1990年代以来，国内一些城市开始探索如何实施城市设计控制。1991 年，金广君关注到空间界面的重要性——"人们能捕捉到各自所需的信息和兴趣点，并能感受到城市的历史文化特征、民俗风情等，从中得到物质和精神上的满足"[6]，并且介绍了"街道墙"的概念。10 年后，金广君又发表《美国城市设计导则介述》一文，是国内较早对城市设计导则进行介绍的文章，为广大规划设计者和学者们关注，影响极为广泛[4]。

在该文中，金广君对城市设计导则的产生和应用的介绍主要包括以下三个重要案例：

1）纽约第五街分区管制特定区

为保持其沿街百货公司及零售店铺的特色，对新建办公大楼做出以下规定：

a) 沿街地面层必须保留供零售业使用；b) 为加强橱窗的连续性，正面不得中断作为办公入口；c) 街道两侧建筑物高度在 85 英尺（1 英尺 ≈ 0.3048 米）以下的部分，应沿建筑红线兴建；d) 街道东侧的建筑物应沿建筑红线直上兴建，以保持第五街现有的"墙面"景观；e) 街道西侧的建筑物高度在 85 英尺以上的部分必须退缩 50 英尺，以保持大楼之间的适当间距；f) 广场不得沿街布置，鼓励开发者用有顶的通廊代替广场，办公入口可设在廊内。

这些严格的规定虽然给单幢建筑的设计创作带来了很多限制，但是却使第五街不仅保持了主要购物区的风貌，而且增添了街道的活力[7]。

2) 旧金山城市设计

在该城市设计中，设计导则建立起最低的标准而不是对设计提出最高的要求，给各项具体设计留出创作余地（表11-2）。

3）波特兰市中心区城市设计导则

该项目重点考虑建筑空间和人的关系，以加强和协调城市中心区活动的多样性。设计导则的目的是提出概念要求而非提出解决办法。

"这些导则分为规定性和指导性两种。规定性导则，规定出环境要素和体系的基本特征和要求，是下一阶段设计工作应体现的模式和依据，是必须严格遵循的。指导性导则，描述的是形体环境的要素和特征，解释说明对设计的要求和意向建议，并不构成严格的限制和约束，提供的是更加宽松的启发创作思维的环境。比如在表达对开发强度的控制时，规定性导则会提出容积率的具体限制，而指导性导则会提出对某一公共空间在某一时段内的日照要求"[7]（图11-3）。

表 11-2　旧金山中心区城市花园、城市公园和城市广场设计导则

	城市花园	城市公园	城市广场
尺寸	面积为 120—930 平方米	面积不小于 930 平方米	面积不小于 650 平方米
位置	在地面层，与人行道或建筑入口相连	—	建筑物的南侧，不应紧邻另一个广场
可达性	至少通过一侧可达	至少从一条街道可达，在入口处可看到公园内部	公共可达性强，与城市街道保持一定高差，之间有踏步联系
座椅	每 2.4 平方米设一个座位，应有一半的座位可移动，每 37 平方米有一张桌子	在修剪的草地上设置各种座椅，最好是可移动的	休息座位的总长度应等于广场的周长，其中有一半的休息座位是座椅
植被	地面采用高质量的铺装材料，种植各种植物，最好引入水景	以草地为主，在草地上种植各种植物，水景应作为主景观	植被应是建筑元素的辅助手段，应利用树木界定空间，营造亲切氛围
售货服务设施	—	在公园内或附近提供餐饮服务，餐饮座位不应超过公园总休息座位的 20%	广场周围应有零售服务，其中餐饮座位不应超过广场总休息座位的 20%
小气候条件	午饭时间应保证广场大部分面积有日照和遮风条件	应保证公园大部分面积在 9：00—15：00 有日照和遮风条件	午饭时间应保证广场大部分面积有日照和遮风条件
开放程度	每周一至周五 8：00—18：00 对公众开放	全天对公众开放	全天对公众开放
其他	若设置安全门应统一设计	若设置安全门应统一设计	—

来源：金广君 . 美国城市设计导则介述 [J]. 国外城市规划，2001(2)：6-9，48.

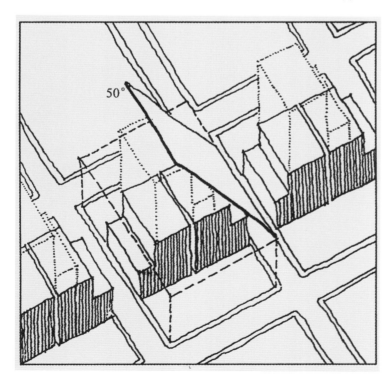

图 11-3　美国城市设计导则中对建筑形体的控制　（来源：笔者根据相关资料整理）

11.2 "设计的控制"思潮特征

在市场和法治条件都在不断成熟的同时，城市设计思想中出现了如今已被普遍接受和广泛应用的另一思潮。为了强调这一思潮对"控制"的重视，我们将其命名为"设计的控制"，其基本主张是：

第一，相对于"形体的设计""设计的综合"两个思潮对空间形态的强调和对以静态蓝图为特征的设计成果的追求，"设计的控制"更强调城市空间发展是一个动态、历史、可控（可以干预并至少获得部分成果）的过程，因此更追求设计成果在市场环境和时间维度中的刚性和弹性的平衡。

第二，相对于前两个思潮对城市设计自身的科学性和工程性的强调，"设计的控制"思潮倾向于依托法律及其他社会规则或制度，强调城市设计成果的法定性、有效限定性。

第三，相对于前两个思潮对设计行为的依赖，"设计的控制"思潮更依赖规则，明确地提出城市设计是"将设计作为控制对象"。

第四，"设计的控制"思潮倾向于对城市开发中的市场行为进行干预，强调对政府和市场两个方面的约束——它不仅要控制建筑设计、城市规划师的设计行为，土地开发商和建设方的实施行为，而且还试图控制政府对城市设计成果任意修改的能力。

结合对相关文献的阅读，我们认为，该思潮自 1990 年代中后期发展起来，于 2012 年左右走向成熟。

11.3 重视"过程"的理论背景

相对来说，"设计的控制"思潮引入了更多的专业知识，它不再仅仅局限于建筑学、环境保护、城市空间理论等城市研究领域，而是将其理论触角伸向其他学科范畴，例如管理学、系统论、控制论等。

比如控制论，它本是研究系统的状态、功能、行为方式及变动趋势，以控制系统的稳定，揭示不同系统的共同的控制规律，使系统按预定目标运行的技术科学（图 11-4）。自从 1948 年诺伯特·维纳（Norbert Wiener）发表了著名的《控

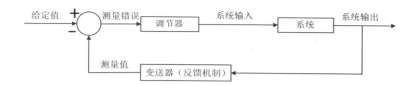

图 11-4　系统控制示意
图　（来源：笔者绘制）

制论——关于在动物和机器中控制和通讯的科学》一书以来，
控制论的思想和方法已渗透到几乎所有科学领域。城市空间
的管理系统是一种典型的控制系统，其管控过程在本质上与
工程的、生物的系统是相同的，都是通过信息反馈来揭示成
效与标准之间的差，并采取纠正措施，使系统稳定在预定的
目标状态上。因此从理论上说，适合于工程的、生物的控制论，
也适合于分析和说明城市空间控制问题。

11.3.1　城市认识论的变化——连续变化的历史过程

1）认识论的转变

在前两个思潮的影响下，许多城市设计实践变成了一种
扩大化的建筑设计、详细规划工程或者城市规划的某一具体
类型，工作重点放在了关于形象和形态的设计上。许多学者
认同这种成果"是一幅幅关于未来城市形象的描述，是一个
个建筑立面的拼合，这是城市设计的一种误区"[8]。人们逐
渐认识到，之前过于强调形体、空间，"把城市规划图、城
市设计图看作建筑蓝图观念的放大，似乎建设城市和建造房
屋一样，可以预先设计好再逐步实现"，这种认识论是片面的。
从 2000 年左右开始，更多人开始转而认同"城市规划与建设
是一个过程，永远没有完工的一天"。在这一建设过程中，
城市的物质空间不断地受到社会、经济等多种因素的变化影
响，而必须不断地进行调整、修正，因此现代城市是多次控
制调节的产物[9]。传统建筑学和城市规划的"设计决定论"
观念被现代城市规划的"控制调节论"所取代，不少学者达
成了共识——城市设计的目标是非终结性的，它不是具体工
程的设计，而是关于工程设计的设计。

2）另一个角度的解释

人们逐渐认识到除了城市空间之外，时间对于城市的重
要性。正如哈米德·胥瓦尼（Hamid Shirvani）所说："城

市设计在时间和空间两方面同时展开，也就是说既有城市的诸组成部分在空间角度排列配置，并由不同的人在不同的时间对城市进行建设。"人对城市的感知不仅取决于空间维度，同样取决于它的时间、过程……时间因素在城市环境中广泛体现[10]。既认识到时间的重要性，城市设计因此就成为"一个过程、原型、准则、动机、控制的综合，并试图用广泛的、可改变的步骤达到具体的、详细的目标，其研究对象不只是空间，也包括空间的时间维度"。"时间维度是城市空间环境变迁的坐标，渗透在城市设计的整个过程中。""将动态的时间维度引入城市设计研究，就是把城市环境同延绵不断的历史过程连接起来。"[10]

在新认识论的影响下，城市设计的思维方法从极端的蓝图式的观念向一种动态变化过程的思想方向演化。新的城市设计方法把"控制"作为实施过程中的策略制定、信息反馈、控制调整的重要手段，在具体实践中趋向于注重连续决策、不断渐进的过程，不是构想一个成型的方案，而是制定出一些使城市"成型"的运行规范和重要原则[11]。以上新的城市认识论不仅成为"设计的控制"的重要基础依据，而且同时成为本书 "政策的设计"思潮的理论背景。

11.3.2 城市触媒理论

"触媒"（Catalyst）指在化学反应里能改变反应物化学反应速率（既能提高也能降低）而不改变化学平衡，且本身的质量和化学性质在化学反应前后都没有发生改变的固体物质。"触媒"在发生作用时对其周围环境或事物产生的影响被称为"触媒效应"[12]。

美国建筑师韦恩·奥图（Wayne Atton）和唐·洛干（Donn Logan）在20世纪末出版的《美国都市建筑——城市设计的触媒》一书中提出了"城市设计触媒"的概念。两位建筑师认为，"城市触媒效应"是指城市连锁反应，其中激发与维系反应的"触媒"指建筑实体。但它并非单一的最终产品，而是一个可以刺激与引导后续开发的元素；它与规模、等级无关，"可能是一间旅馆、一座购物区或一个交通中心，也可能是博物馆、戏院或设计过的开放空间，或者是小规模的、特别的实体，如一列廊柱或喷水池"。

该理论选择的名称如此形象，以至于我们不需要对读者做过多解释。它描述了一个城市开发的必备特征——具有可激起其他作用的力量[13]，这种力量促使了城市结构持续与渐进的发展，也改变了"设计的综合"思潮中对城市各因素相互关系的理解——城市内部要素的相互关联不是机械的，而是具有相互作用的复杂关系。

城市触媒理论鼓励建筑师、规划者以及决策者去考虑个别开发项目在城市成长过程中所具有的触发潜力，提倡以干预的思维，把设计控制作为影响城市生长的干预工具。

11.4　涉及控制思潮的五个关键语

11.4.1　关键语之一：以城市设计导则为手段

城市设计导则是对城市设计构想和意图（例如形体环境元素和元素组合方式）的一种抽象化的描述，通常是文字条款和图示结合的描述形式，意在引导、鼓励某种设计趣旨，并明确某些环境的形式和品质，同时干预并禁止发生某些"消极的"甚至"破坏性"的设计行为[2]（图11-5）。

它通过对城市设计成果抽象化，对其图示语言进行转译，将城市设计的要求置于管理框架中，从而以城市空间发展为基本视角，建立了以城市空间控制为目的的技术性控制框架。

转译原则有二：第一，控制，即以刚性的、不可更改的语言或图示对设计对象进行规定；第二，引导，即以鼓励性、建议性语言或图示对设计对象进行引导。一般认为，控制的基本层次有三种，即整体的结构性控制、对整个地区普遍适用的原则性控制和重点地段的特别控制等。

作为由设计语言转译为管理语言的主要成果，城市设计导则是城市设计导控作用得以发挥的媒介。从实践意义上来说，它表现为关注环境整体与部分之间、部分与部分之间的关系，并对相关设计要素进行引导和管制[2]，从而把对未来预期与日常管理联系起来，成为一条纽带[14]，从理论上来说，它表现为基于城市整体背景的相关设计操作的规定，并已成

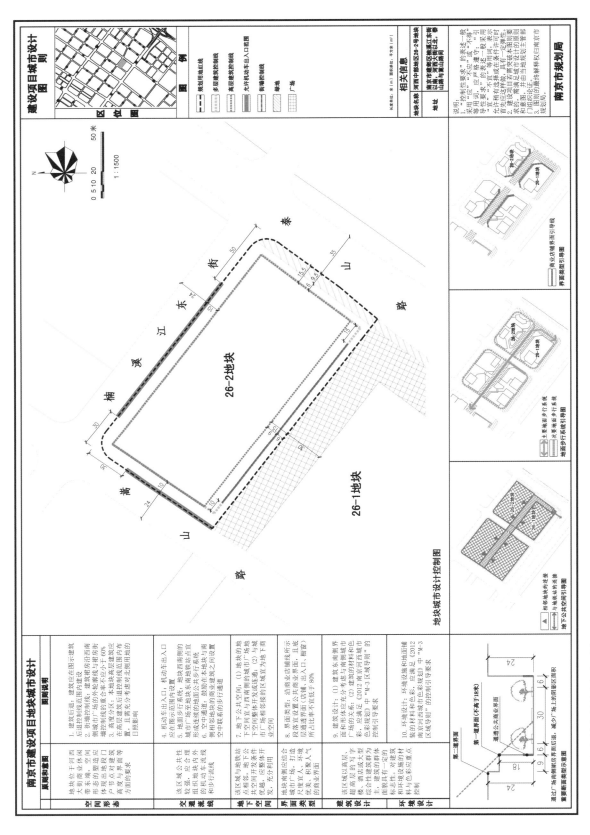

图 11-5　南京城市设计导则示例　（来源：南京规划局）

为现代城市设计理论中最有价值、最关键的内容[8]，甚至有人认为它在某种意义上相当于中国城市规划的"文本"[7]。

在实践方面，中国大部分较大城市针对特定的区域和地段都进行了城市设计控制。其中较早的案例如深圳市的城市设计指引等，尤其是 1998 年，《苏州古城控制性详细规划》中城市设计内容的嵌入对苏州古城的保护发挥了重要作用（图 11-6）。香港规划署在 2003 年完成了香港城市设计指引研究，并根据研究的结果和建议制定了一套参考性的城市设计导则，内容包括发展高度轮廓、海旁地区的发展、城市景观、行人环境，以及降低道路交通噪音和空气污染影响的措施等。这套城市设计导则吸纳公众意见并获各界普遍赞同，已成为评审香港城市建设的纲领（图 11-7），对内地城市设计指引的编制产生了很大影响。

11.4.2 关键语之二：以城市规划体系为依附

"设计的控制"思潮强调发挥城市设计的控制和引导作用，将其成果植入城市规划体系中[15]，即把非法定规划范畴的设计导则整合到法定规划的平台上，获得实施操作的权威[16]。在当前"设计的控制"思潮中，这种"嫁接"分为三个层次⑤。

1）总体规划层面

城市总体规划的主要任务是根据当地的自然环境、资源条件、历史情况、现状特点等，确定城市的规模和发展方向，实现城市的经济和社会发展目标，合理利用城市土地，协调城市空间布局等。在这一层面上的综合型城市设计我们称之为总体城市设计。顾名思义，总体城市设计即对城市的总体进行设计⑥。

总体城市设计的控制一般对城市整体特色、整体空间格局、建筑高度分布、建筑景观（天际线的基本走向、城市标志性建筑）、公共开放空间系统、街巷体系、活动组织等内容进行系统、综合研究，突出整体性和系统性，以控制和引导城市在结构层面上的发展方向。

对总体城市设计的编制方式有两种观点：一种观点认为，总体城市设计应独立编制。其原因是，虽然目前城市总体规

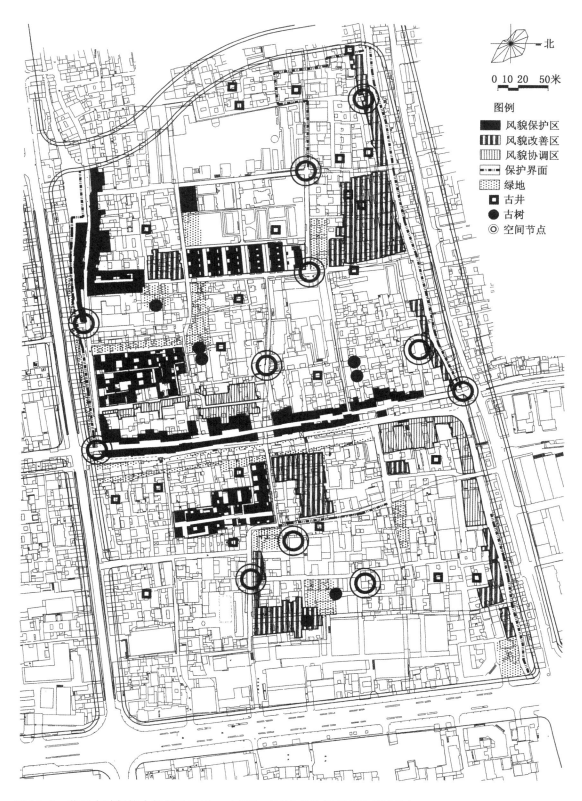

图 11-6　苏州古城保护中的设计导则　（来源：东南大学城市规划设计研究院）

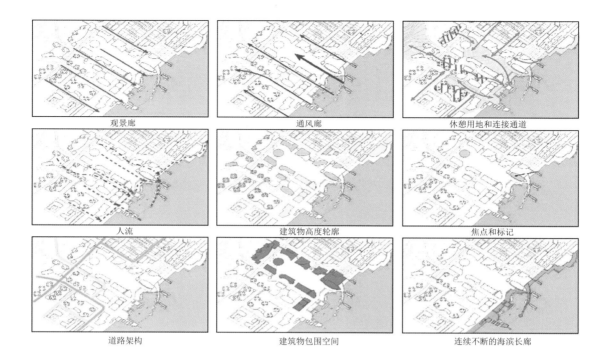

观景廊	通风廊	休憩用地和连接通道
人流	建筑物高度轮廓	焦点和标记
道路架构	建筑物包围空间	连续不断的海滨长廊

划中对城市设计内容都有所考虑,但较粗略,城市设计仅被作为一种观念,不能有效地发挥城市设计在塑造城市空间环境方面的专业优势。另一种观点则认为,总体城市设计应作为城市总体规划的一个专项工作进行编制。其原因是,城市设计的各个层面都和城市规划密不可分,有太多交叉和重叠,独立编制将造成更多困扰。有学者从总体城市设计产生的动因、总体城市设计与总体规划的工作特征以及中国的城市建设工作的操作情况进行总结,认为二者应结合编制[17],这种观点受到广泛的关注。

相应的成果形式也有两种:其一是单独编制总体城市设计,其成果对城市分区规划和控制性详细规划形成指导;其二是作为专项工作开展,这样不仅能对之后的规划建设形成控制,而且城市设计理念也已经对城市总体布局形成影响。这两种成果形式都需要划定重点地段,并将其纳入总体规划之中,以城市设计大纲的方式规定下来[18]。

图11-7 香港规划署的城市设计导则图示 (来源:香港规划署)

2) 详细规划层面

详细规划是以城市总体规划或分区规划为依据,对一定时期内城市局部地区的土地利用、空间环境和各项建设用地所做的具体安排。

首先，城市设计研究支持控制性详细规划的编制。前期的城市设计以研究城市空间形态、综合交通组织、城市历史文化、自然环境、景观视廊、绿化系统、慢行系统等，对控制性详细规划进行支撑。这种支撑已经逐渐普及，甚至有学者认为"城市设计研究的深度直接影响着控制性详细规划的科学性"[19]。当然另外一种声音也不容忽视，即如果不进行城市设计工作，控制性详细规划根本无从谈起——因为进行编制控制性详细规划的过程就是在进行"设计"城市。

其次，在城市设计和多方案比较的基础上设定控制性详细规划的指标[20]。实践证明，即便分区规划阶段城市各区的环境容量都已明确，但在同一地区的各个地块由于形状、大小、周围条件的不同，其控制性详细规划的指标值还需要做进一步研究才能确定。一般尚需通过城市设计过程来获得依据。城市设计研究工作常借助于计算机技术，运用城市模型进行多视点、全方位、动态的景观和其他维度的模拟，分析城市景观轮廓线、建筑形态、空间尺度、结构轴线、建筑高度体量等。在此基础上提炼出相关指标，从而加强规划控制的理性。

最后，成果表达形式是控制性详细规划图则与城市设计导则的结合。这种结合为行政管理提供了直观的、数据化的控制要素，并不要求公务员具有完备的专业知识，避免了靠他们自己去"领悟"和"解译"的情况。该方法更清晰地提出了建设要求，减少了自由裁量的程度，具有较强的可操作性，成为中国设计控制实践的主要技术方法，从而代表了目前规划管理体系在设计控制方面的一般情况[21]，被认为是目前最有效的城市设计参与城市建设的方式，在一定程度上达到了城市设计实施空间控制的目的[15]。

将城市设计和控制性详细规划在操作层面上统一，已经成为中国当代城市设计思想中重要的观点，也是"设计的控制"思潮的核心思想内容之一⑦。规划实践中这一方向的应用已经成为不可逆转的方向，城市设计的概念和思想在规划编制中得以不断加深[22]。

在法定规划的详细规划中还有修建性详细规划，它以城市总体规划、分区规划或控制性详细规划为依据，制订用以指导各项建筑及工程设施的设计和施工的规划设计。修建性详细规划由于在应对城市发展方面存在结构性问题，在现实的城市规划实践中已逐渐弱化。

3）专项城市设计、城市局部营建

除了前两个法定规划内容，在专项规划和城市局部营建过程中，存在城市设计与城市规划的结合。在历史城区保护、城市更新、绿道系统规划、生态保护、智慧城市建设等专项规划过程中，往往要进行大量的城市设计研究工作（图11-8，图11-9）。在诸如地铁站点周围的地块开发、重要的街道建设（图11-10）等重点地区的建设项目中，形成了特别的通则和控制引导规定等，城市设计在其中发挥了不可替代的作用。

11.4.3 关键语之三：以控制景观风貌为主要内容

作为对土地利用规划的补充，城市设计的最终目标在于创造宜人的或具有特定景观及文化内涵的城市空间[9]。在这一目标之下，城市设计理论的发展有两个基本的走向。

其一，技术化倾向，指城市设计理论不断探寻现代城

图 11-8 厦门鹭江道与鼓浪屿 （来源：北京全景视觉网络科技股份有限公司授权）

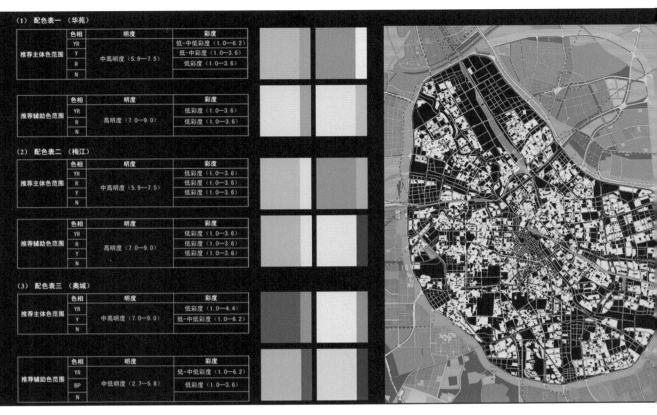

The table in the figure:

（1）配色表一（华苑）

	色相	明度	彩度
推荐主体色范围	YR	中高明度（5.9—7.5）	低-中低彩度（1.0—6.2）
	Y		低-中彩度（1.0—3.6）
	R		低彩度（1.0—3.6）
	N		
推荐辅助色范围	YR	高明度（7.0—9.0）	低彩度（1.0—3.6）
	R		低彩度（1.0—3.6）
	N		

（2）配色表二（梅江）

	色相	明度	彩度
推荐主体色范围	YR	中高明度（5.9—7.5）	低彩度（1.0—3.6）
	R		低彩度（1.0—3.6）
	Y		低彩度（1.0—3.6）
	N		
推荐辅助色范围	YR	高明度（7.0—9.0）	低彩度（1.0—3.6）
	R		低彩度（1.0—3.6）
	Y		低彩度（1.0—3.6）
	N		

（3）配色表三（奥城）

	色相	明度	彩度
推荐主体色范围	YR	中高明度（7.0—9.0）	低彩度（1.0—4.4）
	Y		低-中低彩度（1.0—6.2）
	N		
推荐辅助色范围	YR	中低明度（2.7—5.8）	低-中低彩度（1.0—6.2）
	BP		低彩度（1.0—3.6）
	N		

图 11-9　天津城市色彩规划控制方案　（来源：天津规划局）

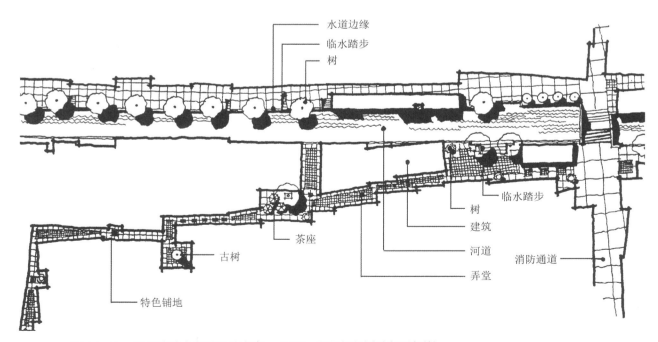

图 11-10　苏州某重点街巷设计方案　（来源：东南大学城市空间研究所）

市空间发展的基本原理，从而不断改进自身的技术方法。60 多年的发展并未改变它的两个基本出发点——城市文化脉络和城市空间美学。

其二，管理化倾向，指现代城市设计逐渐成为一门城市空间的管理工具，并呈现独立化趋势[8]。

在中国人文关怀式微的当下，城市文化脉络和城市空间美学仍是城市设计管理化倾向的基础，这两者却都不可避免地带有特定的文化和意识形态烙印。从这一角度来说，这一思潮仍然以控制景观风貌为主，其基本逻辑是将城市设计成果中"美"的原则进行抽象，形成设计导则，从而使城市设计达到审美控制的目的。但由于对设计成果的审查往往具有过多的自由裁量，该思潮也招致"文化控制"的嫌疑。针对这一缺憾，许多人呼吁加强审美依据的明确性，通过设立由不同行业权威以及社会人士组成的审查机构并建立适宜的公众参与机制来加强广泛性[23]。

"设计的控制"思潮的这一特点使一些城市设计学者们反对将城市设计法定化。

11.4.4　关键语之四：以地方法律法规为保障

"设计的控制"这一思潮要实现控制的有效性，必须以清晰、严备的法律、法规体系为保障。

从城市设计理论发展的角度来说，自 1949 年至今，中国当代城市设计的理论和方法并未形成完整成熟的体系，在概念、内容、编制单位、审批和管理实施机制等都没有统一的观点[24]，这对制定全国统一的法律法规形成障碍。同时，控制性规划简洁明确的话语体系为其地方立法创造了条件[4]，成为规划实施的重要操作手段之一。

在此条件下，根据各地不同的规划管理条件制定的地方法律法规就成为本思潮最重要的保障。

在中国的现行规划建设管理体系中，每个城市都有体现自身特点的技术管理文件，这些文件是管理部门的审核依据，也是设计、实施方需要遵循的地方法规。中国已经进入制定城市设计技术性文件的阶段（表 11-3）。不少城市采用城市

表 11-3　部分地区城市设计及其导则编制的法规制定情况一览表

时间	地区	法规名称
2010 年 5 月	北京市	《北京市城市设计导则（征求意见稿）》《北京市城市设计导则编制基本要素库》
2011 年 8 月	天津市	《天津市城市设计导则管理暂行规定》[9]
2015 年至 2017 年	上海市	《上海市城市设计（建管）导则》[10]、《上海市街道设计导则》[11]
2013 年 10 月	南京市	《南京市城市设计导则（试行）》[12]
—	杭州市	《杭州市城市设计导则编制规程（征求意见稿）》[13]
2007 年 7 月	重庆市	《重庆市城市设计编制技术导则（试行）》
2009 年 3 月	深圳市	《深圳市城市设计标准与准则》
2010 年 7 月	成都市	《成都市中心城区城市设计导则》[14]、《成都市城市中心区域建筑立面设计导则》
2009 年 5 月至 8 月	武汉市	《武汉市城市设计导则成果编制规定（试行）》《武汉市城市设计编制技术规程（试行）》《武汉市局部城市设计编制技术规程（试行）》
2011 年 1 月	江苏省	《江苏省城市设计编制导则（试行）》
2014 年 1 月	浙江省	《浙江省城市设计编制导则》[15]
2013 年 3 月	福建省	《福建省城市设计导则（试行）》[16]
2015 年 7 月开始编制	河南省	《河南省城市设计导则（征求意见稿）》
2000 年开始	河北省	《城市设计编制技术规定（试行）》《河北省城市容貌整治导则》[17]和《河北省城市风貌特色控制导则（试行）》[18]
2016 年 6 月	湖南省	湖南省委省政府印发《关于进一步加强和改进城市规划建设管理工作的实施意见》，提出加强城市设计工作
2015 年 4 月	湖北省	《湖北省城市设计管理暂行办法》《湖北省城市设计技术指引（试行）》
2003 年	山东省	《城市设计指引》
2016 年	黑龙江省	拟编制
2015 年 8 月	江西省	《关于加强全省城市设计工作的通知》[19]
—	四川省	提出加强城市设计工作[20]
2016 年 5 月至 6 月	陕西省	《陕西省城市设计编制标准》立项论证[21]
2016 年 5 月	宁夏回族自治区	《关于全面推行城市设计工作的指导意见》《宁夏回族自治区城市设计编制导则（试行）》[22]
2015 年 12 月	内蒙古自治区	《内蒙古自治区城市设计编制、管理指导意见》[23]
2014 年 12 月	青海省	《青海省"美丽城镇"风貌规划设计指引》[24]

来源：笔者根据刘李琨，李延新，黄澍 . 城市设计行政管理法规探索——以武汉市为例 [M]// 中国城市规划学会 . 转型与重构：2011 中国城市规划年会论文集 . 南京：东南大学出版社，2011：7 以及相关各省市区住房和城乡建设主管部门的官方网站进行的不完全统计。

设计结合地块"规划设计条件"同步编制的方法，也提供了导则参与行政管理的途径[25]。

11.4.5　关键语之五：以土地契约开发为主要实施途径

中国当代大部分土地配置的市场化是城市设计控制得以发挥的最重要原因。在土地开发二级市场上，通过协议和竞标出让的土地必须根据契约（一般是地块出让条件）进行开发控制。协议出让是经过政府以招拍挂制度㉕与开发商达成的，因此可以将城市设计的原则嵌入租地契约中。招标过程中则直接涉及了城市开发的空间方案，政府在招标文件中可加入城市设计要求，并在相同或相近的地价条件下选择更符合设计意图的方案。这一方式已得到普遍运用。

将城市设计控制原则嵌入租地契约中的策略来源于1960年代美国城市土地研究所与联邦住宅权力机关合作发展的梯度控制标准[26]。后来，为弥补限制土地用途、控制容积率等强制型手法的不足，美、日两国先后针对土地契约研究出了广场奖金制度、奖励分区制度等非强制型引导手法[27]。类似容积率奖励（FAR Bonus）和开发权转让（TDR）等以市场来干预市场的弹性策略，促使开发商在建设过程中不仅遵守既定的城市设计准则，而且乐于参与城市公共设施建设。

由于中国城市土地所有权属于国家，政府在土地一级市场中占主导地位，利用契约开发实现城市设计控制具有更为有利的条件[4]。上海、北京、广州、深圳、厦门等城市都有不同程度的尝试。上海市在2004年就制定了《容积率计算规则暂行规定》，明确规定了奖励建筑面积的类型及计算标准，可见这两项技术在中国的应用尚具有一定的潜力和可行性[28]。这些平衡多方利益的弹性手段在城市公共空间建设、维护生态平衡和历史资源保护中起到了积极作用，充分说明了城市设计的控制具有以土地契约开发为途径、实现刚性控制和弹性引导结合的可行性。

11.5　控制边界的质疑

如果控制性详细规划的控制准则通过对土地功能性与社

会发展控制的结合而获得，那么这一思潮中的"控制"又该依据什么来执行？假设"设计的控制"主要是一种基于城市设计师主观认知或某种倾向的美学控制，那么当它与市场的基本理念和开发主体的自我决策权利相违背时，应如何界定其控制权限？

有学者认为，"只要是属于城市空间中具有公共价值的范畴，就属于政府公共干预的合法对象，成为城市设计的内容"[29]。这将问题抛给了对"公共价值"的界定上来。然而在城市中，放眼望去，一切似乎都可被定义为公共价值领域。这不禁使人反问：目所能及之处，是否都是城市设计控制的范围？

有人提出，城市设计控制的目标仅仅是在避免最坏的以及不良的设计，这种干预是一种最低限度的干预。然而讽刺的是，"大洋怪"的城市和建筑现象正是在许多城市设计的"最低限度的干预"之下产生的。这让人不禁发问："大洋怪"现象是否更像一种城市发展中的历史现象、经济现象，而不能被轻易地归结为"不良的设计"？假若空间的真相陷入如此之"宿命论"，设计之"良"与"不良"应以何标准来评说？

如何将城市设计的控制与控制性详细规划合二为一？通过后者的分图则将城市设计法定化，这一做法能否达到目标源泉[30]？这些问题仍有待探索。

11.6　国外经验本土化尘埃未定

中国当代城市设计对国外经验的本土化利用和创新发展，在"设计的控制"思潮中体现得尤其明显。中西方政治制度、城市发展理念和土地所有制等一系列的差异，使现代城市设计在中国的应用具有特别的背景。

首先，本土化应用的过程中有不少创新。城市设计参与控制性详细规划时，不仅注重城市意象和空间美学，而且已经注意到美学与土地市场经济规律并存的现象⑧，尤其已着手分析城市景观形成背后的经济运行机制，将城市景观作为经济、社会、政治、文化等因素在空间上的投影来看待[31]。

其次，仍有不少基础性的问题尚未尘埃落定。

这一思潮可以看作 1978 年以来中国城市土地开发市场逐渐向私人（或私人企业）开放而对城市规划编制和管理机制进行的一系列调整和适应。如同前文所述，这种调整主要是在城市规划编制和管理中，引进了现代控制理念，从而不仅对城市空间进行限定和禁止，也对市场未知因素以及城市未来发展趋势进行主动引导。

但这种基于土地开发市场化的控制与市场经济发展的程度以及国家土地所有制等因素密切相关。然而中国当代城市设计学界对西方发达国家城市设计控制的整体历史进程以及中国城市土地所有制、土地资源分配制度的发展历史方面的耦合研究却尚显不足。

城市设计成果是可以通过管理手段实施的。但管理手段的制定，应不仅仅停留于强权管治的层面，更应加强其与国家制度框架的衔接，也更应加强激发建筑师的创作意识以及开发商和公众的参与意识，使城市设计成为一种积极的社会行为[32]。因此，对国外经验的本土化仍有许多工作要做。

11.7　模糊的价值标准

自现代城市设计诞生，其评判标准就一直处于不断变化之中（表 11-4）。时至今日，西方城市设计方案评价标准与方法已从产品设计反馈逐渐向公共决策延伸；评判的内容逐步从物质空间向社会影响、生态环境、经济效益、文化内涵延伸；评价方法也经历了"视觉判断—数理模型分析—环境与心理学定性分析—定性与定量结合分析"的过程；主体则由设计师、专家或政府逐步扩大到公众[33]。中国当代城市设计评价标准的演变与此基本类似。在这一演变过程中，评价方法本身的理性逐渐被加强，而背后隐含的价值标准却未被明确讨论。

例如，我们常常强调城市风貌美学，但是美学标准何在？是否意味着需要超越大众欣赏水平的精英文化？或者说愉悦的环境是城市设计成功的标志，即使这种愉悦是低级趣味？严格地追问后，人们会发现，城市设计的控制标准是随时代发展而变化的。

在实践活动中，中国当代城市设计往往注重控制效果，

表 11-4　城市设计评价标准

国家	年份	提出者	内容
美国	1970	旧金山	"十项原则"或"基本概念"[34]，包括了舒适、视觉趣味、活动、清晰和便利、特色、空间的确定性、视景原则、多样性／对比、协调、尺度与格局
	1977	美国城市系统研究和工程公司（USRE）	"八大标准"，包含了与环境相适应、可识别性的表达、出路和方位、功能的支持、视景、自然要素、视觉舒适、维护和管理等
	1981	凯文·林奇	五项"执行尺度"，包括活力、感觉、适合、易接近性、控制。同时，将城市形态的价值标准划分为四组：具有强大作用的价值标准、带有期望性的价值标准、非常弱势的价值标准、隐性的价值标准[35]
	1985	哈米德·胥瓦尼	易接近性、和谐一致、视景、可识别性、感觉、宜居性
	1987	亚历山大《一种新的城市设计理论》	城市整体性出发总结了七条城市设计方法原则，涉及发展模式、整体意识、公共空间营造、大型建筑设计等内容[36]
	1997	贝尔（W. C. Baer）	充分并适当地介绍了背景情况，合理考虑计划的基本内容，正确的规划程序，适当的范围，实施指导，方法、数据和方法论，沟通程度，方案的格式等内容[37]
	1997	迈克尔·索思沃斯（Michael Southworth）	除了"美"的问题，主要是环境质量，是与满足人的基本需求相联系的，并将其大致归纳为若干大类：结构及其清晰度、多样性、形式、协调与和谐、舒适与便利、开放性、可达性、社会性、健康与安全、平等、历史保护、维护能力、活力、适应性、自然保护、含义和控制
	时间不详	罗纳德·托马斯（Ronald Thomas）在《因设计而城市》（*Cities by Design*）一书中提出	历史保护和城市更新、人行区划与宜居性（Livability）、空间特征、综合使用、环境与文化联系、艺术与美学准则等[4]
英国	1994	《不列颠百科全书》	环境负荷、活动方便、环境特征、多样性、格局清晰、含义、感知的保证、开发等
	1988	英国皇家城市规划学会主席梯勃特（F. Tibbalds）	有机的、多彩的，符合人的尺度的，有吸引力的环境，其中包括"场所"而非"建筑物""多样性""连贯性""人性的尺度""易识别性""适应性"等标准[38]
	1990	庞特和9名作家	"城市设计的十大诫条"，即场所的营造、与历史背景的关系、生命力、公共通道、尺度、清晰度、适应能力、安全性、公共进程、效能等标准[39]
	2000	英国政府环境部与建筑环境委员会（DETR and CABE）	"代表了公众对好的城市设计的看法"，主要包括：个性与特色、连续性与围合性、公共空间质量、交通状况、可识别程度、适应性、多样性[40]
德国	1995	格哈德·库德斯（Gerhard Curdes）《城市形态结构设计》	城市规划理念（持续性），建筑物的质量，交通连接的质量，开敞空间和绿地方案的质量，生态利益的重视程度，照明标准、间距和规划法规的遵守状况，停车场，其他现状和任务的相关方面，各阶段的实现和可实施性，费用、资助能力等相对广泛的内容[41]
	1999	迪特尔·普林茨（Dieter Prinz）出版的《城市设计》（上、下）②	以图示的方法，对城市设计的基本手法进行了大量"合理"与"不合理"的价值判断，并提供了多种表达方式的参考

来源：笔者根据相关文献整理。

忽视控制目的。这导致城市越控制，公众满意度越低。我们不能为控制而控制，为什么需要控制？有哪些内容实际并不需要控制？为谁而控制？我们相信，对这些问题的回答将会带来控制方法论的改变，许多规范、原则、战略可能因此也需要反思，其控制的结果将有所不同。

11.8　弹性不足还是刚性不足

城市设计应是一种"有限理性的弹性限定"，其成果并非僵化的教条，而是强制性内容与建议性内容的结合。这已成为"设计的控制"思潮的共识。但是，对于具体的城市环境，什么是适度的弹性？又如何表达这种弹性的振幅范围[2]？学者对此有诸多争议，有的认为城市设计控制的刚性不足，导致设计意图在繁琐的转译环节中流失[42]；有的认为，城市设计控制的弹性不足，导致城市设计之后各城市空间要素的设计受到过多限制，设计方案的可能性和空间的活力均被扼杀。部分学者引述中外案例，对此进行了分析：

> 最典型的案例出现在幕张湾城中，美国著名建筑师斯蒂芬文·霍尔（Stephen Holl）负责的 11 番街的设计与城市设计导则产生了不止一个方面的冲突，经规划设计委员会的反复协商后，霍尔坚持不做修改，最后只得不了了之。但霍尔的作品其后却入选了日本建筑学会表彰优秀设计作品的年度作品选集（同期建设的遵守设计导则的其他建筑均未能入选），而学会评选委员会给出的评语竟是"设计作品未全面落实城市设计导则的要求，因而大放异彩"。可见，即便是在专业界内，对落实城市设计的必要性仍存在不同的认识。

> 巴特利公园城中亦有建筑师对各个建筑均需满足设计导则的要求提出了异议，而这个项目后续各期的开发建设并未重视街区的整体性。……深圳市中心区 22、23-1 街坊在实施的过程中亦有一些评标专家或建筑师对不少设计导则的内容或要求提出过质疑……建筑曾被不少建筑师认为是在复制 1920—1930 年代纽约曼哈顿的美式风格……而巴特利公园城则被批评是让建筑师向后看，仅仅从历史中寻找设计灵感而不鼓励创新[27]。

我们认为，第一，涉及控制与引导的一切方法，在本质上都是强制性的、刚性的，所谓"弹性"不过是为应对不确定性和其设计控制框架下的低可选择度的指责所臆想出来的操作手法；第二，城市建设的管理控制效果之优劣，症结不在"强制性"或"刚性"本身，强制的方式不同（例如粗放型与精细型之别），将出现完全不同的效果，而非强制性的设计控制，纵使"弹性"十足，给予各城市空间要素的设计以充分的余地，也未必就适合中国城市。中国城市建设乱象之根源，不在于城市规划或城市设计缺少弹性，而在于整体制度环境所造就的对法治的玩之不恭，从而使城市建设缺少对"刚性"的执行力。

本章提出了城市设计第三个思潮——"设计的控制"，并阐明了本思潮的语境、理论主张及我们对该思潮的批判性思考。

我们认为，市场机制下的失控、国家整体环境中对法治的强调、控制性详细规划的出现以及对美国城市设计导则的引介共同构成了"设计的控制"思潮的产生背景。该思潮从1990年代末开始，以"控制"为基本理念，形成五个基本特征：

a）城市设计控制以城市设计导则为手段；b）城市设计控制需依托城市规划体系，尤其依赖控制性详细规划；c）以往城市设计的控制仍以控制景观风貌为主要内容；d）由于很难制定统一的法律和技术文件，该思潮目前都以地方法律法规为保障；e）以土地契约开发为主要实施途径。

正如相关研究所述，城市设计"将其逻辑判断和感性创作的结果形成有效的管理语言，来实施对城市形态环境品质的激发和控制"[32]。与"形体的设计"和"设计的综合"两个思潮不同，该思潮并不单纯注重形体和设计，也不仅仅针对技术问题，它超越了单一的工程设计或对设计的综合实践，更强调的是将城市空间作为土地市场化条件下的一个动态控制中的对象。但在实践中我们仍存在疑问：把城市空间控制到何种程度？控制是否能够带来"城市综合环境质量的提升"？这种控制的标准到底落在何处？控制方式应更强硬还是更宽容？这些仍是本思潮的城市设计者需要继续深思的问题。

第 11 章注释

① 参见中国共产党历次全国代表大会数据库。
② 可参考任璐 . 我国控制性详细规划的理论研究与实践探索 [D]. 西安：西安建筑科技大学，2007：8。

③ 部分参考了吕慧芬.控制性详细规划实效性评价分析研究 [D]. 西安：西安建筑科技大学，2005：88；任璐.
  我国控制性详细规划的理论研究与实践探索 [D]. 西安：西安建筑科技大学，2007：8.
④ 分析显示该文是中国城市设计研究谱系中最为重要的文章之一.
⑤ 这种划分参考了大部分学者的观点，尤其是扈万泰在 1998 年的文章《论总体城市设计》，也参照了城
  市设计控制的实践活动.
⑥ 1996—1997 年，扈万泰结合博士研究学习和在河北省唐山市规划局工作的实践，组织开展了唐山市
  中心城区总体城市设计研究工作，并于 1998 年在中文核心期刊《哈尔滨建筑大学学报》发表了与郭恩章
  合作的论文《论总体城市设计》，提出了总体城市设计的概念和开展总体城市设计工作的思路.
⑦ 参见郭嵘，吴松涛，曾菁.分级控详 + 导则——论城市设计的操作性 [M]// 中国城市规划学会.和谐城
  市规划：2007 中国城市规划年会论文集.哈尔滨：黑龙江科学技术出版社，2007：3.
⑧ 以上观点我们部分参考了吴明伟，陈荣.现代城市规划管理与控制性规划 [J]. 城市规划，1991(3)：9-12，64.
⑨ 参见天津市政府信息公开系统.
⑩ 参见上海市规划和国土资源管理局官方网站.
⑪ 参见上海市交通委员会官方网站.
⑫ 参见南京市规划局官方网站.
⑬ 参见中国杭州官方网站.
⑭ 参见成都市城市规划协会官方网站.
⑮ 参见浙江省住房和城乡建设厅官方网站.
⑯ 参见福建省住房和城乡建设厅官方网站.
⑰ 参见河北省住房和城乡建设厅官方网站.
⑱ 参见张家口市城乡规划局官方网站.
⑲ 参见江西省住房和城乡建设厅官方网站.
⑳ 参见四川省住房和城乡建设厅官方网站.
㉑ 参见陕西省住房和城乡建设厅官方网站.
㉒ 参见宁夏回族自治区住房和城乡建设厅官方网站.
㉓ 参见乌兰察布市规划局官方网站.
㉔ 参见青海省住房和城乡建设厅官方网站.
㉕ 土地招标拍卖挂牌是指中国土地使用权的出让方式有四种：招标、拍卖、挂牌和协议方式.
㉖ 如东南大学规划设计研究院编制的"蓬莱市城市空间整体风貌特色规划".
㉗ 参见迪特尔·普林茨.城市设计（上）——设计方案 [M].7 版.吴志强译制组，译.北京：中国建筑工业
  出版社，2010：8；迪特尔·普林茨.城市设计（下）——设计建构 [M].7 版.吴志强译制组，译.北京：
  中国建筑工业出版社，2010：88.

第 11 章文献

[1] 张伶伶.从建筑走向城市谈起 [J]. 新建筑，1996(1)：62-63.
[2] 韩冬青.谈建筑策划中的城市意识 [J]. 规划师，2001(5)：16-18.
[3] 陈浩，孙娟.从城市设计到规划控制的演绎——以西藏文化旅游创意园为例 [J]. 城市规划学刊，2013(6)：
  99-106.
[4] 陈荣.城市规划控制层次论 [J]. 城市规划，1997(3)：20-24.
[5] 汤黎明，腾序.厦门市中心南部特别区划的探索 [J]. 城市规划汇刊，1988(6)：37-41.
[6] 金广君.城市商业区的空间界面 [J]. 新建筑，1991(3)：39-42.
[7] 金广君.美国城市设计导则介述 [J]. 国外城市规划，2001(2)：6-9，48.
[8] 周应海.城市设计的困境与出路 [J]. 工程建设与档案，2005(2)：84-87.
[9] 吴明伟，陈荣.现代城市规划管理与控制性规划 [J]. 城市规划，1991(3)：9-12，64.

[10] 董禹，金广君．试论城市设计中的时间维度 [J]．华中建筑，2007(5)：138-140.

[11] 朱金权．东山城市设计浅谈 [J]．城乡建设，1997(7)：22-23.

[12] 金广君，陈旸．论"触媒效应"下城市设计项目对周边环境的影响 [J]．规划师，2006（11）：8-12.

[13] 韦恩•奥图（Wayne Atton），唐•洛干（Donn Logan）．美国都市建筑——城市设计的触媒 [M]．王劭方，译．台北：创兴出版社有限公司，1994：88.

[14] 吴松涛，郭恩章．论详细规划阶段城市设计导则编制 [J]．城市规划，2001(3)：74-77.

[15] 陈振羽，朱子瑜．从项目实践看城市设计导则的编制 [J]．城市规划，2009(4)：45-49.

[16] 郑国栋，赵毅．面向规划管理的城市设计导则编制方法研究 [M]// 中国城市规划学会．生态文明视角下的城乡规划：2008 中国城市规划年会论文集．大连：大连出版社，2008：8.

[17] 张昊哲．走向一元的总体城市设计与城市总体规划实践 [M]// 中国城市规划学会．和谐城市规划：2007 中国城市规划年会论文集．哈尔滨：黑龙江科学技术出版社，2007：4.

[18] 张庭伟．21 世纪的城市规划：从美国看中国 [J]．规划师，1998(4)：24-27.

[19] 赵健，刘苏．控制性详规阶段的城市设计 [J]．城市规划，1995(5)：35-38.

[20] 吴良镛．关于北京市旧城区控制性详细规划的几点意见 [J]．城市规划，1998(2)：6-9.

[21] 姜宝源，周俭．城市设计控制技术成果编制方法研究——以上海市四川北路地区城市设计为例 [J]．北京规划建设，2010(1)：117-124.

[22] 吴良镛，毛其智．我国城市规划工作中几个值得研究的问题 [J]．城市规划，1987(6)：24-28.

[23] 王世福，薛颖．城市设计中的美学控制 [J]．新建筑，2004(3)：50-53.

[24] 郑正．论城市设计的阶段内容和编制 [J]．城市规划汇刊，1995(2)：26-31，45-64.

[25] 肖瑜，洪亮平．与规划管理相对接的城市设计途径 [J]．规划师，2004(1)：66-69.

[26] 雷瓦尼（Hamid Shirvani）．城市设计的评价标准 [J]．王建国，摘译．国外城市规划，1990(3)：17-20，32.

[27] 黄大田．利用非强制型城市设计引导手法改善城市环境——浅析美、日两国的经验，兼论我国借鉴的可行性 [J]．城市规划，1999(6)：39-42，63.

[28] 金广君，戴铜．我国城市设计实施中"开发权转让计划"初探 [M]// 中国城市规划学会．和谐城市规划：2007 中国城市规划年会论文集．哈尔滨：黑龙江科学技术出版社，2007：7.

[29] 王世福，薛颖．城市设计中的美学控制 [J]．新建筑，2004(3)：50-53.

[30] 侯雷．基于政策性思维的城市设计实效检讨——以厦门为例 [J]．规划师，2010(2)：11-15，21.

[31] 何鹤鸣，罗震东，李雪飞．新形势下控制性详细规划指标确定方法探索——以太仓市西区为例 [J]．现代城市研究，2009(10)：40-46.

[32] 庄宇．作为一种管理策略的城市设计 [J]．城市规划汇刊，1998(2)：52-54，58-65.

[33] 兰潇．城市设计方案评价体系初探 [D]．广州：华南理工大学，2012：88.

[34] 王建国．城市设计 [M]．3 版．南京：东南大学出版社，2011：97-100.

[35] 凯文•林奇．城市形态 [M]．林庆怡，译．北京：华夏出版社，2001：38-40.

[36] 刘宛．城市设计理论思潮初探（之三）：城市设计——城市文化的传承 [J]．国外城市规划，2005，20(1)：47-48.

[37] 国外城市规划资料室．美国规划方案评估及其标准 [J]．国外城市规划，2000(4)：26.

[38] 邹德慈．当前英国城市设计的几点概念 [J]．国际城市规划，2009（S1）：105-106.

[39] 玛丽昂•罗伯茨．走向城市设计——城市设计的方法与过程 [M]．马航，译．北京：中国建筑工业出版社，2009：131-135.

[40] CABE, DETR. The Value of Urban Design[M]. London: Thomas Telford Publishing, 2001: 19.

[41] 格哈德•库德斯．城市形态结构设计 [M]．杨枫，译．北京：中国建筑工业出版社，2008：58.

[42] 陈天，尔惟．试析立足我国本土的城市设计管理制度的建立 [C]// 中国城市规划学会．城市规划面对面——2005 城市规划年会论文集（下）．西安：中国城市规划学会，2005：7.

12 政策的设计

12.1 公共政策语境下对城市设计的再认识

12.1.1 城市发展认识论的再度革新

学术界普遍认识到，城市问题应当放在更大的尺度上来研究，城市的规划设计涉及人类生存发展、国家发展战略、社会经济发展、自然生态保护等各种问题。区域的概念和系统的思想全面影响了城市建设领域。

自从 1980 年复杂性科学兴起，人们认识到，城市空间本身并非是单纯的技术营造结果。城市空间的生成包含了各种相互作用的利益和力量，城市设计只是城市空间生成的社会机制之一[1]。城市是一系列复杂感知、行为，以及各种城市行为者之间相互作用的协议结果，城市规划、城市设计因而也被看作契约和协议的一种表达。例如罗纳德•托马斯（Ronald Thomas）的观点：

> 是谁设计我们的城市？是在城市中生活、工作、办企业或参加市民活动的每一个人。尽管多数人从未画过图，但他们的确设计了城市。城市的设计是一个复杂多变的决策过程和观点的形成过程，延续的时间长，并受各种各样因素的影响，如建筑造价的增长、银行利率的增长、方针政策的变化、分区法的修订及公共舆论等。设计是一系列的决策过程和公众参与的结果，它决定着城市和社区将来的形式。因此那些用决策、参与和影响力来决定城市形式的人必须对设计质量和重要性有足够的认识。设计管理是对设计过程和实施策略的研究。任何一件

东西的创造都离不开设计，设计是决定做什么和怎样做的决策过程[2]。

城市物质形体的背后还有与其密切关联的社会、经济、政治以及文化结构，这些因素融合在一起，构成了一个广义的耗散结构，城市发展因而被视为一个自组织过程[3]。

这种复杂性使人们意识到，从局部认知城市和建设城市，是一种局限的方法，传统的"设计＋建造"的方式不能形成一个理想的城市，即便再加上"控制"，也不能从根本上达成这一目标。从这一认识论来看，"形体的设计""设计的综合"两个思潮其实属于纯粹的工程思维产物，面对复杂的城市系统，它们的实践面临巨大挑战，效果往往不尽如人意。

12.1.2　中国当代政治与经济体制改革的需求

城市规划本身并未起到控制城市建设的作用，其原因是设计建造实际掌握在土地所有者手中，以往的规划只能作为一种计划或目标，不能对实际建造过程进行干预，政府也就不能达到控制城市空间的目的。1945年以后，欧美各国已经认识到城市规划与城市设计作用的局限性。因而，在制定规划的同时，政府通过立法与行政的手段，对城市建设进行干预，从而使其对城市建设的直接指导（规划设计）转变为间接的控制管理，最终把城市的设计建造活动纳入到"公共管理"的范畴，从而拉开了"城市规划管理"的序幕[4]。

同样，中国当代政治与经济体制改革需要一个协调城市空间资源和利益格局的灵活工具作为辅助。而权力和资本市场控制城市建造的背景格局[5]，使城市设计不得不面对复杂的利益分配，促使它转而寻求行政过程支持[6]，以达成一种长效的稳定运作机制而非希冀于偶然的自发博弈平衡。"设计"与"政策"从而有了结合的机会。

12.1.3　城市规划由技术文件转向公共政策

市场力量的增强使技术部门逐渐从政府剥离到市场中去。城市规划编制从公共行政部门的剥离使政府更清晰地认识到在城市管理中如何利用城市规划实现自己的意志[7]，进而使城市规划的政策性得以增强。

中国城市规划编制办法共经历了四次修订[8]。第一版、第二版编制办法都相当注重城市规划的技术性，1991年第三版编制办法在这方面有所改善但仍不完全，而2006年编制办法减少了技术细节方面的内容，增加了社会经济发展战略指导方面的内容，并在总则中明确提出"城市规划是一项重要的公共政策"，在这一问题上实现了质的改变。2008年，《中华人民共和国城乡规划法》进一步确定了城市规划的地位和职责是维护城市整体利益，并以此为基点，建立规划编制的原则、程序、方法和指标体系等。由此，城市规划作为公共政策被纳入中国法律体系。

另一方面，经历了本书前文所说的"形体的设计""设计的综合""设计的控制"等思潮，城市设计的技术方法逐渐成熟，形成了更加清晰的体系。有学者直接指出，城市设计应该逐渐从技术文件走向制度化的管理规程或法令，并以获取广大公众的认可程度作为研究的基础（公共参与作为一种促进城市设计成果转化的工具）[9]。

如果城市设计被视为对城市空间资源在三维空间上的再分配[10]，那么它对空间的控制就具有了崭新的意义，其量化手段（容积率、建筑高度、退线、退后、街道墙高度、建筑体块等）则与市民的生活建立了更加密切的关联。这种关联使城市设计必须注意自己的行为在大众中的影响力，"公共政策"提供了一个成熟的视角。

因此我们认为，城市规划的公共政策转向、城市设计自身体系的成熟一同促进了城市设计走向更加深远的发展空间。它开始不满足于仅仅针对形体和设计的控制，转而更加关注城市空间形成的内在机制，即寻求对政策的设计，从而达到对空间发展进行干预的目的。

12.1.4　研究的新趋向——从设计到管理

现代城市设计的内涵逐渐拓展到社会管制系统。

从国际上看，自1960年代开始，现代城市设计不再局限于机械理性的环境设计，而表现为具有物质环境设计和社会系统设计双重层面特征。城市设计实践与丰富的社会运作逐渐接轨，通过与城市政策管理相结合，来共同解决城市发展中的环境形象问题。

在中国，1991 年以来，就有学者关注城市设计的公共管理作用，认为即使再科学可行的规划设计成果，也会因管理制度的不健全而流产[11]。洪亮平从城市发展的历史背景、城市规划管理与城市设计的相互关系等方面，全面论述了现代城市规划管理的基本观念，并对其主要工作内容及本质特征进行了初步论述。金广君认为设计技术和管理技术交替成为阶段性工作的主要技能，以两个不可分的部分形成一体，在城市设计活动中发挥作用。他还建立了一个立方体概念模型，以设计、管理和跨学科知识为三个维度，建构了学科框架，认为城市设计是一个由设计和管理两个基本内容构成的融贯学科[12]。郭嵘认为城市设计的目标是追求人居环境的空间秩序及文化特性的延续与发展，现代城市设计发展已逐渐显露出两种值得注意的倾向：一是由回归传统文化空间转向探寻文化与空间秩序的脉络关系；二是逐步发展成为一门城市建设管理技术[13]。卢济威认为作为管理过程的城市设计包括了设计和实施在内的整体过程，而非设计后的过程。

城市设计的内涵由设计拓展到管理，其依存的大环境——城市规划也加强了管理机制，为城市设计的转向提供了保障。

现代城市规划管理已演变为一个复杂而完整的系统，目标由单一观念变为包容观念，工作方法由单向控制执行方式向多向循环的反馈调节方式转变，使政府能够利用政策、法规、经济等各种手段，初步结合公众参与等各种沟通协作方式，建立系统的社会调节机制对城市发展进行干预和管理[4]。

由于以上背景，中国当代城市设计引入了公共政策的思想框架。

12.2 "政策的设计"思潮特征

我们在此所指的政策，主要是指与城市建设相关的公共政策（Public Policy）或策略（Strategy）。它有多种定义，在政策管理领域中，公共政策是公共权力机关经由政治过程所选择和制定的为解决公共问题、达成公共目标、实现公共利益的方案，其作用是规范和指导有关机构、团体或个人的行动，其表达形式包括法律法规、行政规定或命令、国家领导人口头或书面的指示、政府规划等。

城市设计作为公共政策与其他公共政策的一个重要区别在于：它融合了多学科知识，其权威性需要多种工程技术和科学知识的支撑。此外，城市设计中的许多技术性内容在客观上同时包含了政策性内涵，如容积率、绿地率、建筑密度、建筑高度等，客观上影响到该地块及其周边利益相关者的各种权益[1]。

中国当代对城市设计的公共政策属性的考察和研究主要来源于乔纳森·巴奈特①的思想。他认为，城市设计的过程与其说是单纯建筑体型或空间的设计过程，不如说是"一项建设政策"的设计过程，或者说就是一个立法过程②。这段话比较准确地表达了本书所说的"政策的设计"，它具有以下特征：

第一，"政策的设计"与"设计的控制"相同，都强调城市空间发展的动态机制和可控、可干预的性质，都呈现出对法律、规则的依赖，并以控制和引导城市建设的各项工程设计与建设活动为手段。

第二，"政策的设计"在更深刻的层次上理解城市设计——城市设计是各利益相关者围绕城市空间环境形塑，为利益配置进行互动并达成契约的过程，是一种设计城市社会空间和物质空间健康发展进程的社会实践[14]，其目标是配置空间资源，增进公共利益。

第三，从程序上，相对于前三个思潮，"政策的设计"思潮更强调城市设计运作过程的创新。该思潮认为，城市既不是设计的结果，也不是控制的结果，而是城市运行过程的结果。城市设计应通过规制各类行为主体在城市空间形塑与使用过程中的行为来达成目标。

第四，从内容上，"政策的设计"更关注城市建设中的公共领域，并强调结合运作创新来实现这种诉求，例如，通过公共参与等交流、反馈机制来表达公共意志。

第五，从评价标准上，"政策的设计"首先关注实践结果是否具有增进建成环境公共价值的实际效益，以及实践过程在多大程度上维护了社会公平与公正[15]。从关注物质形态转向关注社会经济动因、从注重单一结果到注重运行机制，该思潮认为城市设计能否付诸实施，在很大程度上取决于实施者们是否能够正确应对背后的复杂利益格局和多元价值观念[15]。

12.3 基于公共利益的多学科理论支撑

这一思潮的理论支撑除了城市发展认识论的改变之外，还包含公共领域理论、公共行政和公共管理学等多学科理论知识。

12.3.1 公共领域概念及理论

公共领域，一般指我们社会生活的一个领域，在这个领域中，像公共意见这样的事物能够形成。公共领域原则上向所有公民开放，它有三个因素：拥有一定规模的"公众""公共意见"或"公众舆论"以及"公众媒介"与"公众场所"[16]。

对公共领域的研究，是西方哲学家最为关注的课题之一。这里我们所说的公共领域理论，主要是指尤尔根·哈贝马斯（Jürgen Habermas）的公共领域理论，指的是一种介于市民社会中日常生活的私人利益与国家权力机构领域之间的空间和时间。其中个体公民聚集在一起，共同讨论他们所关注的公共事务，形成某种接近于公众舆论的一致意见，并组织对抗武断的、压迫性的国家与公共权力形式，从而维护总体利益和公共福祉，也就是政治权力之外，作为民主政治基本条件的公民自由讨论公共事务、参与政治的活动空间。公共领域最关键的含义，是独立于政治建构之外的公共交往和公众舆论，它们对于政治权力是具有批判性的，同时又是政治合法性的基础。

公共领域理论是"政策的设计"这一思潮的基础，因为如果在政治权力之外，公民没有自由讨论公共事务的空间，那么"以人为本"仍然是空洞的，"政策的设计"就失去了根基和价值。

12.3.2 从公共行政到公共管理学的多学科理论知识

公共管理学是 1980 年代中后期，在当代社会科学与管理科学的整体化以及公共部门管理实践，特别是在"新公共管理"运动③的推动下，以公共管理问题的解决为核心，融合多种学科相关知识和方法所形成的一个知识框架。它以调节和控制为手段，推进社会整体协调发展和增进社会公共利益实现，有以下基本特点：

> a) 承认政府部门治理的正当性；b) 强调政府对社会治理的主要责任；c) 强调政府、企业、公民社会的互动以及在处理社会及经济问题中的责任共负；d) 强调多元价值；e) 强调政府绩效的重要性；f) 既重视法律、制度，更关注管理战略、管理方法；g) 以公共福利和公共利益为目标；h) 将公共行政视为一种职业，而将公共管理者视为职业的实践者。

在1990年代之后，中国城市行政管理范式逐渐由公共行政转向公共管理。"行政"的意思是"服务"以及"统治"，强调遵从规则和程序；"管理"的意思则是"用手控制"，有经操作和控制达到目标的含义。由此可见，"公共行政注重的是过程、程序和符合规定，公共管理涉及的内容则更为广泛。一个公共管理者不仅仅是服从指令，他注重的是取得结果和为此负有的责任"[17]。

这种转变彻底推翻了以往城市设计研究和实践的方法论，从"行政"走向"管理"、从"指令"走向"政策"，构成了"政策的设计"的重要理论支撑。

12.4 从设计到管理的五个关键语

12.4.1 关键语之一：从全域到公共域

现代公共领域理论认为，公共领域包含物质和非物质的表现形式，承载着公共生活。城市设计所关注的物质性要素和非物质性要素都存在于城市中的私有领域之外，表现为公共属性。

"政策的设计"思潮将公共领域这个概念引入城市设计，一方面，以公共管理的理论为基础，着重对政府、规划管理部门与开发投资者、民众等城市设计参与者的利益关系进行调节；同时又以公共领域为核心思考对象，以满足主体利益的程度为判断标准[1]，希望达到保障公共利益的目的。另一方面，随着城市空间专业领域的分工和细化，该思潮所关注内容也由城市空间"全域"逐步聚焦到"公共域"。

中国当代城市设计对此的研究自1998年之后逐渐增多，

至少有以下三种：

其一，对公共价值域的分析。认为城市设计是在建构目标的同时"设计"实现目标的措施，强调设计和管理的协同互动，指出城市设计关注代表公众利益的"公共价值域"。但同时该观点也强调，城市空间形态与环境品质仍是城市设计要解决的核心问题[18]。

其二，对公共物品的分析。认为凡是对城市空间环境有影响的一切，都应成为城市设计的对象，不仅包含构成城市空间的物质性要素（如城市土地、设施小品等），也应包括非物质要素（如社会行为等）。它们都存在于城市中的私有领域之外，可以被理解为广义的公共物品。按照制度经济学的解释，公共物品的最大特点是其不会像私人物品那样可以通过市场机制来实现有效供给，因而必须给予专门的供给方式。城市设计实践可以看作为城市空间提供公共物品的过程，并且，必须通过设计使公共物品的使用达到外部经济效益的最大化，但因其本身无法直接分配公共利益，因此就需要依赖政策方法来实施相应准则，实现规范社会行为的目的。因此城市设计可被视作一种典型的公共政策实施过程[4]。

其三，从资源角度理解城市设计，认为城市设计的过程是空间资源再分配的过程，主要表现在空间使用权的分配和空间质量的分配[19]。

这些观点存在一种共同趋向，即城市设计的社会目标、公共物品分配的实现方式、社会维度下城市设计的过程等方面应该成为核心内容。

12.4.2　关键语之二：从政府意志到公众意愿

在国际上，现代城市设计逐步由纯设计学科演变为富有社会责任感与人文内涵的综合学科，结合了诸如环境行为学、人类学、社会学等与人及其活动密切相关的学科，最终成为调配城市物质空间资源的手段之一。中国当代城市设计的发展与这种潮流相呼应，其职能逐渐由单纯对城市空间设计的优化转向在公平公正的基础上充分反映各社会阶层的实际情况，满足不同群体的客观需求，以及避免由于城市公共利益（特别是城市空间）的分配不合理而导致的社会矛盾。由于在前三个思潮的实践中，不仅本应代表公众利益诉求的设计过程遭到了忽视，导致公众意愿失语，而且政府意志主导下的公共利益分配的合理性受到大量质疑，因此"政策的设计"思潮认为应当把公众意愿作为城市设计中强有力的影响因子，甚至作为学科理论的结构性变革因素而非一个简单的技术手段，主张公众参与设计、公众对建设过程进行监督以及以公众为基础的成果评估等。

这一主张有两个理由：

第一，城市设计成果是否反映公众意愿将最终影响到城市公共生活品质和城市活力。城市设计需要扭转"自上而下"的思维模式，确保公众意愿表达途径的畅通和成果的可检验性及实施的有效监督，才能保持公众利益平衡，最终满足公众城市生活的多方面需求[20]。

第二，公共意志的表达可以作为一种促进成果转化的工具[21]，充分表达公众意愿有利于城市设计实施，这已是一个普遍认识[22]。

在玉树藏族自治州灾后住区重建过程中，出现了结合公共政策决策过程理论的尝试。该项目将明确居民土地产权作为重要议题，在城市设计过程中引入问题确定、列入议程和达成共识等公共政策程序[23]，改变了以往单纯采用物质设计手段营造城市的工作方式。实践证明这种工作程序使城市设计真正成为分配居民利益的政策工具，增强了方案的可实施性，提高了居民满意度。

对公众意愿的表达，主要通过公众参与的方式进行。在建筑学领域，有关公众参与的设计方法的探讨出现于1970年代，在英国有"社区建筑运动"，在美国有"社会的建筑"等④，其影响一方面在空间范围上扩展到了欧美国家以外的更广泛的地域，如亚洲的日本、韩国、中国台湾地区；另一方面在社会操作的深度上，通过城市设计的条例化和制度化以及决策机构的组织和工作程序保证了公众参与得到切实体现（图12-1）。

直到1980年代末，公众参与的概念才被首次引入中国城市规划学界。随着"以人为本""民主政治"等理念深入人心，公众参与的呼声也越来越高。1998年左右开始受到重视。

2001 年，学术界对公共性的讨论较多，例如对城市公共空间联系方式、城市公共空间设计中情感要素的分析等。

12.4.3　关键语之三：从形体秩序到社会秩序

"政策的设计"思潮不再关注广场、街道所形成的空间、轴线、视线和连续性等设计问题。从理论的角度来说，它认为，在城市的发展计划中，经济目标是暂时性的、过程性的和中介性的，社会目标才是永恒的、最终的和根本的。它认为，一切形体的设计、环境要素的综合、空间的控制等的最终目的在于实现理想的社会环境，环境目标、经济目标等只是实现这一社会目标的手段[24]，因此它更多地通过各种管理策略的制定来实现它所追求的目标和价值[25]。

在目标重构之后，"政策的设计"思潮主张从传统形体构建范畴变为公共政策导引，将形体设计语言转变为政策语言，以更有效地实现设计的终极理想。这实质上是完成了城市设计思想从构建形体秩序到优化社会秩序的转变。这种优化包括制定个体活动的公共政策、制定"框架"规划、开展环境教育和参与式设计、考虑场所的管理、使用激励机制和权属控制机制等[26]（图 12-2）。

从城市实践的角度来说，中国当代城市设计也已不仅仅停留在单一的工程设计活动，而是通过与管理层的结合与反馈，将其逻辑判断和感性创作的结果形成有效的管理语言，由此来实施对城市形态的激发和控制。因此"政策的设计"思潮在具体实践中也表现出与"设计的控制"类似的特征——城市设计通过反映城市复杂关系和都市生活质量的政策、标准和设计指引来管理城市空间环境，从而参与宏观的城市空间培育、发展过程。不过我们认为，这种培育优秀城市空间的范式，已超越了物质空间营建方法和原则（例如艺术性原则），而逐渐转向追求更宏观领域内的有机形态。当前社会经济的转型也为包括城市设计在内的各种制度变革提供了契机。

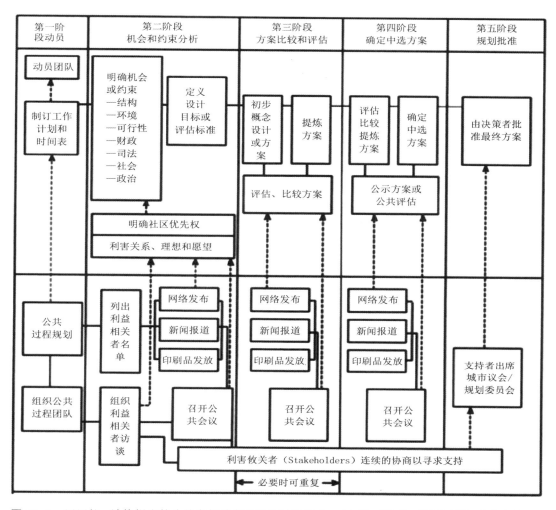

图 12-1 巴巴拉·法格提出的公共参与城市设计的过程模式 （来源：苏海龙. 设计控制的理论与实践——中国当代城市设计的新探索 [M]. 北京：中国建筑工业出版社，2009：19）

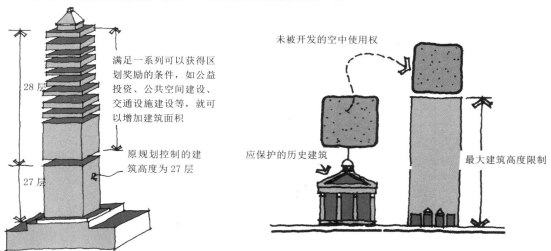

图 12-2 美国城市设计中的开发权转移示意 （来源：笔者根据相关资料整理）

12.4.4　关键语之四：利益平衡

随着城市文化的发展，大众开始意识到，城市空间中存在与自己密切相关的利益，有时自己已进行了大量的投入（例如税收），却并未有回报，甚至自己固有的权益也不时受到损害。这些问题引起公众越来越强烈的关注，各社会利益团体，包括近年来开始出现的非政府组织（NGO）与非营利组织（NPO），已认识到城市设计的重要性，并开始尝试参与和影响其起草、决策及监督其实施并最终对其社会效能进行全面评估，以实现城市格局中的利益平衡[20]。从这个意义上来看，正如有学者所指出的，中国当代城市设计不再服务于抽象意义上的"公众"，而在一定意义上成为公共干预、协调建设活动中各种利益的工具⑤，城市设计致力于维护的公共利益，也从过去单一的、绝对化的国家利益转变为不同利益群体之间有层次有范围、多元相对的共识与妥协⑥。

12.4.5　关键语之五：从设计空间到设计机制

"政策的设计"思潮认为，城市设计中的"形体的设计""设计的综合""设计的控制"等思潮实质并未摆脱对城市物质形体的设计，仍然是直接设计具体的建筑物及其外部空间（操作主体是建筑师），或者通过拟订城市设计导则（Urban Design Guidelines）对具体的空间设计提出建议或规定（操作主体是城市规划师）。有学者指出，这种处理不可避免地涉及两个问题：其一，建筑师设计城市空间，如何超越建筑专业本身的视野，克服无系统性，使之不流于建筑空间的简单相加；其二，规划师拟订的城市设计导则，如何贯彻落实[27]，甚至有学者认为，城市设计导则完全充当着规划的角色[26]。因此，"政策的设计"主张改变传统的设计空间的范式，转而处理"政策、程序和方针……而不是制定具体的形象与区位的蓝图……工作内容与核心知识是关于规划过程的，是关于政策的制定以及空间策略对社会和经济的影响的"[28]。这就是以设计机制、设计政策为内容的城市设计范式。

具体来看，该思潮着重城市设计运作机制的研究和主动设计、主动干预，包括前文所述的城市管理、公众参与，也包括制定城市设计大纲、建立评估反馈机制等（图 12-3）。

城市设计大纲的制定能在一定程度上缓解不同专业角度所导致的相对局限性；建立评估反馈机制则将城市设计运作动态化，这是对城市设计本身的"纠错"和对城市设计复杂性的应对[29]，其主要手段有：

① 公众参与——如公众论坛、专项分析、咨询小组和设计研究组等。

② 计划或工程项目交流——如公民手册、幻灯片宣传、招贴广告、集会和展览。通过这些活动使计划或工程引起公众的关注，是专业人员和公众联系的一条重要渠道。

③ 新闻媒介交流——是与公众联系的辅助方法，如报纸、电视、广播、微信公众号、微博等宣传工具。

作为对前三个思潮的批判，该思潮提出只有通过建立利益协调机制、部门协作机制，将技术手段转化为政策工具，才能够降低城市设计实施中的风险，形成合力。

图 12-3　顺德中心城区核心区城市设计方案市民投票网站　（来源：笔者拍摄）

12.5　对技术思维的批判

当各界对城市设计的基本理解还主要停留在城市空间形象塑造的阶段，比如"城市设计是覆盖整个城市肌理的、大尺度的建筑学""城市设计是城市在三维尺度上的设计艺术"时，"政策的设计"思潮的出现，是对这一单向的技术型思维的扬弃。

注重实体空间与实践的学者认为城市设计是运用一系列技术和科学思维，对空间环境、交通设施等建设内容，用诸多工具进行日照、视线、环境容量等方面的研究，来解决城市空间环境品质问题的活动。

有学者批判这种思维：

> 仅仅把城市设计看作工程技术，在城市设计检讨中过于重视实施结果与具体设计方案的吻合度，往往将城市设计实施的偏离归结为规划实施没有严格遵守城市设计，或者是城市设计编制的科学性缺陷。基于这种思路的城市设计检讨往往得出以下结论：①应提高城市设计的法律地位，强化城市设计的刚性内容和控制力；②改进城市设计编制的技术方法和编制内容。然而，现有城市设计成果往往包含多层次的内容，编制本身是针对不同的开发阶段进行的，对于一个没有明确开发主体和功能定位的新区，编制过于详细的城市设计并没有实际意义，更不能将其法定化。另外，基于技术性思维的城市设计检讨过于重视事实层面分析，忽视了城市设计编制与实施过程中人的价值层面的问题[1]。

"政策的设计"思潮认为，对技术性的强调不能忽视城市设计本质上是围绕城市空间环境塑造所进行的利益表达和交易的过程。作为中国政府对城市空间环境治理的一种活动，城市设计从来不是一个单纯的技术过程，而是一个政治过程，政策性是城市设计的本质属性[1]。这一思潮之所以形成了对前三个思潮的超越，正是因为它不再侧重于技术思维下单一的"结果评判"，而拓展到对实践主体、对象系统、实践过程和制度环境的检讨。

12.6　工具与价值的结合

城市设计所预设的伦理、价值观念，直接规定着该社会的整体伦理状况或精神文明发展的方向及其可能性空间。但是追溯 20 世纪中国城市设计的发展历史，其对城市规划设计的"规范性"探讨尚不足，导致实践领域以实用主义"技术标准替代价值判断的倾向"[30]。在具体实践中，我们常常看到技术标准横行，技术工具和技术路线充斥城市设计逻辑过程，然而它们的结果却不尽如人意。

有学者认为：

> 城市设计实践的焦点由设计转向实施后带来了有关价值因素的观察和思考。实施过程充满了不同的利益诉求，多元的价值取向不仅影响着实施本身是否能达成目标，同时对所预设的目标提出了价值疑问。城市设计实际过程是一个价值调和过程，尽可能在满足各方参与者诉求的同时达成城市空间的设计目标；同时它还是一个价值辩论过程，讨论并试图回答设计到底是为了谁的期望。无论如何，城市设计过程已无法成为一种价值无涉的实践[31]。

从这一角度来说，"政策的设计"思潮将价值因素纳入城市设计思想范畴，体现了价值与工具过程的关联性，可谓一种进步。在关联方式上，该思潮强调"自上而下"和"自下而上"的结合，也推动了城市设计的良性发展。

12.7　对公共利益的追问

从城市内部运营来看，"政策的设计"思潮与"设计的控制"一样注重实施和管理，并向更为互动和协作的城市管治方向发展。在此过程中，各利益团体制定形成一种平衡的城市设计，使其获得了某种社会学意义。

但既然城市设计是一个针对城市空间发展的目标制定和实现过程，那么它应站在什么立场，做出怎样的价值判断，就成为一个必须首先明确的问题[32]。"政策的设计"思潮提出公共利益是城市设计的价值判断标准，但是无法提出公共利益的判断标准。

何谓公共利益，何谓有价值？非物质的审美价值、感受价值如何认定？政府是不同利益集团的共同诉求对象，全体社会成员的共同利益无疑是公共利益，但抽象意义的"公众"、绝对的国家利益、永远占据第一位的所谓"集体"等将公共利益从人的生活中抽离了。最终，公共利益仍演变为一个决策取向问题，而决策过程实际上又是一个比较、权衡的分析过程，涉及利益和代价、现实利益和未来利益、直接利益和间接利益等多对矛盾，不存在绝对的标准[33]。所以，如果公共利益是城市设计的标准，那么该思潮是极易走入歧途的。现实的实践中，我们也常常看到一些并不合适的城市建设项目以公共利益为幌子进行。因此，追求公共利益也不是一种安全的建构。我们认为，在中国当前社会背景下，基于公共利益的难以判断和不可量度性，城市设计如何平衡私人利益与公共利益的关系仍是难题。

另外，非常尖锐的批评来自一些城市设计实践者。他们认为，"政策的设计"思潮追逐公共利益，将导致城市设计的概念被拓展到一个模糊的边缘地带——城市设计只是对空间的设计行为，它并非城市发展的全部，而这一思潮却力图在更宏观的视角下建构城市生活，则不免有越俎代庖之嫌。这一批判值得思考。

12.8　待改进的公众参与

中国当代城市设计的参与主体仍是地方政府和专家，市民的参与仍在一个极小的限度内进行。不仅如此，由于参与的途径和方法仍较狭隘，公众的关注点往往是与自身小环境密切相关的事务，对与城市发展长远利益相关的内容还没有表现出相应的能力和足够的热情。

在整个城市设计过程中，只有前期考察阶段以及方案公示阶段有公众参与，其他阶段几乎没有公众参与程序。公众参与实质往往都是编制机构向公众了解情况，公众是被动参与，自己的意见是否被采纳，也没有完备的法律与规章予以跟踪和保障。作为公民个体，无力对抗政府、房地产开发商等强势组织，必须通过组织化的利益群体，才能使公权与私权之间形成合理的博弈，逐渐达到平衡。中国当前虽有极少量的非政府组织机构帮助组织市民，如北京的灿雨石⑦，但其活动范围非常小，参与程度有限[22]。

由于"政策的设计"思潮需要明确有力的政策背景和法制基础，而中国当代管理制度框架中仍然欠缺条例清晰的城市管制法律系统，因此该思潮仍然面临巨大的困难。有人认为在中国当代城市设计语境中，小规模的、狭义上的公众参与仍然将受到来自国家本位思想和社会组织基础薄弱等因素的制约[34]。也有人认为，由于中国国家整体政治制度框架中缺少对公众参与的实质性规定，缺乏可操作的方式、方法、程序和准则，既难以组织市民的有效参与，又影响市民的参与热情和态度。再加上……普通市民大都缺乏专业知识，信息获取也存在严重的不平衡，必然造成公众参与活动大多流于形式[21]。

这种困境导致该思潮主导下的城市设计实践在现实中成为一种城市社会的改良运动，而这种改良本应是一个更大系统的、更深入的工程——很显然，"政策的设计"常常显现出无力感。

本章提出了城市设计第四个思潮——"政策的设计"，并阐明了该思潮的语境、理论主张及我们对该思潮的批判性思考。

城市发展认识论的演化革新、城市规划由技术文件转向公共政策、社会思潮整体背景由设计到管理的转变等共同构成了"政策的设计"思潮生存的语境。在这一语境中，该思潮从1990年代末，尤其是2000年开始，以"政策的设计"为基本理念，形成五个关键的观点：

> a)"政策的设计"强调对公共域的设计；b)城市设计是各利益相关者围绕城市空间环境形塑，为利益配置进行互动并达成契约的过程，其目标是城市设计对公共利益的增进及对空间利益进行配置；c)"政策的设计"转向追求更宽广的领域内的有机形态——对社会秩序的追求；d)强调城市设计更应该通过对机制的设计来达到对优秀的城市空间的调整，而非直接对城市空间的设计；e)更加关注在制度层面上坚持以人为本的原则。

"政策的设计"思潮不再以城市空间为核心，它作为对技术思维的批判，向着"城市"的方向走进更广阔的领域。但它已超越城市空间的范畴，走在城市设计学科的模糊地带，成为一种城市社会的改良运动。要想走得更远，它必须解决在公共利益的价值判断与决策、公众参与的实效性等方面还存在的许多前提性的问题。

第 12 章注释

① 乔纳森·巴奈特是 1970 年代美国很有影响的城市设计活动实践家。美国第一所城市设计机构——纽约城市设计小组就是由巴奈特和他的同事于 1967 年创办的。他在多年的实践中建立了一种新的城市设计观念，著有《作为公共政策的城市设计》(*Urban Design as Public Policy*, 1974) 和《城市设计概论》(*An Introduction to Urban Design*, 1982)。他的思想主要是指他对城市设计的综合性、过程性和弹性、整体性等的重视：真实的城市设计应注意城市是一个连续的变化过程，应当使设计具有更大的自由度和弹性，而不是建立完美的终结环境、提供一个理想蓝图；现代城市设计则应是"目标取向"和"过程取向"的综合，而以后者更为重要，即更应注重它的过程性。

② 参见周劲. 控制性规划方法在城市设计中的应用 [J]. 新建筑，1991(4)：19-22；胡纹，刘涛. "重点受控"与"局部放任"——山地城市设计方法研究之一 [J]. 建筑学报，1997(12)：40-43，66 等。

③ 传统官僚制运作下的西方政府既无力应付其公共物品供给能力的薄弱，又无法满足不断增强的公共需求。因此，英国撒切尔内阁、美国里根政府等率先开始对公共部门进行改革，实行了不同于政府有限论和以市场解救"政府失灵"的一种公共管理模式。政府管理的运作由传统的、官僚的、层级节制的、缺乏弹性的行政，转向市场导向的、因应变化的、深具弹性的公共管理，因此这股浪潮被赋予不同的称谓，如新右派、新治理、管理主义、企业型政府、以市场为基础的公共行政等，可被统称为"新公共管理"。

④ 在 1947 年的英国《城乡规划法案》中，规定允许公众对城市规划发表意见和看法；在 1969 年《城乡规划法案》的修订中，斯凯夫顿报告（The Skeffington Report）制定了新的公众参与方法、途径和形式，与此同时美国也开始了对公众参与理论的讨论，保罗·达维多夫（Paul Davidoff）在 1960 年代提出了倡导规划，谢里·阿恩斯坦（Sherry Arnstein）则从实践的角度提出了公众参与城市规划程度的阶段模型理论。

⑤ 参见罗江帆. 从设计空间到设计机制——由城市设计实施评价看城市设计运行机制改革 [J]. 城市规划，2009(11)：79-82.

⑥ 参见石楠. 试论城市规划中的公共利益 [J]. 城市规划，2004，28（6）：20-31；何丹. 城市规划中公众利益的政治经济分析 [J]. 城市规划汇刊，2003（2）：62-65 等。

⑦ 即北京灿雨石信息咨询中心（社区参与行动），可参考"灿雨石"新浪博客。其工作领域主要有：向城市社区提供社区参与的信息、咨询和培训；开展中国城市社区参与式治理试点的行动研究；传递社会创新理念和实践；收集城市治理案例和出版物出版；在政府、专家学者、NGO 和城市社区间建立沟通、交流网络与合作平台；培育社区自组织发展等。

第 12 章文献

[1] 侯雷. 基于政策性思维的城市设计实验检讨——以厦门为例 [J]. 规划师, 2010(2)：11-15, 21.

[2] 罗纳德·托马斯（Ronald Thomas）. 城市设计管理概述 [J]. 金广君, 译. 国外城市规划, 1991(1)：12-17.

[3] 段进. 城市空间发展论 [M]. 南京：江苏科学技术出版社, 1999：88.

[4] 洪亮平. 从设计走向管理——现代城市建设的观念转变 [J]. 新建筑, 1991(4)：30-33.

[5] 易千枫, 张京祥, 谢从朴. 城市设计：从景观构造到公共政策导引 [J]. 华中建筑. 2006(11)：25-28.

[6] 邓昭华, 刘垚, 汪坚强. 城市设计指引作为公共政策的再探索 [J]. 规划师, 2013(12)：110-115.

[7] 曹传新, 张全, 董黎明. 我国城市规划编制地位提升过程分析及发展态势 [J]. 经济地理, 2005(5)：638-641.

[8] 曹康, 赵淑玲. 城市规划编制办法的演进与拓新 [J]. 规划师, 2007(1)：9-11.

[9] 朱子瑜, 邓东, 张播. 中观层次城市设计的实践——以江阴市新中心区城市设计为例 [J]. 城市规划, 2000(12)：27-31.

[10] 金广君, 戴铜. 我国城市设计实施中"开发权转让计划"初探 [M]// 中国城市规划学会. 和谐城市规划：2007 中国城市规划年会论文集. 哈尔滨：黑龙江科学技术出版社, 2007：7.

[11] 周劲. 控制性规划方法在城市设计中的应用 [J]. 新建筑, 1991(4)：19-22.

[12] 金广君. 论城市设计的基本构架 [J]. 华中建筑, 1998(3)：65-67.

[13] 郭嵘, 吴松涛, 曾菁. 分级控详, 导则——论城市设计的操作性 [M]// 中国城市规划学会. 和谐城市规划：2007 中国城市规划年会论文集. 哈尔滨：黑龙江科学技术出版社, 2007：3.

[14] 刘宛. 总体策划——城市设计实践过程的全面保障 [J]. 城市规划, 2004(7)：59-63.

[15] 金勇. 城市设计实效的分析与评价 [J]. 上海城市规划, 2010(3)：37-40.

[16] 陈勤奋. 哈贝马斯的"公共领域"理论及其特点 [J]. 厦门大学学报（哲学社会科学版）, 2009(1)：114-121.

[17] 欧文·E. 休斯. 公共管理导论 [M]. 彭和平, 等译. 北京：中国人民大学出版社, 2001：6-7.

[18] 王世福. 运动中的秩序——对城市设计实效的认识 [J]. 城市规划, 1999(8)：27-30.

[19] 金广君, 董慰. 城市设计：空间资源再分配的手段 [J]. 新建筑, 2009(4)：82.

[20] 孙彤宇, 管俊霖, 方晨露. 城市设计与公众意愿表达 [J]. 城市建筑, 2011(2)：10-11.

[21] 李军, 叶卫庭. 北美国家与中国在城市规划管理中的城市设计控制对比研究 [J]. 武汉大学学报（工学版）, 2004(2)：176-178.

[22] 冯婕. 我国城市设计的公众参与研究 [J]. 城市建筑, 2011(2)：12-13.

[23] 张磊, 缪媛. 引入公共政策过程的城市设计方法 [J]. 城市发展研究, 2012(6)：65-70.

[24] 谢颖. 从"功能型"规划到"文化型"规划 [J]. 北京规划建设, 1996(5)：43-44.

[25] 时匡. 建设有秩序的城市空间——新加坡苏州工业园区 [J]. 建筑学报, 1997(1)：18-20.

[26] 庄宇. 作为一种管理策略的城市设计 [J]. 城市规划汇刊, 1998(2)：52-54, 58-65.

[27] 杜鹏. 关于城市设计实践的思考 [J]. 规划师, 2003(9)：74-75.

[28] 董禹, 董慰. 凯文·林奇城市设计教育思想解读 [J]. 华中建筑, 2006(10)：120-123.

[29] 邬艳丽. 公共政策视角下的城市设计变革 [J]. 南方建筑, 2013(4)：51-53.

[30] 段进, 李志明. 城市规划的职业认同与学科发展的知识领域——对城市规划学科本体问题的再探讨 [J]. 城市规划学刊, 2005(6)：59-63.

[31] 奚慧. 公共管理视角下城市设计过程的解读 [D]. 上海：同济大学, 2015：88.

[32] 董慰, 王广鹏. 试论城市设计公共利益的价值判断和实现途径 [J]. 城市规划学刊, 2007(1)：55-60.

[33] 王世福. 试论城市设计的作用 [J]. 规划师, 2000(5)：112-115.

[34] 张峙. 城市设计运行保障体系的公众参与研究 [D]. 杭州：浙江大学, 2005：88.

附录一　相关论文数据可视化（1983—2014 年）

本书写作之前的研究曾对既有的中国知网相关论文进行了数据可视化。以下是分析过程和结果：

一、数据来源与噪音消除

本书采用的数据来源于中国知网数据库，以"建筑科学与工程"类为搜索范围，以"城市设计"为主题词，时间截至 2014 年 4 月，论文总数为 13384 篇。

对其进行噪音消除的原则包括以下四条：

（1）以与城市建设相关性较小的期刊、报纸等为来源的文章不计入分析范围。

（2）因会议论文和非核心期刊论文本身的研究质量较差，本次研究仅在话题声量分析和引用关系分析中将其纳入分析数据库（被引用频次大于 5 次的论文除外）。其中，按论文的被引用频次进行排序并进行初步阅读后，笔者认为，这一领域内的论文质量参差不齐。故在被引用频次统计分析（附录图 1）和话题声量分析（附录图 2）中均仅采用被引用频次大于 5 次的论文，以消除背景噪音。

（3）硕士、博士论文和核心期刊论文是重点分析对象，但部分硕士、博士论文因文件格式问题难以被我们所使用的技术转化为文本（Text），所以它们在话题声量分析（附录图 2）中未能得到体现。

（4）引用关系分析（附录图 3）以所有论文（13384 篇）为分析对象，是对截至 2014 年 4 月的中国知网数据库进行的全息分析。

二、数据全息分析方法

避免大数据方法本身存在的结构性缺憾，本次数据可视化采取的是对所有数据进行分析的全息可视化。

（1）基本统计分析。对所有论文的来源、作者、被引用频次、发表时间等进行多维的一般性统计分析。

（2）采用文档主题生成模型（LDA）等算法，对所有文档进行分词和主题判定。

（3）判定论文在其所处的封闭系统内的影响力。我们认为，对于思想演变的研究而言，通过一篇论文对下一篇论文的引导从而推断出所有论文之间的关联，比仅对选择某几篇经典论文进行研究更加重要。因此本次分析尝试将所有论文在整个体系中的权重及其相互关系表达出来。假设把"引用"看作对某一概念或话题的强化，则引用论文会用自己的权重为被引论文加权。因此，如果第 n 篇论文被 $n1$、$n2$、$n3$……引用，则其权重 Vn 的计算公式为：

$$Vn = (V_{n1} + V_{n2} + V_{n3} + \cdots\cdots) * P$$

其中 P 为加权系数，最末端论文的权重为 1。

三、结果

研究结果包括从发表时间、作者声量、作者单位、话题声量、主题判别、引用关系等多个维度对论文进行的数据可视化。本书选取了其中三个分析结果，具体如下：

（1）论文被引用频次统计分析（附录图 1）。该分析的时间是截至 2014 年 4 月，但因 1981 年、1982 年、2013 年、2014 年满足条件的论文数量为 0 篇，所以这些年份的信息在图中未能显示。

（2）论文话题声量分析（附录图 2）。该分析对满足条件的论文进行了文本分词统计，其中词频越大，在图中的字体相应越大。

（3）论文引用关系分析（附录图 3）。该分析是对论文相互引用关系的分析，其中黑色表示被引频次（可视为论文的重要性），线条宽度可视为引用论文的重要性。可视化图像显示了中国当代城市设计研究的总体状态——无意义的重复论述占据了大部分，研究之间的脉络并不清晰，继承倾向不显著。同一学者在不同的时间持有不同甚至截然相反的观点，使我们容易下一个错误的结论——城市设计学术界并未形成截然不同的几大学派，但本书已清楚地表明，事实并非如此。

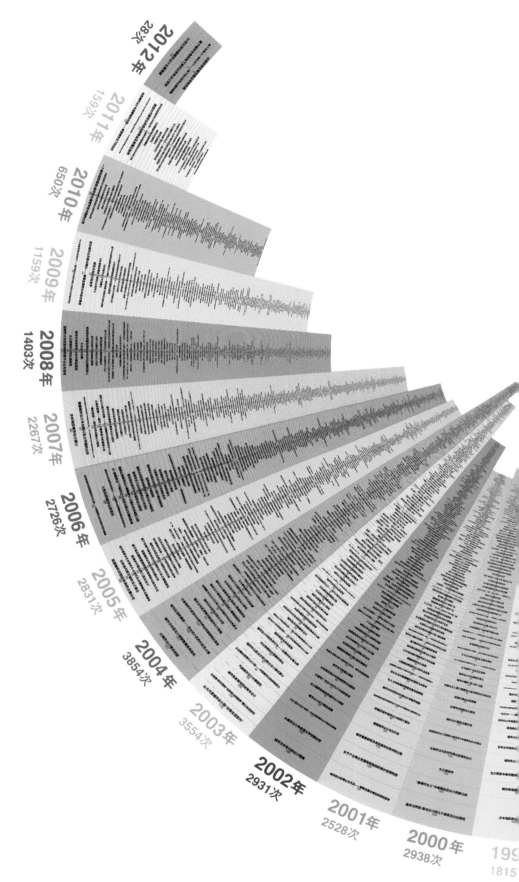

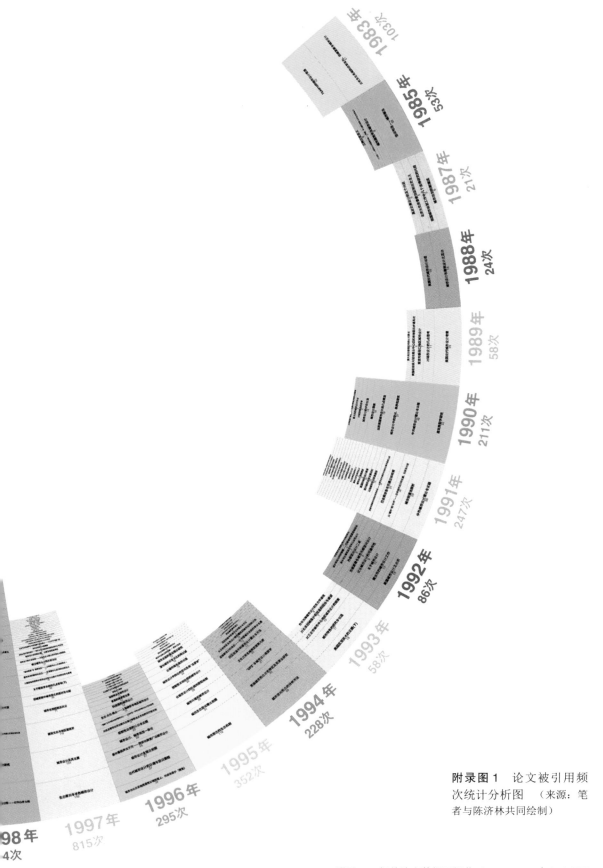

附录图 1　论文被引用频次统计分析图　（来源：笔者与陈济林共同绘制）

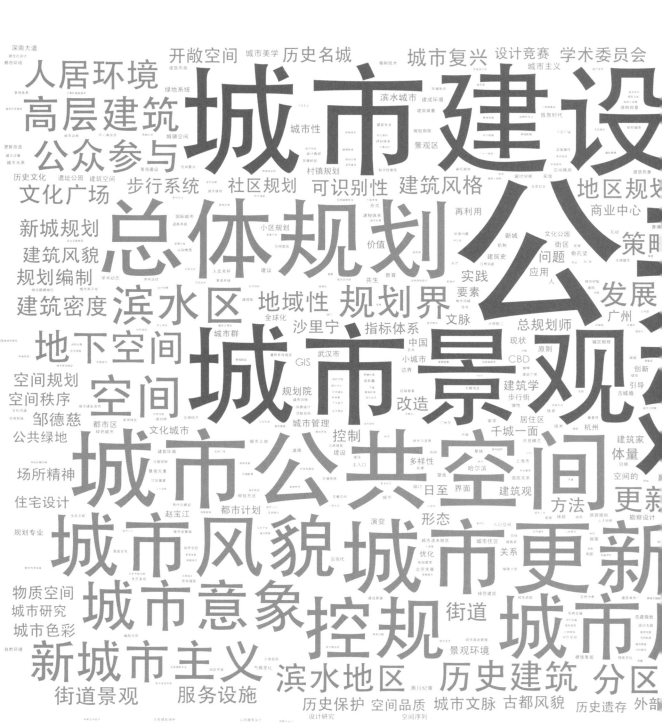

附录图 2　论文话题声量分析图　（来源：笔者与陈济林共同绘制）

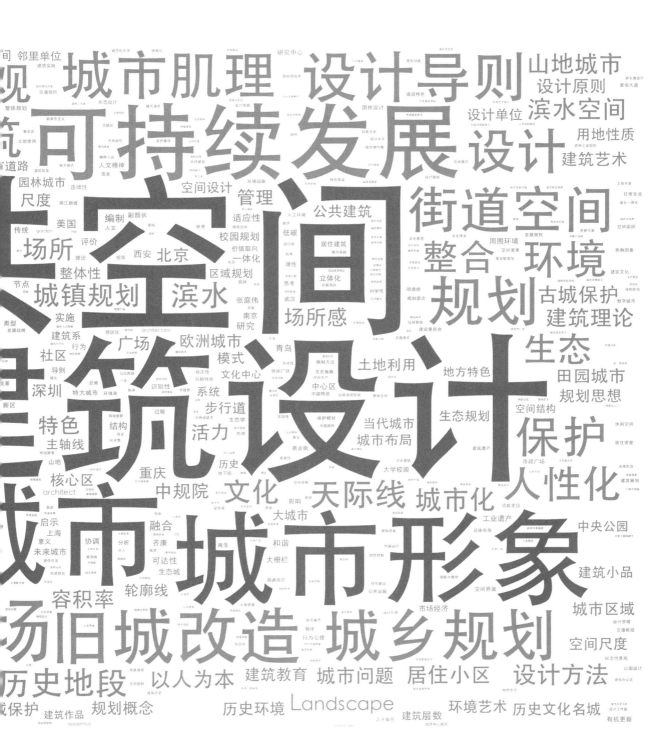

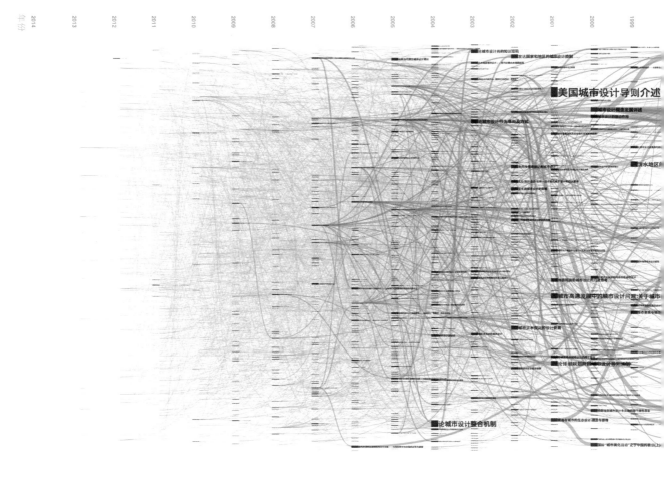

附录图 3　论文引用关系分析图　（来源：笔者与陈济林共同绘制）

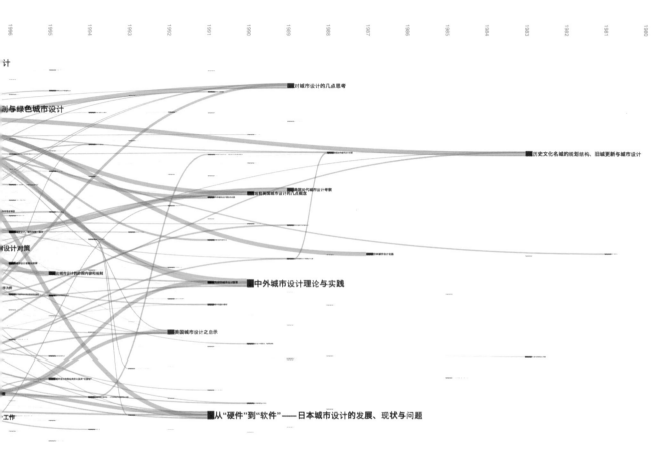

计

测与绿色城市设计

■对城市设计的几点思考

■历史文化名城的规划结构、旧城更新与城市设计

设计对策

■中外城市设计理论与实践

■美国城市设计之总录

■从"硬件"到"软件"——日本城市设计的发展、现状与问题

工作

附录二　相关著作统计表（1949—2015 年）

序号	出版年份	著作信息	
		作者	书名
1	1954	刘光华	《市镇计划》
2	1960	建筑工程部城市设计院资料室	《城市园林规划》
3	1961	城乡规划教材选编小组	《城乡规划》
4	1987	盖湘涛	《城市景观美学》
5	1990	张承安	《城市设计美学》
6	1990	余深道	《都市美化设计：新加坡花园城市》
7	1991	王建国	《现代城市设计理论和方法》
8	1991	徐思淑、周文华	《城市设计导论》
9	1991	亢亮	《城市中心规划设计》
10	1992	黄天其	《城市设计与价值观念》
11	1992	夏祖华、黄伟康	《城市空间设计》
12	1992	成都科技大学图书馆	《世界城市规划设计实录》
13	1993	张在元	《东京建筑与城市设计》
14	1993	朱文一	《空间·符号·城市：一种城市设计理论》
15	1994	韦湘民、罗小未	《椰风海韵：热带滨海城市设计》
16	1995	金广君	《国外现代城市设计精选》
17	1996	林崇杰等	《市民的城市：城市设计与地方重建的经验》
18	1997	余柏椿	《城市设计感性原则与方法：人·空间·环境·情感》
19	1997	东南大学建筑系、东南大学建筑研究所；齐康	《城市环境规划设计与方法》
20	1998	《城市规划》编辑部	《城市设计论文集（1）》
21	1998	石玉亮	《城市形象设计与建设》
22	1998	冯志成、赵光洲	《城市形象设计：昆明城市形象设计实例》
23	1999	金广君	《图解城市设计》
24	1999	熊明等	《城市设计学——理论框架·应用纲要》

序号	出版年份	著作信息	
		作者	书名
25	1999	韩冬青、冯金龙	《城市·建筑一体化设计》
26	1999	董卫、王建国	《可持续发展的城市与建筑设计》
27	2000	张斌、杨北帆	《城市设计与环境艺术》
28	2000	中国城市规划学会	《中国当代城市设计精品集》
29	2000	田银生、刘韶军	《建筑设计与城市空间》
30	2000	梁雪、肖连望	《城市空间设计》
31	2000	王晓燕	《城市夜景观规划与设计》
32	2000	段汉明	《城市美学与环境景观设计》
33	2000	王文卿	《城市地下空间规划与设计》
34	2001	广州市城市规划局；王蒙徽	《滨水地区城市设计》（中英文本）
35	2001	何韶	《城市设计十议》
36	2001	王建国	《城市设计》
37	2001	王建国	《现代城市设计理论和方法》（第2版）
38	2001	夏健、龚恺	《小城镇中心城市设计》
39	2001	上海陆家嘴（集团）有限公司	《上海陆家嘴金融中心区规划与建筑：城市设计卷》
40	2001	荆其敏、张丽安	《城市休闲空间规划设计》
41	2001	傅熹年	《中国古代城市规划、建筑群布局及建筑设计方法研究（上册）》《中国古代城市规划、建筑群布局及建筑设计方法研究（下册）》
42	2002	扈万泰	《城市设计运行机制》
43	2002	洪亮平	《城市设计历程》
44	2002	张斌、杨北帆	《城市设计——形式与装饰》
45	2002	张在元	《边缘空间：建筑与城市设计方法》
46	2002	陈一新	《深圳市中心区核心地段城市设计国际咨询》
47	2002	李明	《深圳市中心区22、23-1街坊城市设计及建筑设计》
48	2002	陈一新、朱闻博	《深圳市中心区中轴线公共空间系统城市设计》
49	2002	陈一新、戴松涛	《深圳市中心区城市设计及地下空间综合规划国际咨询》
50	2002	作者不详	《国外城市设计丛书》
51	2002	白德懋	《城市空间环境设计》
52	2002	张庭伟等	《城市滨水区设计与开发》
53	2002	黄光宇、陈勇	《生态城市理论与规划设计方法》
54	2002	夏祖华、黄伟康	《城市空间设计》
55	2003	中国城市规划学会	《城市设计》
56	2003	邹德慈	《城市设计概论：理念·思考·方法·实践》
57	2003	李冬梅	《城市设计概论》

序号	出版年份	著作信息	
		作者	书名
58	2003	韩伟强	《城市环境设计》
59	2003	黄光宇	《山地城市规划与设计：黄光宇（1959—2002）作品集》
60	2004	庄宇	《城市设计的运作》
61	2004	王建国	《城市设计》（第2版）
62	2004	陈纪凯	《适应性城市设计——一种实效的城市设计理论及应用》
63	2004	宋培抗	《城市规划与城市设计》
64	2004	王士兰、游宏滔	《小城镇城市设计》
65	2004	俞孔坚等	《曼陀罗的世界——藏东乡土景观阅读与城市设计案例》
66	2004	郑光中	《长安街：过去・现在・未来》
67	2004	理查德・马歇尔、沙永杰	《美国城市设计案例》
68	2004	任仲泉	《城市空间设计》
69	2004	叶斌等	《城市规划设计方案国际征集・竞赛组织实务》
70	2005	卢济威	《城市设计机制与创作实践》
71	2005	王世福	《面向实施的城市设计》
72	2005	金广君	《国外现代城市设计精选》
73	2005	中国城市规划设计研究院、建设部城乡规划司；上海市城市规划设计研究院	《城市规划资料集第5分册：城市设计（上）》《城市规划资料集第5分册：城市设计（下）》
74	2005	李少云	《城市设计的本土化——以现代城市设计在中国的发展为例》
75	2005	王富臣	《形态完整——城市设计的意义》
76	2006	刘滨谊等	《城市滨水区景观规划设计》
77	2006	刘宛	《城市设计实践论》
78	2006	高源	《美国现代城市设计运作》
79	2006	时匡、加里・赫克、林中杰	《全球化时代的城市设计》
80	2006	田宝江	《总体城市设计理论与实践》
81	2006	陈可石、王波、焦杰	《城市设计与古镇复兴——成都洛带古镇整体设计和建设工程简述》
82	2006	北京市规划委员会	《北京朝阜大街城市设计：探索旧城历史街区的保护与复兴》
83	2006	张在元	《城市设计》
84	2006	段汉明	《城市设计概论》
85	2006	苏毓德	《从城市形态学观察台北城市发展的形态与道路之互动关系》
86	2006	陈一新	《中央商务区（CBD）城市规划设计与实践》
87	2007	郑正	《寻找适合中国的城市设计——郑正城市规划、城市设计论文、作品选集》

序号	出版年份	著作信息	
		作者	书名
88	2007	徐苏宁	《城市设计美学》
89	2007	张楠、卢健松、夏伟	《历史地段城市设计的构形方法：以凤凰的实验为例》
90	2007	郭泳言	《城市色彩环境规划设计》
91	2008	王其钧	《城市设计》
92	2008	徐雷	《城市设计》
93	2008	吴越	《城市设计概论》
94	2008	金勇	《城市设计实效论》
95	2008	毛开宇	《城市设计基础》
96	2008	徐坚	《山地城镇生态适应性城市设计》
97	2008	徐苏宁	《城市设计美学》
98	2008	余柏椿	《非常城市设计——思想、系统、细节》
99	2008	刘亚波、王安氡、王彤	《设计理想城市》
100	2008	梁雪、肖连望	《城市空间设计》
101	2008	史志伟	《透视：SketchUp 城市规划设计》
102	2008	梁梅	《中国当代城市环境设计的美学分析与批判》
103	2008	北京市规划委员会	《2008 奥运·城市》
104	2009	王建国	《城市设计》
105	2009	奚慧	《理想空间（34）：透视城市设计》
106	2009	朱雪梅	《城市设计在中国》
107	2009	王卡、曹震宇	《城市设计过程保障体系》
108	2009	汪德华	《中国城市设计文化思想》
109	2009	徐小东、王建国	《绿色城市设计：基于生物气候条件的生态策略》
110	2009	张杰等	《清华—MIT20 年：清华—MIT 北京城市设计联合课程20 年回顾及作品集》
111	2009	苏海龙	《设计控制的理论与实践——中国当代城市设计的新探索》
112	2009	柏春	《城市气候设计——城市空间形态气候合理性实现的途径》
113	2010	金广君	《图解城市设计》
114	2010	丁旭、魏薇	《城市设计理论与方法（上）》
115	2010	林姚宇	《生态城市设计理论与方法——营造当代都市的绿色未来》
116	2010	金广君	《当代城市设计探索》
117	2010	伍新凤	《变城记：城市设计篇》
118	2010	熊明等	《城市设计学——理论框架与应用纲要（第二版）》
119	2010	黄伟明	《设计世博城市》

序号	出版年份	著作信息	
		作者	书名
120	2010	杨沛儒	《生态城市主义：尺度、流动与设计》
121	2010	陈苏柳	《城市形态的设计、发展与演化——城市形态的双向组织研究》
122	2010	孟晓雷、刘洋	《城市角落社会空间环境设计》
123	2011	冯炜	《城市设计概论》
124	2011	李向北	《走向地方特色的城市设计》
125	2011	王一	《城市设计概论：价值、认识与方法》
126	2011	曹杰勇	《新城市主义理论——中国城市设计新视角》
127	2011	朱文一等	《广州井：广州白云文化中心城市设计构想》
128	2011	范文莉	《当代城市空间发展的前瞻性理论与设计：城市要素有机结合的城市设计》
129	2011	王东	《城市设计在广州》
130	2012	李钢	《地域性城市设计》
131	2012	卢济威	《城市设计创作——研究与实践》
132	2012	汪德华	《中国城市设计层次与形态》
133	2012	孙靓	《城市步行化——城市设计策略研究》
134	2012	上海市黄浦江两岸开发工作领导小组办公室等	《浦江十年：黄浦江两岸地区城市设计集锦（2002—2012）》
135	2012	左进	《山地城市设计防灾控制理论与策略研究——以西南地区为例》
136	2012	李雷立	《基于城市设计观点的步行商业街系统分析与实证研究》
137	2012	刘生军	《城市设计诠释论》
138	2012	孙贺、陈沈	《城市设计概论》
139	2012	叶伟华	《深圳城市设计运作机制研究》
140	2012	唐燕	《城市设计运作的制度与制度环境》
141	2012	褚冬竹	《荷兰的密码：建筑师视野下的城市与设计》
142	2012	夏建统	《城市公共空间规划设计》
143	2013	赵景伟等	《城市设计》
144	2013	郑卫民	《丘陵地区生态城市设计》
145	2013	蔡凯臻、王建国	《安全城市设计：基于公共开放空间的理论与策略》
146	2013	黄芳	《上海静安寺地区城市设计实施与评价》
147	2013	胡纹等	《城市设计教程》
148	2013	戴晓玲	《城市设计领域的实地调查方法——环境行为学视角下的研究》
149	2013	肖刚	《未来中国城市——现代性地域主义暨环境友好型规划设计》
150	2014	李钢	《地域性城市设计》

序号	出版年份	著作信息	
		作者	书名
151	2014	郭恩章	《城市设计知与行》
152	2014	朱文一	《城市设计：1》（该书是《城市设计》期刊的创刊号）
153	2014	曲崎	《节点控制主导的城市设计方法》
154	2014	吴桂宁等	《珠江新城核心区城市设计发展及评价研究》
155	2014	吴恩融	《高密度城市设计——实现社会与环境的可持续发展》
156	2014	杨春侠	《城市跨河形态与设计》
157	2014	蔡志昶	《生态城市整体规划与设计》
158	2014	毕晓莉等	《城市空间立体化设计》
159	2014	张威等	《城市空间设计》
160	2015	江苏省城市规划设计研究院	《设计有道：城市设计创作与实践》
161	2015	许凯等	《步行与换乘的交集：城市设计研究》
162	2015	苏毅	《自然形态的城市设计——基于数字技术的前瞻性方法》
163	2015	褚冬竹等	《轨道交通站点影响域：行人微观仿真方法与城市设计应用》
164	2015	薛峰	《双城记：西安与郑州当代城市设计文化比较研究》
165	2015	杨一帆	《为城市而设计：城市设计的十二条认知及其实践》
166	2015	邬峻	《第三自然：景观化城市设计理论与方法》
167	2015	俞孔坚、土人设计	《城市绿道规划设计》
168	2015	金广君	《当代城市设计创作指南》

注：该表是根据读秀学术搜索进行的不完全统计，时间截至 2015 年 12 月。

附录三　相关译作统计表（1949—2014 年）

序号	原译著信息			年份差
	出版年份	作者及译者	书名	
1	1953	（英国）Fredderik Gibberd	*Town Design*	-30
	1983	程里尧	《市镇设计》	
2	不详	（苏联）作者不详	书名不详	—
	1954	程应铨	《苏联城市建设问题》	
3	不详	（苏联）作者不详	书名不详	—
	1954	北京市人民政府都市计划委员会	《城市规划设计参考材料：关于莫斯科的规划设计》	
4	不详	（苏联）雅·普·列普琴科	书名不详	—
	1954	岂文彬	《城市规划：技术经济指标及计算》	
5	1954	（苏联）Я.Кравчук	讲义具体名称不详	-1
	1955	作者不详	《苏联城市建设与建筑艺术》	
6	1956	（苏联）А.М.Страментов	书名不详	-3
	1959	岂文彬等	《公用事业手册》	
7	1957	（苏联）什基别里曼	讲义具体名称不详	0
	1957	中国建筑工程部城市规划局	《关于城市规划经济工作的讲课》	
8	1957	（苏联）А.А.АХонченко	讲义具体名称不详	0
	1957	作者不详	《苏联城市建设原理讲义》	
9	1958	（日本）秋元馨	*Introduction to the Theory of Contextualism in Architecture*	-52
	2010	周博	《现代建筑文脉主义》	
10	1960	（美国）Kevin Andrew Lynch	*The Image of the City*	-41
	2001	方益萍、何晓军	《城市意象》	
11	1961	（美国）Jane Jacobs	*The Death and Life of Great American Cities*	-44
	2005	金衡山	《美国大城市的死与生》	
12	1961	（英国）Gordon Cullen	*The Concise Townscape*	-48
	2009	王珏	《简明城镇景观设计》	
13	1964	（美国）Martin Anderson	*The Federal Bulldozer: A Critical Analysis of Urban Renewal 1949-1962*	-48
	2012	吴浩军	《美国联邦城市更新计划 （1949—1962 年）》	

序号	原译著信息			年份差
	出版年份	作者及译者	书名	
14	1969	（美国）Ian Lennox McHarg	*Design with Nature*	-23
	1992	芮经纬	《设计结合自然》	
15	1971	（丹麦）Jan Gehl	*Life Between Buildings: Using Public Spaces*	-21
	1992	何人可	《交往与空间》	
16	1972	（英国）Walter Bor	*The Making of Cities*	-9
	1981	倪文彦	《城市的发展过程》	
17	1976	（美国）Edmund Norwood Bacon et al	*Design of Cities*	-13
	1989	黄富厢、朱琪	《城市设计》	
18	1976	（意大利）Manfredo Tafuri, Frangcesco Dal Co	*Modern Architecture: History of World Architecture*	-24
	2000	刘先觉等	《现代建筑》	
19	1979	（挪威）Christian Norberg-Schulz	*Genius Loci: Towards a Phenomenology of Architecture Rizzoli*	-7
	1986	施植明	《场所精神：迈向建筑现象学》	
20	1980	（德国）Dieter Prinz	*Städtebau-Band 1: Städtebauliches Entwerfen; Städtebau-Band 2: Städtebauliches Gestalten*	-30
	2010	吴志强译制组	《城市设计（上）——设计方案》《城市设计（下）——设计建构》	
21	1985	（美国）Edward Krupat, Daniel Stokols	*People in Cities: The Urban Environment and Its Effects*	-28
	2013	陆伟芳	《城市人：环境及其影响》	
22	1986	（美国）Roger Trancik	*Finding Lost Space: Theories of Urban Design*	-22
	2008	朱子瑜等	《寻找失落空间——城市设计的理论》	
23	1987	（日本）池泽宽	街づくりデザインノート：活性化のための考現学 12 章	-2
	1989	郝慎钧	《城市风貌设计》	
24	1987	（美国）Christopher Wolfgang Alexander	*A New Theory of Urban Design*	-15
	2002	陈治业、童丽萍	《城市设计新理论》	
25	1988	（英国）Peter Hall	*Cities of Tomorrow: An Intellectual History of Urban Planning and Design in the Twentieth Century*	-21
	2009	童明	《明日之城：一部关于 20 世纪城市规划与设计的思想史》	
26	1989	（美国）Wayne Attoe, Donn Logan	*American Urban Architecture: Catalysts in the Design of Cities*	-5
	1994	王劭方	《美国都市建筑——城市设计的触媒》	
27	1990	（美国）David Harvey	*The Condition of Postmodernity—An Enquiry into the Origins of Cultural Change*	-24
	2014	阎嘉	《后现代的状况》	
28	1992	（日本）谷口汎邦	都市再開発	-11
	2003	马俊	《城市再开发》	
29	1992	（英国）J.C.Moughtin	*Urban Design: Street and Square*	-12
	2004	张永刚、陆卫东	《街道与广场》	

序号	原译著信息			年份差
	出版年份	作者及译者	书名	
30	1992	（英国）Carmen Hass-Klau	*Civilized Streets: A Guide to Traffic Calming*	−16
	2008	郭志锋	《文明的街道——交通稳静化指南》	
31	1992	（德国）Dietmar Reinborn, Michael Koch, Ulrich Seitz	*Entwurfstraining im Städtebau*	−13
	2005	汤朔宁等	《城市设计构思教程》	
32	1992	（美国）Ralph J.Basile	*Downtown Development Handbook (2nd edition)*	−16
	2008	杨至德等	《中心城区开发设计手册》	
33	1994	（澳大利亚）Jon Lang	*Urban design: The American Experience*	−14
	2008	王翠萍、胡立军	《城市设计：美国的经验》	
34	1995	（美国）Gideons S.Golany	*Environmental Ethics for Urban Design*	0
	1995	张哲	《城市设计的环境伦理学》	
35	1995	（意大利）Antonella Huber	*Land, Site, Architecture*	−9
	2004	焦怡雪	《地域·场地·建筑》（中英文本）	
36	1995	（加拿大）Michael Hough	*Cities and Natural Process: A Basis for Sustainability*	−17
	2012	刘海龙等	《城市与自然过程——迈向可持续性的基础》	
37	1995	（德国）Gerhard Curdes	*Stadtstrukturelles Entwerfen*	−13
	2008	杨枫	《城市形态结构设计》	
38	1996	（西班牙）Serra, Josep Ma	*Elementos Urbanos Spa*	−5
	2001	周荃	《城市元素：设施与微型建筑》	
39	1996	（日本）黑川纪章	*Philosophy of Urban Design and Its Planning Method*	−8
	2004	覃力等	《黑川纪章的城市设计思想》	
40	1996	（美国、日本）Gideon S.Golany, 尾岛俊雄	*Geo-Space Urban Design*	−9
	2005	许方	《城市地下空间设计》	
41	1996	（英国）Peter Shirley, J.C.Moughtin	*Urban Design: Green Dimensions*	−8
	2004	陈贞、高文艳	《绿色尺度》	
42	1996	（美国）Ali Madanipour	*Design of Urban Space—An Inquiry into a Socio-spatial Process*	−13
	2009	欧阳文等	《城市空间设计：社会—空间发展进程的调查研究》	
43	1996	Nan Ellin	*Postmodern Urbanism*	−11
	2007	张冠增	《后现代城市主义》	
44	1997	Gerhard Curdes	*Städtstruktur und Städtgestaltung(2. Auflage)*	−10
	2007	秦洛峰等	《城市结构与城市造型设计》	

序号	原译著信息			年份差
	出版年份	作者及译者	书名	
45	1996	（德国）Dietmar Reinborn	*Städtebau im 19. und 20. Jahrhundert*	-12
	2008	虞龙发	《19 世纪与 20 世纪的城市规划》	
46	1997	（美国）Clair Cooper Marcus, Carolyn Francis	*People Places: Design Guidelines for Urban Open Space (2nd Edition)*	-4
	2001	俞孔坚等	《人性场所——城市开放空间设计导则》	
47	1997	（美国）John Ormsbee Simonds	*Landscape Architecture: A Manual of Site Planning and Design*	-3
	2000	俞孔坚等	《景观设计学——场地规划与设计手册（第三版）》	
48	1998	（美国）Wayne O. Attoe	*Transit, Land Use & Urban Form*	-15
	2013	龚迪嘉	《公共交通、土地利用与城市形态》	
49	1998	（英国）Nigel Taylor	*Urban Planning Theory since 1945*	-8
	2006	李白玉	《1945 年后西方城市规划理论的流变》	
50	1998	（美国）Baruch Givoni	*Climate Considerations in Building and Urban Design*	-12
	2010	汪芳等	《建筑设计和城市设计中的气候因素》	
51	1999	（英国）John Punter	*Design Guidelines in American Cities: A Review of Design Policies and Guidance in Five West Coast Cities*	-7
	2006	庞玥	《美国城市设计指南——西海岸五城市的设计政策与指导》	
52	1999	（英国）David Rudlin, Nicholas Falk	*Building the 21st Century Home—The Sustainable Urban Neighborhood*	-6
	2005	王健、单燕华	《营造 21 世纪的家园——可持续的城市邻里社区》	
53	1999	（英国）J. C. Moughtin, Steven Tiesdell, Taner Oc	*Urban Design: Ornament and Decoration*	-5
	2004	韩冬青等	《美化与装饰》	
54	1999	（美国）Mario Gandelsonas	*Architecture and the American City : X-urbanism*	-7
	2006	孙成仁	《X- 城市主义：建筑与美国城市》	
55	1999	（英国）Rafael Cuesta, Christine Sarris, Paola Signoretta	*Urban Design: Method and Techniques*	-7
	2006	杨至德	《城市设计方法与技术》	
56	1999	（美国）Stan Allen	*Points and Lines: Diagrams and Projects for the City*	-8
	2007	任浩	《点 + 线——关于城市的图解和设计》	
57	2000	（美国）Timothy Beatley	*Green Urbanism: Learning from European Cities*	-11
	2011	邹越	《绿色城市主义——欧洲城市的经验》	

序号	出版年份	原译著信息		年份差
		作者及译者	书名	
58	2000	（美国）Congress for the New Urbanism	*Charter of the New Urbanism*	-4
	2004	杨北帆	《新都市主义宪章：区域·邻里 街区 廊道·街块 街道 建筑》	
59	2000	（日本）西村幸夫、历史街区研究会	都市の風景計画－欧米の景観コントロール　手法と実際－	-5
	2005	张松、蔡敦达	《城市风景规划：欧美景观控制方法与实务》	
60	2001	（美国）Kenneth Kolson	*Big Plans: The Allure and Folly of Urban Design*	-5
	2006	游宏滔等	《大规划——城市设计的魅惑和荒诞》	
61	2001	（英国）Greed Clara	*Introducing Planning (3rd edition)*	-6
	2007	王雅娟、张尚武	《规划引介》	
62	2001	（意大利）Claudio Jemek, Murray Qiao G. Metz, Theo de Matteo Argos	*Places and Design*	-6
	2007	谭建华、贺冰	《场所与设计》	
63	2001	（英国）Marion Roberts, Clara Greed	*Approaching Urban Design: The Design Process*	-8
	2009	马航、陈鑫如	《走向城市设计——设计的方法与过程》	
64	2002	（美国）David Gosling, Maria Cristina Gosling	*The Evolution of American Urban Design*	-3
	2005	陈明	《美国城市设计》	
65	2002	（美国）John M.Levy	*Contemporary Urban Planning*	-1
	2003	孙景秋等	《现代城市规划》	
66	2003	（不详）Adam Ritchie, Randall Thomas	*Sustainable Urban Design: An Environmental Approach*	-11
	2014	上海现代建筑设计（集团）有限公司	《可持续城市设计》	
67	2003	（卢森堡）Rob Krier	*Town Spaces*	-4
	2007	金秋野、王又佳	《城镇空间：传统城市主义的当代诠释》	
68	2003	（美国）Jonathan Barnett	*Redesign Cities*	-10
	2013	叶齐茂、倪晓晖	《重新设计城市——原理·实践·实施》	
69	2003	（澳大利亚）Alexander R.Cuthbert	*Designing Cities: Critical Readings in Urban Design*	-8
	2011	韩冬青等	《设计城市——城市设计的批判性导读》	
70	2003	（英国）Matthew Carmona	*Public Places Urban Spaces: The Dimensions of Urban Design*	-2
	2005	冯江等	《城市设计的维度：公共场所—城市空间》	

序号	原译著信息			年份差
	出版年份	作者及译者	书名	
71	2003	（美国）Donald Watson, Alan Plattus, Robert G. Shibley	*Time-Saver Standards For Urban Design*	-3
	2006	刘海龙等	《城市设计手册》	
72	2003	（美国）William J. Mitchell	*Me++: The Cyborg Self and the Networked City*	-3
	2006	刘小虎等	《我 ++ ——电子自我和互联城市》	
73	2003	（美国）Fil Hearn	*Ideas That Shaped Buildings*	-3
	2006	张宇	《塑成建筑的思想》	
74	2004	（瑞士）Carl Fingerhuth	*Learning from China: The Tao of the City*	-3
	2007	张路峰、包志禹	《向中国学习——城市之道》	
75	2004	（英国）Rodolphe El-Khoury, Edward Robbins	*Shaping the City: Studies in History, Theory and Urban Design*	-6
	2010	熊国平等	《塑造城市——历史·理论·城市设计》	
76	2004	（美国、中国）Richard Marshall, Sha Yongjie	*Designing the American City*	0
	2004	理查德·马歇尔、沙永杰	《美国城市设计案例》	
77	2004	（美国）Urban Land Institute	*Remaking the Urban Waterfront*	-3
	2007	马青等	《都市滨水区规划》	
78	2004	（美国）Urban Design Associates	*The Architectural Pattern Book: A Tool for Building Great Neighborhoods*	-4
	2008	焦怡雪	《建筑模式图则——营造良好社区的工具》	
79	2005	（日本）松永安光	*Machizukuri no Shinchouryuu*	-7
	2012	周静敏等	《城市设计的新潮流》	
80	2005	（澳大利亚）Jon Lang	*Urban Design: A typology of Procedures and Products. Illustrated with over 50 Case Studies*	-3
	2008	黄阿宁	《城市设计：过程和产品的分类体系》	
81	2005	（日本、中国）北尾靖雅、秦丹尼	*Collective Urban Design: Shaping the City as a Col-laborative Process*	-5
	2010	胡昊	《城市协作设计方法》	
82	2005	（英国）Christopher Blow	*Transport Terminals and Modal Interchanges*	-6
	2011	田轶威、杨小东	《交通枢纽——交通建筑与换乘系统设计手册》	
83	2005	（英国）Stephen Marshall	*Streets & Patterns: The Structure of Urban Geometry*	-6
	2011	苑思楠	《街道与形态》	
84	2005	（英国）Mike Jenks, Nicola Dempsey	*Future Forms and Design for Sustainable Cities*	-5
	2010	王一	《可持续城市的未来形式与设计》	

序号	原译著信息			年份差
	出版年份	作者及译者	书名	
85	2005	（美国）Setha Low, Dana Taplin, Suzanne Scheld	*Rethinking Urban Park: Public Space and Cultural Diversity*	-8
	2013	魏泽崧等	《城市公园反思——公共空间与文化差异》	
86	2006	（美国）Alexander R.Cuthbert	*The Form of Cities: Political Economy and Designing*	-5
	2011	孙诗萌等	《城市形态：政治经济学与城市设计》	
87	2006	（英国）Eamonn Canniffe	*Urban Ethic: Design in the Contemporary City*	-7
	2013	秦红岭、赵文通	《城市伦理——当代城市设计》	
88	2006	（英国）Elizabeth Burton, Lynne Mitchell	*Inclusive Urban Design: Streets for Life*	-3
	2009	费腾等	《包容性的城市设计——生活街道》	
89	2006	（日本）日本建筑学会	《空间设计技法图典》	-5
	2011	周元峰	《空间设计技法图典》	
90	2007	（英国）Peter Jones、（澳大利亚）Natalya Boujenko、（英国）Stephen Marchall	*Link and Place*	-5
	2012	孙壮志	《交通链路与城市空间——街道规划设计指南》	
91	2007	（英国）Biddulph M.	*Introduction to Residential Layout*	-4
	2011	褚冬竹等	《住区规划手册》	
92	2008	（美国）Brian McGrath	*Digital Modelling for Urban Design*	-5
	2013	胡素芳	《城市设计的数字建模》	
93	2008	（英国）Stephen Marshall	*Cities, Design & Evolution*	-6
	2014	陈燕秋等	《城市·设计与演变》	
94	2008	（美国）Douglas Farr	*Sustainable Urbanism: Urban Design with Nature*	-5
	2013	黄靖、徐燊	《可持续城市化——城市设计结合自然》	
95	2008	（卢森堡）Leon Krier	*The Architecture of Community*	-3
	2011	胡凯、胡明	《社会建筑》	
96	2010	（美国）Dhiru A.Thadani	*Language of Towns & Cities: A Visual Dictionary*	-2
	2012	李文杰	《城和市的语言：城市规划图解辞典》	
97	2010	（英国）Tim Waterman, Ed Wall	*Basics Landscape Architecture: Urban Design*	-1
	2011	逄扬	《景观与城市环境设计》	
98	2010	（以色列）Evyatar Erell, David Pearlmutter, Terence Williamson	*Urban Microclimate: Designing the Spaces Between Buildings*	-3
	2013	叶齐茂、倪晓晖	《城市小气候——建筑之间的空间设计》	

序号	原译著信息			年份差
	出版年份	作者及译者	书名	
99	2011	（英国）Anne Chick, Paul Micklethwaite	*Design for Sustainable Change: How Design and Designers Can Drive the Sustainability Agenda*	−1
	2012	张军	《可持续设计变革：设计和设计师如何推动可持续性进程》	
100	2011	（英国）Lorraine Farrelly	*Drawing for Urban Design*	2
	2013	娄梅、徐梓曜	《图解城市设计》	
101	2011	（美国）Ellen Dunham-Jones, June Williamson	*Retrofitting Suburbia: Urban Design Solutions for Redesigning Suburbs (Updated Edition)*	−2
	2013	左晓璇、马婷	《郊区改造：转变郊区发展模式的城市设计方法》	
102	2011	（美国）Robert Geddes	*Fit: An Architect's Manifesto*	−2
	2013	张加楠	《适合：一个建筑师的宣言》	
103	2011	（美国）April Philips	*Designing Urban Agriculture: A Complete Guide to the Planning, Design, Construction, Maintenace and Management of Edible Landscapes*	−3
	2014	申思	《都市农业设计：可食用景观规划、设计、构建、维护与管理完全指南》	
104	2013	（美国）John Lund Kriken, Philip Enquist, Richard Rapaport	*City Building: Nine Planning Principles for the Twenty-First Century*	0
	2013	赵瑾等	《城市营造：21 世纪城市设计的九项原则》	

注：该表是不完全统计，统计时间范围是 2014 年 5 月之前。

附录四 《城市设计管理办法》（2017年）

《城市设计管理办法》^① 已经第 33 次部常务会议审议通过，现予发布，自 2017 年 6 月 1 日起施行。

住房城乡建设部部长　陈政高

2017 年 3 月 14 日

第一条　为提高城市建设水平，塑造城市风貌特色，推进城市设计工作，完善城市规划建设管理，依据《中华人民共和国城乡规划法》等法律法规，制定本办法。

第二条　城市、县人民政府所在地建制镇开展城市设计管理工作，适用本办法。

第三条　城市设计是落实城市规划、指导建筑设计、塑造城市特色风貌的有效手段，贯穿于城市规划建设管理全过程。通过城市设计，从整体平面和立体空间上统筹城市建筑布局、协调城市景观风貌，体现地域特征、民族特色和时代风貌。

第四条　开展城市设计，应当符合城市（县人民政府所在地建制镇）总体规划和相关标准；尊重城市发展规律，坚持以人为本，保护自然环境，传承历史文化，塑造城市特色，优化城市形态，节约集约用地，创造宜居公共空间；根据经济社会发展水平、资源条件和管理需要，因地制宜，逐步推进。

第五条　国务院城乡规划主管部门负责指导和监督全国城市设计工作。

省、自治区城乡规划主管部门负责指导和监督本行政区域内城市设计工作。

城市、县人民政府城乡规划主管部门负责本行政区域内城市设计的监督管理。

附录四注释

① 即中华人民共和国住房和城乡建设部令第 35 号。

第六条　城市、县人民政府城乡规划主管部门，应当充分利用新技术开展城市设计工作。有条件的地方可以建立城市设计管理辅助决策系统，并将城市设计要求纳入城市规划管理信息平台。

第七条　城市设计分为总体城市设计和重点地区城市设计。

第八条　总体城市设计应当确定城市风貌特色，保护自然山水格局，优化城市形态格局，明确公共空间体系，并可与城市（县人民政府所在地建制镇）总体规划一并报批。

第九条　下列区域应当编制重点地区城市设计：

（一）城市核心区和中心地区；

（二）体现城市历史风貌的地区；

（三）新城新区；

（四）重要街道，包括商业街；

（五）滨水地区，包括沿河、沿海、沿湖地带；

（六）山前地区；

（七）其他能够集中体现和塑造城市文化、风貌特色，具有特殊价值的地区。

第十条　重点地区城市设计应当塑造城市风貌特色，注重与山水自然的共生关系，协调市政工程，组织城市公共空间功能，注重建筑空间尺度，提出建筑高度、体量、风格、色彩等控制要求。

第十一条　历史文化街区和历史风貌保护相关控制地区开展城市设计，应当根据相关保护规划和要求，整体安排空间格局，保护延续历史文化，明确新建建筑和改扩建建筑的控制要求。

重要街道、街区开展城市设计，应当根据居民生活和城市公共活动需要，统筹交通组织，合理布置交通设施、市政设施、街道家具，拓展步行活动和绿化空间，提升街道特色和活力。

第十二条　城市设计重点地区范围以外地区，可以根据当地实际条件，依据总体城市设计，单独或者结合控制性详细规划等开展城市设计，明确建筑特色、公共空间和景观风貌等方面的要求。

第十三条　编制城市设计时，组织编制机关应当通过座谈、论证、网络等多种形式及渠道，广泛征求专家和公众意见。审批前应依法进行公示，公示时间不少于 30 日。

城市设计成果应当自批准之日起 20 个工作日内，通过政府信息网站以及当地主要新闻媒体予以公布。

第十四条　重点地区城市设计的内容和要求应当纳入控制性详细规划，并落实到控制性详细规划的相关指标中。

重点地区的控制性详细规划未体现城市设计内容和要求的，应当及时修改完善。

第十五条　单体建筑设计和景观、市政工程方案设计应当符合城市设计要求。

第十六条　以出让方式提供国有土地使用权，以及在城市、县人民政府所在地建制镇规划区内的大型公共建筑项目，应当将城市设计要求纳入规划条件。

第十七条　城市、县人民政府城乡规划主管部门负责组织编制本行政区域内总体城市设计、重点地区的城市设计，并报本级人民政府审批。

第十八条　城市、县人民政府城乡规划主管部门组织编制城市设计所需的经费，应列入城乡规划的编制经费预算。

第十九条　城市、县人民政府城乡规划主管部门开展城乡规划监督检查时，应当加强监督检查城市设计工作情况。

国务院和省、自治区人民政府城乡规划主管部门应当定期对各地的城市设计工作和风貌管理情况进行检查。

第二十条　城市、县人民政府城乡规划主管部门进行建筑设计方案审查和规划核实时，应当审核城市设计要求落实情况。

第二十一条　城市、县人民政府城乡规划主管部门开展城市规划实施评估时，应当同时评估城市设计工作实施情况。

第二十二条　城市设计的技术管理规定由国务院城乡规划主管部门另行制定。

第二十三条　各地可根据本办法，按照实际情况，制定实施细则和技术导则。

第二十四条　县人民政府所在地以外的镇可以参照本办法开展城市设计工作。

第二十五条　本办法自 2017 年 6 月 1 日起施行。

段进，1960年生，东南大学与鲁汶大学联合培养博士，东南大学建筑学院教授、博导，城市设计方向首位国家级勘察设计大师，东南大学城市规划设计研究院有限公司总规划师。长期从事城市空间发展理论的研究与实践，出版了我国城市空间发展理论的首部专著及后续研究专著13部，发表论文百余篇。先后主持和参与完成国家自然科学基金重点项目、部省级科研项目等10余项。研究成果在2014年青奥会、青岛世界园艺博览会、苏州古城、南京南站、雄安新区等规划中得到应用，并获全国或省部级优秀规划设计奖20余项。

刘晋华，1985年生，东南大学与新加坡国立大学联合培养博士研究生，注册规划师。师从段进教授和王才强（Heng Chye Kiang）教授，兴趣集中于城乡规划与城市设计的历史研究、城市形态学、健康城市研究等，曾获全国青年城市规划论文竞赛三等奖，国家级、部省级规划设计奖励3项、国际国内规划设计竞赛一等奖多次。

空间研究丛书｜段进主编

空间研究 1：世界文化遗产西递古村落空间解析

（段进等著，2006 年出版）

空间研究 2：城市空间发展自组织与城市规划

（张勇强著，2006 年出版）

空间研究 3：空间句法与城市规划

（段进／比尔·希列尔等著，2007 年出版）

空间研究 4：世界文化遗产宏村古村落空间解析

（段进／揭明浩著，2009 年出版）

空间研究 5：国外城市形态学概论

（段进／邱国潮编著，2009 年出版）

空间研究 6：空间、权力与反抗：城中村违法建设的空间政治解析

（李志明著，2009 年出版）

空间研究 7：城市规划中空间利益调控的政策分析

（何子张著，2009 年出版）

空间研究 8：当代新城空间发展演化规律：案例跟踪研究与未来规划思考

（段进／殷铭等著，2011 年出版）

空间研究 9：空间规划体系论：模式解析与框架重构

（王金岩著，2011 年出版）

空间研究 10：空间的消费：消费文化视野下城市发展新图景

（季松／段进著，2012 年出版）

空间研究 11：城市重点地区空间发展的规划实施评估

（赵蔚／赵民等著，2013 年出版）

空间研究 12：绿维都市：空间层级系统与 K8 发展模式

（戴德胜／段进著，2014 年出版）

空间研究 13：高铁时代的空间规划

（段进著，2016 年出版）

空间研究 14：空间句法在中国

（段进／比尔·希列尔等著，2015 年出版）

空间研究 15：中国当代城市设计思想

（段进／刘晋华著，2018 年出版）